国家出版基金项目

"十三五"国家重点图书出版规划项目

中国水电关键技术丛书

水电工程
测绘新技术

王冲 肖胜昌 等著

中国水利水电出版社

www.waterpub.com.cn

·北京·

内 容 提 要

本书系国家出版基金资助项目《中国水电关键技术丛书》之一。全书共 8 章，包括综述、水电工程测绘基准、水电工程数字地形测绘、水电工程水库测绘、水电工程施工测量、水电工程变形监测、水电工程 3D GIS 与 BIM 集成和总结与展望。在系统阐述水电工程全生命周期各个阶段所采用的一些测绘新技术与新方法的基础上，辑录了许多典型的水电工程测绘新技术案例。

本书可供水电水利及其他工程测绘工作者阅读参考，也可供相关专业的大专院校师生参考。

图书在版编目（ＣＩＰ）数据

水电工程测绘新技术 / 王冲等著. -- 北京 : 中国
水利水电出版社，2020.10
　（中国水电关键技术丛书）
　ISBN 978-7-5170-9090-8

Ⅰ. ①水… Ⅱ. ①王… Ⅲ. ①水利水电工程－测绘
Ⅳ. ①TV221

中国版本图书馆CIP数据核字 (2020) 第213701号

书　　　名	中国水电关键技术丛书 **水电工程测绘新技术** SHUIDIAN GONGCHENG CEHUI XIN JISHU
作　　　者	王冲　肖胜昌　等 著
出 版 发 行	中国水利水电出版社 （北京市海淀区玉渊潭南路 1 号 D 座　100038） 网址：www. waterpub. com. cn E-mail：sales@waterpub. com. cn 电话：(010) 68367658（营销中心）
经　　　售	北京科水图书销售中心（零售） 电话：(010) 88383994、63202643、68545874 全国各地新华书店和相关出版物销售网点
排　　　版	中国水利水电出版社微机排版中心
印　　　刷	北京印匠彩色印刷有限公司
规　　　格	184mm×260mm　16 开本　18.75 印张　456 千字
版　　　次	2020 年 10 月第 1 版　2020 年 10 月第 1 次印刷
定　　　价	**170.00 元**

《中国水电关键技术丛书》组织单位

中国大坝工程学会
中国水力发电工程学会
水电水利规划设计总院
中国水利水电出版社

《水电工程测绘新技术》
编写单位及编写人员名单

中国电建集团昆明勘测设计研究院有限公司：

王　冲　肖胜昌　文道平　栾有昆　闻　平　桂　林

汪　松　李德光　吴弦骏　陈　科　谢　飞　王　辉

李正品　吴小东　保振永　陈昌黎

中国电建集团北京勘测设计研究院有限公司：

刘东庆　范延峰

中国电建集团西北勘测设计研究院有限公司：

张成增　李祖锋　缪志选　吕宝雄

长江科学院：

邹双朝　韩贤权　黎建洲　刘　源

审稿人：邹文志　谢年生

历经 70 年发展，特别是改革开放 40 年，中国水电建设取得了举世瞩目的伟大成就，一批世界级的高坝大库在中国建成投产，水电工程技术取得新的突破和进展。在推动世界水电工程技术发展的历程中，世界各国都作出了自己的贡献，而中国，成为继欧美发达国家之后，21 世纪世界水电工程技术的主要推动者和引领者。

截至 2018 年年底，中国水库大坝总数达 9.8 万座，水库总库容约 9000 亿 m³，水电装机容量达 350GW。中国是世界上大坝数量最多、也是高坝数量最多的国家：60m 以上的高坝近 1000 座，100m 以上的高坝 223 座，200m 以上的特高坝 23 座；千万千瓦级的特大型水电站 4 座，其中，三峡水电站装机容量 22500MW，为世界第一大水电站。中国水电开发始终以促进国民经济发展和满足社会需求为动力，以战略规划和科技创新为引领，以科技成果工程化促进工程建设，突破了工程建设与管理中的一系列难题，实现了安全发展和绿色发展。中国水电工程在大江大河治理、防洪减灾、兴利惠民、促进国家经济社会发展方面发挥了不可替代的重要作用。

总结中国水电发展的成功经验，我认为，最为重要也是特别值得借鉴的有以下几个方面：一是需求导向与目标导向相结合，始终服务国家和区域经济社会的发展；二是科学规划河流梯级格局，合理利用水资源和水能资源；三是建立健全水电投资开发和建设管理体制，加快水电开发进程；四是依托重大工程，持续开展科学技术攻关，破解工程建设难题，降低工程风险；五是在妥善安置移民和保护生态的前提下，统筹兼顾各方利益，实现共商共建共享。

在水利部原任领导汪恕诚、张基尧的关心支持下，2016 年，中国大坝工程学会、中国水力发电工程学会、水电水利规划设计总院、中国水利水电出版社联合发起编撰出版《中国水电关键技术丛书》，得到水电行业的积极响应，数百位工程实践经验丰富的学科带头人和专业技术负责人等水电科技工作者，基于自身专业研究成果和工程实践经验，精心选题，着手编撰水电工程技术成果总结。为高质量地完成编撰任务，参加丛书编撰的作者，投入极大热情，倾注大量心血，反复推敲打磨，精益求精，终使丛书各卷得以陆续出版，实属不易，难能可贵。

21 世纪初叶，中国的水电开发成为推动世界水电快速发展的重要力量，形成了中国特色的水电工程技术，这是编撰丛书的缘由。丛书回顾了中国水电工程建设近30年所取得的成就，总结了大量科学研究成果和工程实践经验，基本概括了当前水电工程建设的最新技术发展。丛书具有以下特点：一是技术总结系统，既有历史视角的比较，又有国际视野的检视，体现了科学知识体系化的特征；二是内容丰富、翔实、实用，涉及专业多，原理、方法、技术路径和工程措施一应俱全；三是富于创新引导，对同一重大关键技术难题，存在多种可能的解决方案，并非唯一，要依据具体工程情况和面临的条件进行技术路径选择，深入论证，择优取舍；四是工程案例丰富，结合中国大型水电工程设计建设，给出了详细的技术参数，具有很强的参考价值；五是中国特色突出，贯彻科学发展观和新发展理念，总结了中国水电工程技术的最新理论和工程实践成果。

与世界上大多数发展中国家一样，中国面临着人口持续增长、经济社会发展不平衡和人民追求美好生活的迫切要求，而受全球气候变化和极端天气的影响，水资源短缺、自然灾害频发和能源电力供需的矛盾还将加剧。面对这一严峻形势，无论是从中国的发展来看，还是从全球的发展来看，修坝筑库、开发水电都将不可或缺，这是实现经济社会可持续发展的必然选择。

中国水电工程技术既是中国的，也是世界的。我相信，丛书的出版，为中国水电工作者，也为世界上的专家同仁，开启了一扇深入了解中国水电工程技术发展的窗口；通过分享工程技术与管理的先进成果，后发国家借鉴和吸取先行国家的经验与教训，可避免少走弯路，加快水电开发进程，降低开发成本，实现战略赶超。从这个意义上讲，丛书的出版不仅能为当前和未来中国水电工程建设提供非常有价值的参考，也将为世界上发展中国家的河流开发建设提供重要启示和借鉴。

作为中国水电事业的建设者、奋斗者，见证了中国水电事业的蓬勃发展，我为中国水电工程的技术进步而骄傲，也为丛书的出版而高兴。希望丛书的出版还能够为加强工程技术国际交流与合作，推动"一带一路"沿线国家基础设施建设，促进水电工程技术取得新进展发挥积极作用。衷心感谢为此作出贡献的中国水电科技工作者，以及丛书的撰稿、审稿和编辑人员。

中国工程院院士

2019 年 10 月

水电是全球公认并为世界大多数国家大力开发利用的清洁能源。水库大坝和水电开发在防范洪涝干旱灾害、开发利用水资源和水能资源、保护生态环境、促进人类文明进步和经济社会发展等方面起到了无可替代的重要作用。在中国，发展水电是调整能源结构、优化资源配置、发展低碳经济、节能减排和保护生态的关键措施。新中国成立后，特别是改革开放以来，中国水电建设迅猛发展，技术日新月异，已从水电小国、弱国，发展成为世界水电大国和强国，中国水电已经完成从"融入"到"引领"的历史性转变。

迄今，中国水电事业走过了70年的艰辛和辉煌历程，水电工程建设从"独立自主、自力更生"到"改革开放、引进吸收"，从"计划经济、国家投资"到"市场经济、企业投资"，从"水电安置性移民"到"水电开发性移民"，一系列改革开放政策和科学技术创新，极大地促进了中国水电事业的发展。不仅在高坝大库建设、大型水电站开发，而且在水电站运行管理、流域梯级联合调度等方面都取得了突破性进展，这些进步使中国水电工程建设和运行管理技术水平达到了一个新的高度。有鉴于此，中国大坝工程学会、中国水力发电工程学会、水电水利规划设计总院和中国水利水电出版社联合组织策划出版了《中国水电关键技术丛书》，力图总结提炼中国水电建设的先进技术、原创成果，打造立足水电科技前沿、传播水电高端知识、反映水电科技实力的精品力作，为开发建设和谐水电、助力推进中国水电"走出去"提供支撑和保障。

为切实做好丛书的编撰工作，2015年9月，四家组织策划单位成立了"丛书编撰工作启动筹备组"，经反复讨论与修改，征求行业各方面意见，草拟了丛书编撰工作大纲。2016年2月，《中国水电关键技术丛书》编撰委员会成立，水利部原部长、时任中国大坝协会（现为中国大坝工程学会）理事长汪恕诚，国务院南水北调工程建设委员会办公室原主任、时任中国水力发电工程学会理事长张基尧担任编委会主任，中国电力建设集团有限公司总工程师周建平、水电水利规划设计总院院长郑声安担任丛书主编。各分册编撰工作实行分册主编负责制。来自水电行业100余家企业、科研院所及高等院校等单位的500多位专家学者参与了丛书的编撰和审阅工作，丛书作者队伍和校审专家聚集了国内水电及相关专业最强撰稿阵容。这是当今新时代赋予水电工作者的一项重要历史使命，功在当代、利惠千秋。

丛书紧扣大坝建设和水电开发实际，以全新角度总结了中国水电工程技术及其管理创新的最新研究和实践成果。工程技术方面的内容涵盖河流开发规划，水库泥沙治理，工程地质勘测、高心墙土石坝、高面板堆石坝、混凝土重力坝、碾压混凝土坝建设，高坝水力学及泄洪消能，滑坡及高边坡治理，地质灾害防治，水工隧洞及大型地下洞室施工，深厚覆盖层地基处理，水电工程安全高效绿色施工，大型水轮发电机组制造安装，岩土工程数值分析等内容；管理创新方面的内容涵盖水电发展战略、生态环境保护、水库移民安置、水电建设管理、水电站运行管理、水电站群联合优化调度、国际河流开发、大坝安全管理、流域梯级安全管理和风险防控等内容。

丛书遵循的编撰原则为：一是科学性原则，即系统、科学地总结中国水电关键技术和管理创新成果，体现中国当前水电工程技术水平；二是权威性原则，即结构严谨，数据翔实，发挥各编写单位技术优势，遵照国家和行业标准，内容反映中国水电建设领域最具先进性和代表性的新技术、新工艺、新理念和新方法等，做到理论与实践相结合。

丛书分别入选"十三五"国家重点图书出版规划项目和国家出版基金项目，首批包括50余种。丛书是个开放性平台，随着中国水电工程技术的进步，一些成熟的关键技术专著也将陆续纳入丛书的出版范围。丛书的出版必将为中国水电工程技术及其管理创新的继续发展和长足进步提供理论与技术借鉴，也将为进一步攻克水电工程建设技术难题、开发绿色和谐水电提供技术支撑和保障。同时，在"一带一路"倡议下，丛书也必将切实为提升中国水电的国际影响力和竞争力，加快中国水电技术、标准、装备的国际化发挥重要作用。

在丛书编写过程中，得到了水利水电行业规划、设计、施工、科研、教学及业主等有关单位的大力支持和帮助，各分册编写人员反复讨论书稿内容，仔细核对相关数据，字斟句酌，殚精竭虑，付出了极大的心血，克服了诸多困难。在此，谨向所有关心、支持和参与编撰工作的领导、专家、科研人员和编辑出版人员表示诚挚的感谢，并诚恳欢迎广大读者给予批评指正。

《中国水电关键技术丛书》编撰委员会

2019 年 10 月

创新是引领发展的第一动力。经过几代水电人持续不断的创新和努力，中国已经成为世界水电强国，为我国国民经济的快速发展提供了强有力的支撑。水电站作为我国可持续发展、绿色发展的重要能源基础设施，具有防洪、发电、供水、灌溉等功能，在我国经济建设、生态文明建设、保障人民生命财产安全方面发挥了重要作用。

水电工程测绘是研究水电工程建设在设计、施工和管理各阶段中进行测量工作的理论、技术和方法的学科。水电工程测绘作为水电工程建设中不可或缺的基础工作和保障，在水电工程规划设计、建设和运维过程中发挥着重要作用，在"一带一路"和南水北调工程、长江三峡大坝等世界级水电工程中承担着重要角色。水电工程建设对水电工程测绘不断提出新的任务、新的课题和新的要求。水电工程测绘为满足体量大、跨度长、结构复杂和精度要求高的各种大型水电工程建设项目的需求，需要不断融合吸收相关学科与技术的最新发展成果。

随着互联网、计算机、大数据、卫星导航等新技术的快速发展和应用，我国测绘科技整体水平已跻身世界先进行列。民用高分辨率立体测绘卫星成功发射，使我国成为世界上少数掌握高精度卫星立体测绘成套技术的国家之一；成功研制了北斗卫星导航定位系统、移动测量系统、高精度大地水准面模型、机载雷达测图系统、倾斜相机、无人机航摄、国产地理信息系统平台等大批核心技术和装备，部分性能指标优于国外同类产品；地理信息产业挺立"互联网＋"前沿，纳入国家战略性新兴产业。测绘生产力水平实现了质的飞跃，测绘地理信息以主动作为、不可或缺之姿，深度融入和服务国家经济社会发展主战场。在水电工程建设中，广大水电测绘科技工作者利用先进的测绘装备、理论和方法，通过多学科技术融合，形成了一整套水电工程测绘特有的技术体系。

本书系统阐述并凝练了水电工程测绘新技术的原理和方法，集中了大地测量、工程测量与变形监测、摄影测量与遥感、海洋测绘、地理信息系统等方面的相关技术，所汇集的 GNSS、测量机器人、机载 LiDAR、倾斜摄影、多波束、InSAR、三维激光扫描、磁悬浮陀螺全站仪、变形监测、3D GIS 与 BIM 集成等技术均属当前最新及热门的研究方向，展现出水电工程测绘工作在应用当前先进的测绘地理信息及相关技术方面的广度和深度，体现出水电工程测绘技术发展与应用的特色与成就，并配以大量生动翔实的应用案例，使读者可以对水电工程测绘工作有更加全面、准确、深刻的了解，是水电测绘科技成果的集中体现，具有较大的参考和应用价值。

　　本书的主编单位——中国电建集团昆明勘测设计研究院有限公司（简称"昆明院"）有近60年的测绘工作历史，经历了几代测绘人的知识积淀，培养锻造出一支敢于创新、勇打硬仗的测绘队伍。作者王冲从事水电测绘工作三十余年，具有扎实的测绘理论基础，丰富的水电工程测绘实践经验，勤于钻研，善于思考。其担任昆明院测绘地理信息部门负责人十余年，一贯重视测绘地理信息科技的创新和人才的培养，坚持"一流测绘服务一流工程"的工作理念，着力提升昆明院的综合测绘科技实力，使昆明院获得了七项甲级测绘资质，以强大的测绘实力和良好的服务赢得了用户和市场的口碑。

　　衷心感谢本书编者付出的辛勤劳动，相信本书的出版将使更多的水电工程及其他领域的测绘工作者受到启发，也衷心希望我国水电工程测绘技术不断蓬勃发展，为水电事业发展及相关领域工程建设作出更多积极的贡献。

中国工程院院士

2019 年 9 月

新中国成立后特别是改革开放以来，我国水电建设迅猛发展，技术日新月异，已从水电弱国，发展成为世界水电大国和水电强国，"中国水电"正在完成从"融入"到"引领"的历史性转身。本书作为《中国水电关键技术丛书》的一个分册，力图总结提炼我国水电工程测绘的先进技术和原创成果，反映水电测绘科技实力，为开发建设和谐水电提供技术支撑和保障。本书在总结提炼最新水电工程测绘新技术的同时，提供了很多典型的工程实例，说明测绘新技术的应用方法和应用成果，可供水电、水利、新能源及其他工程测绘技术人员学习参考。

本书的核心内容包含水电工程规划设计、施工、运行过程中所采用的测绘与地理信息新技术、新方法和应用成果，是在引进、吸收、消化再创新的过程中，形成的有水电工程特点的测绘技术体系。本书中的新技术、新方法和应用实例部分来源于各参编单位在工程实践中的研究成果，部分来源于相关水电工程收集的资料，部分来源于国内外测绘学者的研究成果。本书从6个方面阐述了水电工程测绘先进技术，水电工程测绘基准的建立关键技术是坐标高程系统的确定、连测，测绘基准的转换和建立，创新主要体现在基于连续运行参考站和精化似大地水准面完成测绘基准的建立；水电工程数字地形测绘关键技术是地基、空基、星基各种数码相机、激光雷达、合成孔径雷达等传感器数据采集、处理、分析的方法，创新主要体现在综合集成各种关键技术，完成水电工程复杂地形的测绘工作；水电工程水库测绘关键技术是水库局域控制网的建立和维护、土地利用现状地形图的测绘和数据建库、库容及冲刷淤积测量，创新主要体现在基于单波束和多波束的水下地形测量技术及数据后处理软件的开发；水电工程施工测量关键技术是施工控制、施工放样及工程量计量等，创新成果主要是施工控制的测量及数据处理方法；水电工程变形监测的关键技术是变形监测控制网、变形监测方法及数据处理分析建模方法，创新成果主要体现在集成各种变形监测技术和数据处理分析方法，建立起水电工程复杂的变形监测系统；水电工程 3D GIS 与 BIM 集成关键技术是以 CAD 二次开发、Revit 等 BIM 模型集成、Skyline 平台应用开发为核心，在基于 B/S 构架下将各类模型数据、施工数据、运维数据以数字化、可视化的方式进行表达。

本书的特点是理论联系实际比较密切，系统性、先进性和原创性较强，绝大部分新技术、新方法是经过实践应用证明可行的，同时也是实用可靠先进的方法。

本书共分为8章，中国电建集团昆明勘测设计研究院有限公司负责前言、第1章、第3章、第4章、第7章、第8章的编写工作和全书的统稿定稿工作；中国电建集团北京勘测设计研究院有限公司负责第2章的编写工作；中国电建集团西北勘测设计研究院有限公司负责第5章的编写工作；长江科学院负责第6章的编写工作。

本书在编写策划过程中还得到昆明理工大学方源敏教授、云南省测绘产品质量监督检验站倪津正高工、昆明管线办公室侯志群正高工、云南农业大学秦莹教授的亲切指导。中国电建集团成都勘测设计研究院有限公司陈尚云教高，中国电建集团中南勘测设计研究院有限公司谢年生教高、邹文志教高，华能澜沧江水电股份有限公司糯扎渡水电厂字陈波主任等为本书提供了宝贵的素材和意见，中国水利水电出版社王照瑜编审等对本书编撰工作提出了许多宝贵的意见和建议。在此一并表示感谢。

限编者水平，不足和错误之处，希望读者批评指正。

编者

2019 年 8 月

目录

丛书序

丛书前言

序

前言

第1章　综述 ……………………………………………………………………… 1

1.1　水电工程测绘现状 …………………………………………………… 2

1.2　水电工程测绘技术的发展方向 …………………………………… 6

第2章　水电工程测绘基准 ……………………………………………………… 11

2.1　国家和区域测绘基准 ………………………………………………… 12

2.1.1　中国测绘基准 …………………………………………………… 12

2.1.2　国外和区域测绘基准 …………………………………………… 15

2.2　水电工程测绘基准 …………………………………………………… 18

2.2.1　水电工程基准的确立 …………………………………………… 18

2.2.2　平面、高程系统的基本要求 …………………………………… 19

2.2.3　平面、高程系统的建立原则 …………………………………… 20

2.2.4　水电工程相关测量控制问题处理 ……………………………… 20

2.3　水电工程测绘基准确立新技术应用案例 ………………………… 25

2.3.1　GPS＋大地水准面精化技术的应用 …………………………… 25

2.3.2　平面直角坐标系的确立案例 …………………………………… 28

2.3.3　缺乏已知点的水电站工程测绘基准的确立 …………………… 31

第3章　水电工程数字地形测绘 ………………………………………………… 35

3.1　数字地形测绘 ………………………………………………………… 36

3.1.1　数字地形测绘技术 ……………………………………………… 36

3.1.2　遥感测绘技术 …………………………………………………… 37

3.2　水电工程地形遥感测绘技术 ………………………………………… 41

3.2.1　数字航空遥感技术 ……………………………………………… 41

3.2.2　低空无人机航空遥感技术 ……………………………………… 47

3.2.3　倾斜摄影测量技术 ……………………………………………… 50

3.2.4　高分辨率卫星遥感技术 ………………………………………… 55

3.2.5　机载激光雷达遥感技术 ………………………………………… 60

3.2.6　地面三维激光扫描技术 ………………………………………… 65

3.2.7 其他数字地形测绘技术 ···················· 70

3.2.8 遥感数据处理软件 ······················ 73

3.3 遥感地形测绘技术应用案例 ···················· 78

3.3.1 数字航空遥感技术的应用 ···················· 78

3.3.2 低空无人机航空遥感技术的应用 ················ 80

3.3.3 倾斜摄影测量技术的应用 ···················· 81

3.3.4 高分辨率卫星遥感技术的应用 ·················· 83

3.3.5 机载激光雷达技术的应用 ···················· 84

3.3.6 地面三维激光扫描技术的应用 ·················· 86

第4章 水电工程水库测绘 ·························· 89

4.1 水库测绘技术的进展 ························ 90

4.2 水库区控制测量技术 ························ 92

4.2.1 GNSS 控制测量和导线测量 ·················· 92

4.2.2 水准网和三角高程网 ······················ 94

4.2.3 GNSS 高程测量 ························ 94

4.3 水电工程水下地形测绘技术 ···················· 96

4.3.1 单波束测深系统 ························ 96

4.3.2 多波束测深系统 ························ 103

4.3.3 其他测量技术 ·························· 118

4.4 水电工程水库专项测量技术 ···················· 120

4.4.1 纵横断面测量 ·························· 120

4.4.2 建设征地与移民测绘 ······················ 122

4.4.3 库容及冲刷淤积量的计算 ···················· 123

4.5 水库测绘新技术应用案例 ······················ 124

4.5.1 精密单点定位技术的应用 ···················· 124

4.5.2 水库区似大地水准面拟合模型的应用 ·············· 125

4.5.3 多波束测深系统在水下地形测绘中的应用 ············ 129

4.5.4 水库淤积测量的数据处理 ···················· 133

第5章 水电工程施工测量 ·························· 139

5.1 施工测量技术的进展 ························ 140

5.2 施工控制网 ···························· 143

5.2.1 技术设计 ···························· 143

5.2.2 平面控制网测量与数据处理 ·················· 145

5.2.3 高程控制网测量与数据处理 ·················· 148

5.2.4 施工 CORS 网的建立 ····················· 149

5.2.5 专用控制网测量 ························ 151

5.2.6 施工控制网的复测 ······················ 153

5.3　施工放样测量 ··· 153

　　5.3.1　施工放样方法和精度 ······································ 153

　　5.3.2　施工放样测量新技术 ······································ 157

5.4　工程计量与竣工测量 ··· 159

　　5.4.1　测量内容和方法 ·· 159

　　5.4.2　工程量计算方法 ·· 160

5.5　水电工程施工测量新技术应用案例 ···························· 162

　　5.5.1　GNSS 定位技术在施工控制网的应用 ·············· 162

　　5.5.2　方格网法工程量计算 ······································ 168

　　5.5.3　极坐标法在深基坑与高边坡开挖放样测量中的应用 ········ 170

　　5.5.4　水电站地下隧洞施工测量技术应用 ·················· 171

第6章　水电工程变形监测 ·· 177

6.1　变形监测技术的进展 ··· 178

　　6.1.1　变形监测的内容与方法 ···································· 178

　　6.1.2　变形监测数据分析 ·· 180

6.2　水电工程变形监测技术 ·· 181

　　6.2.1　变形监测控制网 ·· 181

　　6.2.2　大地测量方法 ··· 183

　　6.2.3　遥测方法 ··· 187

　　6.2.4　专项测量方法 ··· 189

　　6.2.5　变形监测自动化系统 ······································· 192

6.3　变形监测数据分析 ··· 197

　　6.3.1　基准稳定性分析 ·· 197

　　6.3.2　变形监测数据预处理 ······································· 199

　　6.3.3　变形监测数据几何分析方法 ······························ 202

　　6.3.4　变形监测数据统计模型分析法 ·························· 203

　　6.3.5　变形监测数据确定性模型分析法 ······················ 211

6.4　水电工程变形监测新技术应用案例 ···························· 212

　　6.4.1　组合检验法在监测基准稳定性分析中的应用 ········ 212

　　6.4.2　测量机器人＋GNSS 变形监测自动化技术的应用 ··· 217

　　6.4.3　地面三维激光扫描变形监测技术的应用 ············· 219

　　6.4.4　InSAR 变形监测技术的应用研究 ····················· 223

　　6.4.5　变形监测数据处理综合分析应用 ····················· 229

第7章　水电工程 3D GIS 与 BIM 集成 ································· 239

7.1　水电工程 3D GIS 概况 ·· 240

　　7.1.1　发展历程简介 ··· 240

　　7.1.2　3D GIS 应用的特点与优势 ······························ 240

　　7.1.3　3D GIS 在水电工程领域的应用现状 ……………………… 241

　　7.1.4　水电工程中的 3D GIS 与 BIM 集成技术 …………………… 242

　7.2　水电工程 3D GIS 与 BIM 集成流程 ………………………………… 245

　　7.2.1　BIM 模型分解与转换 ……………………………………… 245

　　7.2.2　BIM 模型数据集成 …………………………………………… 247

　　7.2.3　BIM 与 3D GIS 场景融合 …………………………………… 249

　7.3　水电工程 3D GIS 与 BIM 集成应用案例 …………………………… 250

　　7.3.1　黄登水电站三维协同设计 …………………………………… 250

　　7.3.2　3D GIS 与 BIM 集成的水电工程智能管理云平台 ………… 254

　　7.3.3　Web 端 GIS 与 BIM 集成应用 ……………………………… 259

第 8 章　总结与展望 ……………………………………………………… 263

参考文献 ……………………………………………………………………… 267

索引 ………………………………………………………………………… 270

第 1 章

综述

随着空间网络传输技术、精密卫星定位技术、高分辨率遥感技术等测绘新技术的迅猛发展和广泛应用，水电工程测绘技术也发生了翻天覆地的变化，正朝着测量内外作业一体化、数据获取及处理自动化、测量过程控制和系统行为智能化、测量成果和产品数字化、测量信息管理可视化、信息共享和传播网络化的趋势发展。各种测绘新技术正在渗入水电工程全生命周期各个阶段，深刻地影响着水电工程设计质量、施工质量和运行管理质量。积极应用测绘新技术、新方法和新仪器，提高工作效率，保障测量成果的精度和质量，是水电工程测绘工作者的首要任务。

1.1　水电工程测绘现状

水电工程测绘乘着我国水电建设事业的东风而发展迅猛，测绘装备和新技术的应用及研究水平不断提高，有力地保障了水电工程建设的跨越式发展。但在新的历史形势下，水电工程测绘也面临着新的机遇和挑战，需要不断地研究和探索水电工程测绘发展之路。

1. 水电工程测绘的主要内容

测绘作为水电工程的基础性专业，既承担着排头兵的角色，也为整个水电工程全生命周期建设提供测绘与地理信息技术及产品服务。目前，水电工程测绘已发展成为内容丰富、技术高端、集多种测绘技术于一体的测绘行业重要分支，为各种类型、各种规模的水电工程规划、勘测设计、建设施工和运行管理提供全方位专业技术服务。其主要工作内容如下：

(1) 规划设计阶段的测量工作。包括建立测绘基准框架；为流域综合利用规划、水电枢纽布置、输电线路规划等提供 1∶5000～1∶10000 中小比例尺地形图；为水工建筑物设计、建设移民征地、引水、排水、推估洪水以及了解河道冲淤情况等提供 1∶500～1∶2000 大比例尺地形图（包括水下地形）；线路测量；河道纵横断面测量；道路测量；与规划设计相关的其他测绘地理信息服务等。

(2) 施工阶段的测量工作。包括施工控制网的建立与测量；各种水工建（构）筑物的施工放样测量；各种线路的测设；永久界桩测量；工程量计量测量；竣工测量；变形监测基准网建立与测量；枢纽区建（构）筑物和边坡变形监测；滑坡体与库岸变形监测；地质勘察测绘；与施工相关的其他测绘地理信息服务等。

(3) 运行管理阶段的测量工作。包括变形监测基准网复测；水工建筑物投入运行后的变形测量；库容复核及淤积测量；水电站下游河道冲刷测量；水电站运行管理信息系统等。

2. 水电工程测绘的主要特点

由于水电工程大多建在高山峡谷等偏远地区，具有交通不便、地形复杂、影响因素多、建设难度大等特点。因此，相对于其他测量工作，水电工程测绘主要有如下特点。

（1）可利用的基础测绘资料比较少，故需要建立满足水电工程地形图测绘、剖面测量等精度要求的基础平面控制网和基础高程控制网。水电工程基础测量控制网的建立，一般以国家空间坐标基准框架、国家高程基准框架为基础，采用现行的国家坐标系统和高程基准。同一流域各梯级电站一般应采用统一的平面坐标系统和高程基准，确保测量数据在整个流域范围内的连续和统一。采用精化流域大地水准面模型和连续运行卫星定位服务系统后，可大大提高水电工程测绘的工作效率。

（2）全球卫星导航定位系统（GNSS）与常规导线网和边角网、卫星遥感与航空遥感、三激光扫描仪与全站仪、测量机器人与电子水准仪、多波束与单波束等各种先进的仪器设备和技术方法的组合成为水电工程测绘工作的常态。

GNSS 技术结合边角网和导线网、几何水准测量结合电磁波测距三角高程是有效解决在水电工程复杂地形、自然环境条件和施工测量要求前提下建立高精度、大范围的测量控制网的最佳组合方法。

传统水电地形图测量采用经纬仪、大平板等仪器将测量碎部点数据展绘在图纸上，以手工方式描绘地物地貌，具有测图周期长、精度低等特点，主要适用于小区域、大比例尺地形图测量。随着计算机技术、全站仪技术、航测遥感技术的普及与应用，形成了多种技术组合的数字化测图方法，如地面数字化测图、航测遥感测图以及地形图数字化等。在水电工程实际应用中，地面数字化测图主要采用全站仪、RTK、地面三维激光扫描仪以及移动测量系统等；卫星遥感与航空遥感（包括有人机和无人机）分别从不同高度获取高分辨率遥感影像，是目前水电工程获取大面积地形数据的主要手段，不仅提高了工作效率，降低了安全风险，而且产品形式更加多样化，不但有二维、三维线划图，还有正射影像图、数字高程模型等 4D 数字产品。

三维激光扫描仪改变了传统全站仪单点测量的模式，能够无接触快速获取地表面海量三维点云，用于地形测量、地下洞室测量、三维建模和变形监测等。

测量机器人与电子水准仪有效解决了高精度测量控制网、变形监测人工观测难度大、强度高的问题，提高了测量精确度和自动化水平。

多波束与单波束的组合则有效解决了水电工程水下地形测量不同水域、不同分辨率要求的水深测量，与 GNSS、RTK 等技术结合后，成为高效、高精度的水下地形测量系统。

（3）水电工程施工放样测量内容多、种类复杂，主要包括开挖、填筑及立模轮廓点的放样；超欠挖测量；金属结构与机电设备安装测量等。施工放样的测量精度较高，且与建筑物的等级、大小、结构形式、建筑材料和施工方法等有关。要根据不同的精度要求来选择适当的仪器和测设方法，并且要使施工测量的误差小于建筑物设计容许的绝对误差，否则，将会影响施工质量。

（4）水电工程变形监测精度要求较高，混凝土坝的坝体水平位移精度要求为 $\pm 1 \sim$ $\pm 2mm$，垂直位移的精度要求为 $\pm 1mm$；土石坝的坝体水平位移和垂直位移的精度要求为 $\pm 3mm$。因此，水电工程通常要建立大地测量网、垂线系统、视准线、激光准直、液体静力水准等综合性的变形监测系统。通过不同的观测手段获取的观测数据，采用什么方法对其进行变形分析以达到准确预测的目的是很复杂的技术过程。目前，常见的分析方法有回归分析法、时间序列分析法、灰色系统分析模型法和卡尔曼滤波法等。

大坝安全监测的发展主要经历了两个阶段：第一个阶段为原型观测阶段（1891—1964年），观测水平只停留在对大坝原型中设置的观测仪器进行现场测量中，从而获得一些可以反映大坝结构状态的参数值，其目的是检查设计，改进坝工理论；第二个阶段为大坝安全监测阶段（1965年至今）。由于大坝失事造成了严重后果，人们逐步将大坝安全运行作为监测的主要目的。

水电工程变形监测主要包括平面位移监测和垂直位移监测。传统的平面位移监测方法有大地测量法、垂线法、视准线法、引张线法、激光准直法、交会法和导线测量法等；垂直位移监测方法有几何水准法、流体静力水准法等。

（5）近年来，以3S和4D为代表的高新技术和产品模式得以推广和普及。水电工程三维设计和数字化施工已经进入普及和实用阶段，与水电工程相关的数字信息呈现爆炸式增长，如何充分利用挖掘大量的时空信息成为水电工程地理信息系统研究和发展的方向。

3. 水电工程测绘面临的机遇和挑战

当前，测绘事业发展正处于由数字化测绘向信息化测绘跨越的战略转型期。我国测绘事业在基础地理信息资源、测绘技术装备、地理信息产业、测绘监督管理和服务保障等方面取得了突出成就，但也存在着社会需求量大而地理信息产品匮乏、装备改善生产能力不足等诸多问题。新形势下，党中央、国务院对测绘事业发展提出了新的更高要求，经济全球化、全面建设小康社会以及科学技术的进步给水电工程测绘带来了前所未有的机遇和挑战。

（1）当前水电工程测绘面临的机遇。

1）水能资源开发程度低，潜在水电工程测绘工作量大。我国是世界上水能资源最丰富的国家之一，根据2016年统计结果，我国水能资源可开发装机容量约6.6亿kW，已开发装机容量3.1954亿kW（截至2015年年底）。到2020年，我国水电"十三五"规划装机容量可达到3.8亿kW。截至2017年，全球常规水电装机容量约10亿kW，年发电量约4万亿kW·h，开发程度为26%（按发电量计算），欧洲、北美洲水电开发程度分别达54%和39%，南美洲、亚洲和非洲水电开发程度分别为26%、20%和9%。发达国家水能资源开发程度总体较高，如瑞士为92%、法国为88%、意大利为86%、德国为74%、日本为73%、美国为67%。发展中国家水电开发程度普遍较低，我国水电开发程度为37%（按发电量计算），与发达国家相比仍有较大差距，还有较广阔的发展前景。今后全球水电开发将集中于亚洲、非洲、南美洲等资源开发程度不高、能源需求增长快的发展中国家，预测至2050年，全球水电装机容量将达20.5亿kW。我国水电工程技术居世界先进水平，形成了规划、设计、施工、装备制造、运行维护等全产业链整合能力，与80多个国家建立了水电规划、建设和投资的长期合作关系，是推动世界水电发展的主要力量。

2）我国测绘高新科技迅速发展，有效促进了水电工程测绘相关单位生产能力，为其带来了较好的经济效益。目前开发应用的空间技术、数字图像处理技术、遥感技术、地理信息技术在水电测绘行业得到广泛应用，极大地减轻了测绘工作者的劳动强度，成倍提高了劳动生产率和经济效益，主要体现在以下几个方面。

　　a. 统筹建成由 2200 多个站组成的全国卫星导航定位基准站网，基本形成全国卫星导航定位基准服务系统。研制的中国陆地 $2' \times 2'$ 重力似大地水准面模型（CNGG2013），精度可达到 10cm。自主设计了具备室外亚米级、室内优于 3m 的室内外无缝导航定位系统。

　　b. 以资源三号 01 和 02 星、高分一号、高分二号、天绘一号、吉林一号等为代表的测绘遥感卫星投入使用，使我国卫星遥感数据获取、处理与应用能力显著提升，与国际先进水平的差距不断缩小。数字航摄仪、大面阵航空数码相机、多角度倾斜数码相机、机载 LiDAR、机载 SAR 等航空遥感技术装备研发成功并推广应用，全面提升了我国航空遥感数据获取能力和水平。自主研发的车载移动测量系统、室内同步定位与制图系统、地面三维激光扫描系统等技术装备投入生产应用。研发了与航空航天遥感获取能力配套的遥感数据处理软件，具有影像高精度几何处理、地物地形要素自动识别与快速提取、生态环境遥感反演等功能。

　　c. 在地理信息与地图制图方面，突破了基于倾斜影像的三维城市模型自动提取技术，提高了三维城市建模和可视化效率。矢量瓦片技术促进了地理信息在移动端的广泛使用，突破了基于知识的多尺度地理信息数据自动化制图技术，让制图更加平民化。"图数分离"制图综合数据模型突破了跨尺度缩编问题，为全国多尺度地理信息数据的联动更新奠定了技术基础。

　　3）社会对于测绘地理信息服务的需求不断增强，极大地拓展了水电工程测绘生产单位的发展空间。党的十八大以来，我国发展改革面临新形势，提出了"一带一路"倡议和"中国制造 2025"、长江经济带、京津冀协同发展、新型城镇化、海洋强国等重大战略，对全面深化改革进行了部署。地理信息作为国家重要的基础性、战略性信息资源，必将迎来新的发展空间。

　　a. 基础地理信息资源空间布局需要进一步优化，调整基础测绘的定义和内容，加快构建新型基础地理信息数据体系；扩大基础测绘工作范围，将基础测绘的工作范畴从地表逐步扩大到近地表陆地国土、海洋国土乃至全球范围；丰富基础测绘工作内容，逐步将城市地下管线、城市三维立体模型、数字城市以及政区地图（集）等基础性、公益性测绘活动纳入基础测绘范畴；扩充基础地理信息要素，增强基础地理信息资源的实用性和适用性。

　　b. 地理国情需要加快实现常态化监测，形成常态化、业务化、规范化、制度化开展的基础能力。

　　c. 由数字中国向智慧中国深化发展。智慧中国建设将极大地促进地理信息广泛而深入的应用。连接到物联网上的每个"物"都具有地址标识，这一特征使得地理信息被广泛应用于智慧中国建设的各个领域。因此，智慧中国更多关注的是信息的分析，知识或规律的发现及决策反应，这些无疑会促进地理信息的深入应用。

　　（2）当前水电工程测绘面临的挑战。

　　1）我国水电开发明显放缓，水电工程测绘工作量缺失是严重的挑战。水力发电对于我国经济发展具有十分重要的促进作用。但同时，我国水电开发的制约因素在增加，待开发水电主要集中在大江大河上游和少数民族地区，生态环境相对脆弱，移民安置问题较为复杂，水电建设环境影响、梯级电站开发累积性影响以及社会问题越来越受各方关注；加之未开发水电工程地处偏远地区，制约因素多，交通条件差，输电距离远，造成水电建设和输电成本高、经济性差、市场竞争力明显下降。因此，我国水电开发项目明显放缓，水电工程测绘工作量缺失严重。

2）随着国民经济信息化进程的推进，测绘高新科技应用竞争日趋激烈，测绘地理信息技术在经济与社会可持续发展中的重要作用越来越显著，许多相关领域都看好这一新兴产业，纷纷跻身竞争行列。据专家指出，GNSS、GIS和RS技术目前在测绘行业利用比例却很少，相反，在其他一些行业利用这些新技术进行测绘工作也越来越多。竞争已不单是在传统概念的测绘市场中，已发展到高新科技领域，谁首先掌握了高新科技，并充分利用了它，谁就能在激烈的市场竞争中取胜。

3）地理信息核心技术及创新能力的挑战。在水电工程测绘中，GNSS和RS的结合现在已成为行业标准，但是与GIS的整合这一环却严重缺失，虽然GNSS和RS的结合与应用已能保证水电工程项目的开展和实施，但缺少依托GIS的信息资源化和集成化却往往成为后续产业链条发展的掣肘。这个环节的缺失将会制约3S技术以及未来水电大数据的建设和发展。

4）高层次复合型人才的挑战。测绘地理信息产业的特点决定其对人才的要求相对较高，既要有深厚的理论基础、专业的地理信息知识和涉及面广的众多相关行业知识，又要有过硬的技术本领、理论联系实际的能力。可以说，地理信息技术人才是高级复合型人才。在大数据到来时代，地理信息行业更需要以下三方面人才的引进和培养：①具有较强的数据综合能力，能够对大数据进行全面提炼整合；②具有较强的数据分析能力，能够对大数据蕴藏的巨大价值进行挖掘和探索；③具有较强的数据运用能力，能够根据各种需求及时将大数据精确快速地运用到各个领域。

1.2 水电工程测绘技术的发展方向

水电工程测绘作为一门技术性学科，在很大程度上依赖于测量仪器及测量方法的发展与进步，并紧密围绕水电工程这一复杂综合体的需求进行不断地升级和发展。水电工程测绘同样经历了从模拟解析式测绘到数字化测绘，再逐渐向信息化测绘转变的过程。未来一段时间，水电工程测绘技术的发展将集中在以下几个主要方向。

1. 控制测量新技术

水电工程测量工作的基础就是控制测量，控制测量已由传统的三角测量、导线测量等方式过渡到以GNSS等空间定位技术为主的现代控制测量模式。

水电工程控制测量按照勘测设计阶段和服务内容可以划分为测图控制网和专用控制网。测图控制网主要是为了满足水电工程前期规划及勘测设计阶段地形图、剖面和线路测量等的需要。专用控制网分为施工控制网和变形监测网，主要为了满足施工放样和变形监测的需要。平面控制测量技术发展过程为：传统三角锁网、前方交会、后方交会→三边网、边角网、导线网→GNSS网、混合网、CORS。高程控制网测量技术发展过程为：水准高程网、三角高程网→测距导线网→GNSS高程拟合网→大地水准面精化。

2. 数字地形测绘新技术

（1）传统测量技术。传统测量技术包括经纬仪、水准仪、全站仪及全自动全站仪（也称"测量机器人"）等构成的地形测量系统。全站仪测量技术是采集数字地形图地形和地物特征点、线最理想的手段，且能够测量地物的高度。它较适用于小范围、大比例尺且精度要求高的数字地形图测绘。

（2）卫星导航定位技术。GNSS-RTK 技术也是大比例尺数字地形图空间数据采集主要手段之一，可以全天候作业，几乎不受地形、地物、天气的限制，抗干扰性能好，实时定位速度快，而且数据处理简单。目前，基于四星系统（中国 BDS、美国 GPS、俄罗斯 GLONASS 和欧盟 GALILEO）的 GNSS-RTK 技术已逐渐成熟，使数字地形测绘更加灵活，适应性更强。

（3）激光扫描技术。随着激光技术和电子技术的发展，激光扫描技术已经从静态的点测量发展到动态的实时跟踪测量再到三维立体量测领域。它通过采用高速激光扫描测量的方法，大面积、高分辨率地快速获取被测空间对象表面的三维坐标数据，为快速构建目标物体的三维模型提供了一种全新的技术手段。能够实现不接触测量目标对象就能快速采集其空间信息数据，测得目标的空间立体结构，解决测量人员难以到达区域的问题。它具有采样精度高、点云密度大、测量自动化等特点。

（4）摄影测量技术。摄影测量技术是利用光学摄影机或者其他传感器采集被测对象的图像信息，经过加工处理和分析，获得被摄物体的形状、大小、空间位置及其相互关系等可靠信息的理论和技术。目前，摄影测量最常见的分类方法有以下几种：

1）按距离远近分类：航天摄影测量、航空摄影测量、地面摄影测量、近景摄影测量以及显微摄影测量。

2）按用途分类：地形摄影测量、非地形摄影测量。地形摄影测量测制各种比例尺的地形图；非地形摄影测量测绘非地形目标的形状和大小。

3）按技术方法分类：模拟摄影测量、解析摄影测量、数字摄影测量。模拟摄影测量和解析摄影测量已被数字摄影测量所代替。数字摄影测量以数字影像为基础，利用计算机进行分析处理，确定被摄对象的大小、形状、空间位置及其相互关系和性质的技术。基于计算机的数字摄影测量系统目前可以高效率、高质量地完成自动定向、空中三角测量、自动数字地面模型生成（辅以交互式编辑）、自动正射影像图制作和交互式数字测图以及三维景观模型采集等一系列作业，可以高效率、高质量地获取高精度、大范围的 DEM 数据。用数字摄影测量的方法建立空间地形的立体模型，量取密集的数字高程数据来建立三维数字模型，是三维空间数据获取的重要途径。

倾斜摄影技术是国际测绘遥感领域新兴发展起来的一项高新技术，融合了传统的航空摄影测量和近景摄影测量技术，通过在同一飞行平台上搭载多台传感器，同时从垂直、前视、左视、右视与后视共 5 个不同的角度采集影像。其中，垂直摄影影像经传统航空摄影测量技术处理，制作 4D（DEM、DOM、DLG 与 DRG）产品；前视、左视、右视与后视 4 个倾斜摄影影像，倾斜角度为 $15°\sim45°$，可用于获取地物侧面丰富的纹理信息。

通过高效自动化的三维建模技术，快速构建具有准确地物地理位置信息的真三维空间场景，直观地掌握目标区域内地形地貌与所有建筑物的细节特征，可为水电工程建设、地质灾害应急指挥等提供精确、详尽、逼真的空间基础地理信息数据支持服务。

（5）遥感技术。遥感技术（Remote Sensing，RS）主要指从远距离高空及外层空间的各种平台上利用可见光、红外、微波、干涉雷达等电磁波探测仪器，通过摄影或扫描、信息响应、传输和处理，从而获取并研究地面物体的形状、大小、位置及其与环境的相关关系的现代科学技术。当今遥感技术已趋于集多种传感器、多分辨率、多波段、多时相于一身，与 GIS、GNSS 集成，形成高精度、多信息量的对地观测系统。遥感技术获取的影像与摄影测量的产品一样，由于受到精度、分辨率的限制，在构建三维模型的时候都要依赖于大地测量的数据成果。

（6）多传感器集成技术。传统的测绘技术在三维空间数据的采集与更新方面都存在一定的局限性。航空摄影测量与遥感虽然可以提供目标地物的空间信息，但是由于它们采集的都是目标地物的顶面信息，缺少了空间立体信息；地面摄影测量仅仅提供了目标地物的立体造型；激光扫描仪获取的数据能够较好地实现三维描述，但是难以提取目标地物的空间信息及拓扑关系。不同的数据获取方法往往能够互补，所以可以利用多种传感器组合成不同的多传感器集成空间数据采集系统，这些系统主要分为以下几种：

1）地面车载移动测量系统：地面车载移动测量系统是一种多传感器集成的数字成图系统，一般由移动载体（车辆）、多传感器、车载计算机以及数据采集软件构成。李德仁院士建立了一套以 GNSS、电子罗盘和车轮计数进行定位，以双 CCD 摄像机和激光测距仪实现地物测绘，以视频录像和数字录音完成属性采集的车载测绘系统。

2）机载 LiDAR：机载 LiDAR 采用激光测量技术获取高精度、高分辨率的数字地面模型 DTM 和目标地物的三维坐标，进一步获取地形表面上目标地物的垂直结构形态，同时结合目标地物的光学成像结构，提高对目标地物的识别水平。

3. 水下地形测量技术

水下地形测量在水电工程库容计算、泥沙淤积冲刷和水下构筑物监测中发挥着重要作用，在防洪减灾的应用中也显示出了巨大的经济效益和社会效益，是水电工程测量工作的一项重要的测绘技术。

水下地形测量主要包括定位和测深两大部分。传统的水下地形测量是利用经纬仪前方交会、电磁波测距极坐标法以及断面索法来获取水上定位，利用测深锤、测深杆测量水深。这种测深方法主要适用于流速不大、水深较浅的河流和水库，对水深超过几十米或上百米的大型水库是难以适用的，并且这种测量水深的精度较差。

随着 GNSS 技术和电子声呐、计算机软硬件的迅速发展，水下测量技术也取得了很大的进步，目前，基本上形成了"GNSS＋计算机（含数据处理软件）＋测深仪＋辅助设备"的测量模式。

目前，GNSS 系统提供的单点定位精度约为 5m，还不能满足水电工程大比例尺水下地形测量的需要。因此，通常采用 GNSS-RTK 技术，实时定位精度可达厘米级。

测深仪分为单波束和多波束测深仪。多波束水下地形测量系统由声学仪器、GNSS、姿态及数字传感器、计算机及功能强大的软件组成。多波束换能器以一个较大的开角向水下发射声波，同时接收几十束或上百束声波。每发出一个声波，便可在垂直于航线上得到一组水深数据。当测船航行时，便可得到一个宽带的水下地形资料。与单波束回声仪相比，多波束测深仪最大的优点是测点多、全覆盖、精度高、速度快，能够准确全面地反映水下地形起伏变化情况。此外，无人测量船、水上水下一体化扫描、侧扫声呐等技术的应用，更扩展了水下地形测量的内容和手段。

4. 施工测量技术

水电工程施工测量是水电工程施工建设的先导，是大坝浇筑、机电安装、边坡开挖、隧洞贯通等水工建筑物施工建设的重要依据，贯穿于整个工程建设过程中。

大坝填筑 GNSS 实时监控技术实现了对大坝填筑施工全过程进行精细化、全天候的实时监控，可以方便查看车辆及碾压机械的现场信息；对车辆的位置、速度及密度，碾压机械的碾压轨迹、碾压遍数、碾压厚度、碾压高程等指标进行分类标示，直观明晰地反映大坝填筑情况；对违反操作要求的施工车辆进行警示；为施工质量控制和研究技术措施提供了宝贵依据，填补了传统施工测量的空白。

三维激光扫描技术在施工测量中主要应用于地下洞室内测量、边坡测量、方量计算、岸坡变形监测、竣工立面图测量等。

陀螺经纬仪是将陀螺仪和经纬仪组合的仪器，不受时间和环境的限制，观测简单方便、效率高，能保证较高的定向精度，可用于长距离引水隧洞、公路隧洞贯通测量中。

建筑信息模型（BIM）与智能型全站仪集成应用，是通过对软件、硬件进行整合，将BIM 模型带入施工现场，利用模型中的三维空间坐标数据驱动智能型全站仪进行测量，将现场测绘所得的实际建造结构信息与模型中的数据进行对比，核对现场施工环境与BIM 模型之间的偏差，为大坝、厂房、机电安装等专业的深化设计提供依据。

5. 变形监测技术

变形监测对被监测对象或物体进行测量，确定其空间位置及内部形态的变化特征。变形监测按监测部位分为外部变形监测和内部变形监测。外部变形监测按照变形方向可分为水平位移监测、垂直位移监测、挠度观测、裂缝观测等。水电工程外部变形监测主要包括变形监测基准网测量、工作基点测量、变形体变形监测、监测资料分析等内容。

水电工程水平位移监测常用观测方法有基准线法和大地测量方法两大类。基准线法是通过一条固定的基准线来测定监测点的位移，常见的有视准线法、引张线法、激光准直法、垂线法等。大地测量方法主要以外部变形监测控制网点为基准，以大地测量方法测定被监测点的大地坐标，进而计算被监测点的水平位移，常见的有极坐标法、交会法、精密导线法、三角测量法、GNSS 观测法等。

垂直位移监测重点是掌握水工建筑物的不均匀沉降与垂直位移量，常用的方法有几何水准测量方法、三角高程测量法、液体静力水准法等。

随着光机电技术的发展，为实现监测自动化创造了条件，一些常规的人工读数设备变为自动测读设备，并采用光纤通信、无线电通信等手段完成信号传输工作，利用计算机技术进行在线分布式监测，形成了监测自动化系统。到目前为止，已实现了垂线、引张线、静力水准、真空激光准直、GNSS、全站仪及光纤监测自动化系统。

三维激光扫描技术是基于整体的变形监测新方法，通过扫描采集三维点云数据后生成物体的表面模型或进行三维建模，将不同时段的模型进行对比分析可以直观地看出变形比较大的区域并计算变形量，在需要全面掌握物体表面变形的工程中具有重要应用价值。

InSAR 技术利用星载或机载的 SAR 传感器高度、雷达波长、波束视向及天线基线距之间的几何关系，精确地测量出复图像上每一点的三维位置和变化信息。在此基础上发展起来的 D-InSAR、PS-InSAR、SBAS-InSAR、CR-InSAR 等变形监测技术已应用于矿山、城市和滑坡体等地表沉降监测中。GB-SAR 设站与观测姿态灵活，可以获取任意视线方向的亚毫米级形变，且时间间隔更短（约几分钟），空间分辨率更好，观测距离可达几千米。GB-SAR 在水电工程边坡、建筑物形变监测中具有较大的应用价值。

6. 水电工程信息集成应用技术

（1）3S集成应用技术。3S技术是遥感技术（Remote Sensing，RS）、地理信息系统（Geographic Information System，GIS）和全球导航卫星系统（Global Navigation Satellite System，GNSS）的统称，是空间技术、传感器技术、卫星定位与导航技术和计算机技术、通信技术相结合，多学科高度集成地对空间信息进行采集、处理、管理、分析、表达、传播和应用的现代信息技术，是水电工程信息化的关键技术之一。

数字水电是当今社会发展的必然趋势，而数字水电离不开3S技术。3S集成应用的基础信息是地理信息，包括地形、地貌、地物、水系等，数据模式为4D产品；专题信息是各勘测设计专业信息，如规划水文、水工建筑物、地质、土地利用现状、社会经济信息等；应用模型是水电工程规划设计、调查分析、预警预报、分析评价等数学模型，如洪水演进模型、水库调度指挥模型、环境影响评价模型等。在3S集成应用技术中，GNSS主要被用于实时、快速地提供目标的空间位置，包括各类传感器和运载平台的空间位置；RS用于实时或准实时发现地球表面的各种变化，及时地对GIS进行数据更新；GIS则对多源多时空数据进行综合处理、实时编译、动态存取，分析评价等。3S集成技术目前已在水电工程水库库岸地质调查、生态环境影响评价、洪水预警预报、移民安置、巡视检查中得到了应用，带动了信息的共享和水电信息化的发展。

（2）3D GIS与BIM集成应用技术。建筑信息模型（Building Information Modeling，BIM）技术在水电工程中的应用正在深刻地改变着传统设计手段，其高度的可视化与信息的联合集成特性，大大提高了水电工程管理效率及技术质量。BIM是创建、利用数字化模型对项目进行设计、施工和运营维护的全过程，与测绘地理信息对水电全生命周期的支持相吻合。3D GIS与BIM集成应用，可实现水电工程全生命周期信息化管理的革命性转变，可以深化多领域的协同应用，如三维协同设计、工程智能管理等，还可实现从几何到物理和功能特性的综合数字化表达，从而实现对功能体的无差异化描述，实现跨专业的信息传递与共享。

第 2 章

水电工程测绘基准

2.1 国家和区域测绘基准

大地测量学按研究的地球表面范围大小和解决的相应课题可分为：全球大地测量、国家大地控制测量和工程控制测量。全球大地测量又被称为理论大地测量，它以整个地球形体为研究对象，整体测定地球形状及其外部重力场，解决大地测量的基本科学问题；国家大地控制测量是在选定的参考坐标系中，测定足够数量的地面点坐标，建立国家统一的测量控制网，满足国家建设对基础测绘控制的需求；工程控制测量则是在局部小范围内建立的满足工程建设要求的测量控制。

大地测量基准由大地测量参考系统和参考框架组成，包括大地基准、高程基准、深度基准、重力基准，它是为测定地球空间点的坐标和重力、近地空间点的高程等几何和物理大地测量参数而建立的一种全球或区域统一的度量体系。

为保证测绘成果的科学性、系统性和可靠性，设立国家和区域统一的测绘基准是世界上多数国家普遍采用的做法，它通过所选用的各种大地测量参数来统一测量的起算面、起算基准点（即大地原点、水准原点、重力原点）和起算方位，确定国家和地区整个测绘工作的起算依据。因此，测绘基准是国家和地区各种测绘系统建立的基础，测绘系统作为测绘基准的一个重要内容，又是国家和地区统一测绘基准的具体体现。

2.1.1 中国测绘基准

1. 常用坐标系统

1954 年以前，我国曾建立过南京坐标系、佘山坐标系、长春坐标系等。目前，我国现行的参心坐标系有 1954 年北京坐标系、1980 西安坐标系和新 1954 年北京坐标系；现行的地心坐标系有 CGCS2000 国家大地坐标系。

（1）1954 年北京坐标系。中华人民共和国成立初期，依据当时的实际情况，将中国一等三角锁与苏联远东一等三角锁相连接，以苏联 1942 年普尔科沃坐标系的坐标为起算数据，局部平差我国东北及东部区一等三角锁，随后扩展、加密而遍及全国；高程异常以苏联 1955 年大地水准面重新平差结果为起算数据，按我国天文水准路线推算而得；高程基准为 1956 年青岛验潮站求出的黄海平均海水面，这样传算过来的坐标系定名为 1954 年北京坐标系，该坐标系可认为是苏联 1942 年普尔科沃坐标系的延伸。

1954 年北京坐标系诞生后，局部平差按逐级控制原则，分区对一等锁进行平差，并以一等锁环为起算值，平差环内的二等三角锁网，逐步推向全国，成为国家大地坐标系。

1954 年北京坐标系具有以下特点：①属于参心坐标系；②采用克拉索夫斯基椭球的两个几何参数；③大地原点在苏联的普尔科沃；④采用多点定位法进行椭球定位，但参考椭球面与大地水准面自西向东存在系统倾斜，东部地区最大高达 65m，全国平均为 29m；⑤高程基准为 1956 年青岛验潮站求出的黄海平均海水面；⑥高程异常以苏联 1955 年大地水准面重新平差结果为起算数据，按我国天文水准路线推算而得。

1954 年北京坐标系采用克拉索夫斯基椭球体的椭圆几何参数，见表 2.1-1。

表 2.1-1　　　　　　　　　1954 年北京坐标系参考椭球体的椭圆几何参数表

椭圆几何参数	参数值	椭圆几何参数	参数值
椭圆长半轴 a/m	6378245	椭圆扁率 α	1/298.3

（2）1980 西安坐标系。1954 年北京坐标系存在椭球参数不够精确、参考椭球与中国大地水准面拟合不好等缺点。为适应大地测量发展需要，中国于 1978 年开始建立 1980 西安坐标系。

1980 西安坐标系的参数采用国际大地测量学与地球物理学联合会在 1975 年推荐的椭球参数。该坐标系的大地高以 1956 年青岛验潮站求出的黄海平均海水面为基准，椭球定位采用多点定位法，利用 1167 个天文大地点和约 15 万个Ⅰ等、Ⅱ等重力点资料，在高程异常平方和最小条件下求解定位参数，椭球重新定位后与大地水准面密合较好。1980 西安坐标系建立后，完成了全国天文大地网的整体平差，获得了 1980 西安坐标系的基本参考框架。

1980 西安坐标系采用 1975 年国际椭球体的椭圆几何参数，见表 2.1-2。1980 西安坐标系具有以下特点：属于参心坐标系，大地原点位于中国陕西省泾阳县永乐镇；采用 1975 年国际大地测量学与地球物理学联合会第 16 届大会推荐的椭球参数；采用多点定位法，在中国 1°×1°间隔范围内均匀选取 922 点，组成弧度测量方程，解算大地原点上的垂线偏差和高程异常；定向明确，椭球短轴指向 1968.0 JYD 地极原点方向；由于采用严密平差，大地点的精度大大提高，最大点位误差在 1m 以内，边长相对误差约为 1/20 万；在全国范围内，参考椭球面和大地水准面符合很好，高程异常为零的两条等值线穿过我国东部和西部，大部分地区高程异常值在 20m 以内；不同坐标系统的控制点坐标可以通过一定的数学模型，在一定的精度范围内进行互相转换。

表 2.1-2　　　　　　　　　1980 西安坐标系参考椭球体的椭圆几何参数表

椭圆几何参数	参数值	椭圆几何参数	参数值
椭圆长半轴 a/m	6378140	椭圆扁率 α	1/298.257
椭圆短半轴 b/m	6356755.2881575287	椭圆第一偏心率平方 e^2	0.006694384999588
极点处子午线曲率半径 c/m	6399596.6519880105	椭圆第二偏心率平方 e'^2	0.006739501819473

（3）新 1954 年北京坐标系。因 1980 国家大地坐标系天文大地网整体平差，而 1954 年北京大地坐标系属局部平差，使两系统存在局部性系统差，这一差异使地形图图廓线位置发生变化，两系统下分别施测的地形图在接边处产生裂隙，给实际工作带来不便。新 1954 年北京坐标系采用了与 1954 年北京坐标系一样的克拉索夫斯基椭球，精度与 1980 西安坐标系基本一致，该坐标系是在 1980 西安坐标系的基础上，将 IUGG 1975 年椭球参

数换成原 1954 北京坐标系的克拉索夫斯基椭球参数，然后在空间三个坐标轴上进行平移旋转获得的。

新 1954 年北京坐标系采用多点定位，定向明确，与 1980 西安坐标系平行；但椭球面与大地水准面在我国境内不是最佳密合；大地原点与 1980 西安坐标系相同，但大地起算数据不同。与 1954 年北京坐标系相比，所采用的椭球参数相同，定位相近，但定向不同；1954 年北京坐标系是局部平差，新 1954 年北京坐标系是 1980 西安坐标系整体平差结果的转换值，因此，新 1954 年北京坐标系与 1954 年北京坐标系之间并无全国范围内统一的转换参数，只能进行局部转换。

（4）CGCS2000 国家大地坐标系。我国于 2008 年正式启用 CGCS2000 国家大地坐标系统，它是一个空间直角坐标系，其原点和坐标轴定义如图 2.1-1 所示，原点是地球的质量中心；Z 轴指向 IERS 参考极方向；X 轴是 IERS 参考子午面与通过原点且同 Z 轴正交的赤道面的交线；Y 轴是完成右手地心地固直角坐标系。

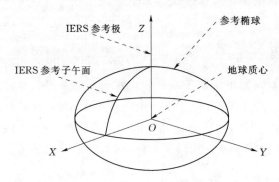

图 2.1-1　CGCS2000 定义示意图

CGCS2000 的参考椭球的几何中心与坐标系的原点重合，旋转轴与坐标系的 Z 轴一致。参考椭球既是几何应用的参考面，又是地球表面上及空间正常重力场的参考面。CGCS2000 通过国家 GPS 大地网的点在历元 2000.0 的坐标和速度具体实现。2000 国家 GPS 大地网由中国地壳运动观测网络，全国 GPS 一、二级网，国家 GPS A、B 级网和地壳变形监网等空间网联合平差得到。

CGCS2000 大地坐标系椭球体的椭圆几何参数见表 2.1-3。

表 2.1-3　　　　　　　　CGCS2000 大地坐标系椭球体的椭圆几何参数表

椭圆几何参数	参数值	椭圆几何参数	参数值
椭圆长半轴 a/m	6378137	椭圆扁率 α	1/298.257222101
椭圆短半轴 b/m	6356752.314	椭圆第一偏心率平方 e^2	0.00669438002290
极点处子午线曲率半径 c/m	6399593.6259	椭圆第二偏心率平方 e'^2	0.00673949677548

2. 常用高程基准

（1）1956 年黄海高程系统。20 世纪 50 年代，为统一建立国家高程基准，我国对沿海具有 1 年以上验潮资料的坎门、吴淞、青岛、大连、葫芦岛等验潮站进行实地调查和综合分析。1957 年确定青岛验潮站为中国的基本验潮站，并以该站 1950—1956 年间的验潮资料推求的平均海水面作为中国高程系统的起算基准面，命名为"1956 年黄海平均海面"。以"1956 年黄海平均海面"为零点，依据 1955 年 5 月测定结果，经 1957 年严密平差，推算出的水准原点高程为 72.289m。将此高程基准面和水准原点推算的国家水准点高程，在国家工程、国防和基础建设应用中称为"1956 年黄海高程系统"。

（2）1985 国家高程基准。1987 年，中国选用青岛大港验潮站 1952—1979 年共 28 年的验潮数据资料，经严格推算，得出 28 年来黄海平均海面。同年 5 月，国务院正式批准采用这一新的黄海平均海面作为国家高程基准的基准面，水准原点在该基准面上，原点高程为 72.260m，称为"1985 国家高程基准"。它比 1956 年黄海平均海面高 0.029m，比全球平均海面高出约 0.025m。

（3）其他高程基准。由于历史原因，1949 年以前我国的高程基准面比较混乱，采用的基准面有十多个，常见的有大沽零点、吴淞零点、罗星塔零点、珠江基面、大连基面、坎门基面等。表 2.1-4 列出其他高程系统建立的情况。

表 2.1-4　　　　　　　　　　其他高程系统建立的情况列表

高程系统	建 立 情 况
吴淞系统	1860 年在黄浦江张华浜设置吴淞信号站，树立水尺和信号杆，1883 年在水尺旁设基准标石，利用 1871—1900 年水位观测记录，以较当时最低水位略低的高程作为"吴淞零点"。1921 年在吴淞口设立自记潮位站，1944 年在潮位站旁设永久性水准基石，名为"吴淞水准基点"
大沽系统	1902 年建，基准面为大沽口验潮站 7 天的验潮资料所计算的最低潮水位。该系统历史上曾重建过，故有新、旧两系统
珠江系统	清朝两广督练公所参谋处测绘科于 1908 年建，以广州西濠口珠江边验潮记录平均海面作为基准面。以后水准测量时，在香山县（现中山市）乌达洲出现负高程，乃将原点高程加上 5m。该系统实际上是假定高程系统
废黄河系统	江淮水利局 1912 年建，以 11 月 11 日下午 5 时的废黄河口低水位为基准面。因原点毁坏而重建过，前后相差 1m 左右
坎门系统	南京国民政府陆地测量总局于 1933 年建，基准面为坎门验潮站的平均海面在水文等工作中沿用
大连系统	侵华日军建于 1933 年（一说 1934 年），基准面为大连港的平均海面

2.1.2　国外和区域测绘基准

1. 国外和区域参心大地坐标系统

19 世纪以来，世界各国建立和使用的参心大地坐标系统有百余种，参心大地坐标系统建立在地球参考椭球定位定向的基础上。参考椭球是传统地面大地测量计算、大地坐标转换、地图投影变换的基本参考面。世界范围内地球参考椭球几何参数见表 2.1-5。

表 2.1-5　　　　　　　　　世界范围内地球参考椭球几何参数表

名　　称	年份	长半轴/m	短半轴/m	备　　注
艾里（Airy）椭球	1830	6377563.4	6356256.9	英国
贝塞尔（Bessel）椭球	1841	6377397.2	6356079.0	欧洲、智利、印度、美国
克拉克（Clarke）椭球	1866	6378206.4	6356583.8	美国、菲律宾
克拉克（Clarke）椭球	1880	6378388.0	6356514.9	非洲、法国
1942 国际椭球	1924	6378249.1	6356911.9	世界多国
克拉索夫斯基（Krasovsky）椭球	1940	6378245.0	6356863.0	俄罗斯、中国

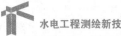

名　称	年份	长半轴/m	短半轴/m	备　注
澳大利亚椭球	1965	6378160.0	6356774.7	澳大利亚
WGS-72 椭球	1972	6378135.0	6356750.5	美国
1975 国际椭球	1975	6378140.0	6356755.0	世界多国
GRS80 椭球	1980	6378137.0	6356752.3	世界多国

2. 国外和区域地心坐标系统

（1）WGS-84 坐标系。WGS-84 坐标系（World Geodetic System）是一种国际上采用的地心坐标系。坐标原点为地球质心，其地心空间直角坐标系的 Z 轴指向国际时间局（BIH）1984.0 定义的协议地极（CTP）方向，X 轴指向 BIH1984.0 的协议子午面和 CTP 赤道的交点，Y 轴与 Z 轴、X 轴垂直构成右手坐标系，称为 1984 年世界大地坐标系。

WGS-84 坐标系采用的椭球称为 WGS-84 椭球，其常数为国际大地测量与地球物理学联合会（IUGG）第 17 届大会的推荐值，WGS-84 椭球体的椭圆几何参数见表 2.1-6。

表 2.1-6　　　　　　　　　WGS-84 椭球体的椭圆几何参数表

椭圆几何参数	参数值	椭圆几何参数	参数值
椭圆长半轴 a/m	6378137	椭圆扁率 α	1/298.257223563
椭圆短半轴 b/m	6356752.3142	椭圆第一偏心率平方 e^2	0.00669437999013
极点处子午线曲率半径 c/m	6399593.6258	椭圆第二偏心率平方 e'^2	0.00673949674227

（2）区域地心坐标参考框架及坐标系统。区域地心坐标参考框架主要有北美地心坐标系统、澳大利亚坐标系统与坐标框架、北美洲参考框架、欧洲参考框架、中南美洲参考框架、非洲参考框架、东南亚和太平洋参考框架等。

1）北美地心坐标系统。美国和加拿大、墨西哥、丹麦（格陵兰岛）通过地面控制网和空间测量网（多普勒数据、甚长基线干涉测量数据）联合平差，建立了北美坐标系统（North American Datum of 1983，NAD83）。NAD83 采用 GRS80 参考椭球，参考椭球的原心与地球质心重合。1989 年，NAD83 正式成为美国和加拿大测绘、制图、海航等应用的法定基准。

2）澳大利亚坐标系统与坐标框架。为建立统一的三维地心坐标系统，1994 年，澳大利亚基于 ITRF92 对基准网和国家网进行了平差，建立了 1994 年澳大利亚地心坐标基准（Geocentric Datum of Australia 1994，GDA94）。其原点定义为地球质量中心（包括海洋和大气），尺度为广义相对论意义下地球局部尺度，椭球参数采用 GRS80 椭球。GDA94 是通过澳大利亚 GPS 网与 IGS 站联测，将 ITRF 引入澳大利亚实现的，也就是说，GDA94 是 ITRF92 在澳大利亚的扩展或加密。

3）北美洲参考框架。北美洲参考框架主要由最初定义的北美参考框架和稳定的北美参考框架组成。北美参考框架是在北美地区对 ITRF 和 IGS 全球网的加密。2004 年，框架点数目为 400 多个，测站数目前已超过 800 个。建立稳定的北美参考框架是一项面向全球的科学工程，其目标是定义一个毫米级北美参考框架，用于该区域地球动力学研究。2005 年，该参考框架发布了第一个版本。2007 年，基于改进的 GPS 速度场和 ITRF2005，该参考框架更新了版本，其产品包括测站坐标和速度场值、冰后回弹调整模型等。

4）欧洲参考框架。欧洲参考框架（European Reference Frame，EUREF）自 1987 开始实施。2003—2007 年，共有 70 个 GPS 连续运行站并入欧洲参考网永久站网，使测站数目超过了 200 个。EUREF 作为 ITRF 的区域加密网，参与 ITRF 计算。

5）中南美洲参考框架。2003 年，官方发布了在 ITRF2000 框架下中南美洲参考框架会战得到的 184 个 GPS 站的坐标和协方差信息（历元为 2000.4），并利用最小二乘配置和有限元解，发布了南美速度场模型。自 2007 年 10 月起，该框架在阿根廷、巴西、哥伦比亚、墨西哥等分别建立了数据处理中心，并开始处理该地区 GNSS 站连续观测数据。

6）非洲参考框架。非洲参考框架（African Reference Frame，AFREF）的主框架由间距大约 1000km 的连续运行基准站（Continuously Operating Reference Station，CORS）构成。这些测站与全球 IGS 站统一解算，建立与 ITRF 一致的非洲大陆参考系统，为非洲各国提供三维地心基准。AFREF 实质是一个基准网，今后还将进行局部加密。在非洲各国、国际大地测量协会、IGS，以及非洲国家和地区制图组织的合作下，AFREF 目前正在稳步发展。

7）东南亚和太平洋参考框架。东南亚和太平洋参考框架是在亚太区域大地测量合作的基础上建立的区域高精度地心坐标参考框架。该参考框架从中亚地区延伸到太平洋地区，基于多次 GPS 会战实现，如 2004 年、2005 年和 2006 年开展的 3 次会战。会战数据处理工作由澳大利亚地球科学局（Geoscience Australia，GA）完成。

3. 国外区域性高程基准

20 世纪以来，北欧 11 个国家建立了欧洲统一水准网，美国、加拿大、墨西哥等共同布设了北美水准网，澳大利亚布设了覆盖其大陆大部分地区的水准网，经平差计算建成了不同国家或地区的高程基准。

（1）加拿大垂直基准。加拿大水准网的水准线路主要分布在加拿大南部地区，全长近 15 万 km，沿公路布设。以位于南大西洋、太平洋和圣劳伦斯河沿岸的 5 个长期验潮站测得的多年平均海面为高程基准面，水准原点位于美国纽约州的劳西斯波因特。由此建立的高程基准称为 1928 加拿大垂直基准（Canadian Geodetic Vertical Datum of 1928，CGVD28），并沿用至今。CGVD28 采用类正高系统，即水准高差改正一般用正常重力代替实际重力，但采用正高高差改正公式实现。加拿大水准网相对于 CGVD28 高程基准面存在系统性倾斜，东部地区为 -0.65cm，西部地区为 0.35m。

（2）北美垂直基准。1991 年，美国大地测量局为更新美国国家垂直基准（National Geodetic Vertical Datum of 1929，NGVD29）和海面基准（Sea Level Datum of 1929，SLD29），建成北美垂直基准（the North American Vertical Datum of 1988，NAVD88），其基本验潮站位于加拿大魁北克省圣劳伦斯河入口的里姆斯基市，水准原点相对于当地平均海面的高差为 6.271m。NAVD88 高程控制网由覆盖加拿大、美国和墨西哥的水准线路组合而成，水准线路总长度超过 81500km。水准高差改正综合了实测重力数据，高程成果采用赫尔默特（Helmert）正高系统。NAVD88 高程成果相对于其高程基准面，从大西洋海岸到太平洋海岸存在 1.5m 的系统性倾斜。

（3）澳大利亚高程基准。1971 年，澳大利亚以大陆沿岸 30 个长期验潮站的平均海面作为高程基准面，对覆盖澳大利亚大陆大部分区域的 161000km 三等以上的水准网进行平差，建成了澳大利亚高程基准（Australian Height Datum，AHD）。澳大利亚高程的水准网成果与高程基准面相比，也存在系统性倾斜，北部地区约为 0.5m，南部地区约为 −0.5m。

（4）欧洲统一水准网。2000 年以前，欧洲各国仍采用 3 种不同高程系统：正常高、正高和类正高系统。比利时、丹麦、芬兰、意大利和瑞士采用正高系统，法国、德国、瑞典和东欧的大多数国家采用正常高系统。这些欧洲国家高程基准的基本验潮站分布在不同的外海和内陆海，包括波罗的海、北海、地中海、黑海和大西洋，不同国家高程系统的基准面之间差异可达数十厘米。

2000 年，欧洲统一水准网完成国家间的水准联测，项目命名为"UELN − 95/98"。"UELN − 95/98"网采用方差分量估计方法对水准节点的重力位数定权，以自由网平差的方式将超过 3000 个节点连接到 UELN − 73 阿姆斯特丹水准原点。此后的 10 年时间里，欧洲统一水准网得到不断扩展和更新，到 2007 年，除爱尔兰岛和冰岛外，欧洲统一水准网基本覆盖了欧洲大陆。

2.2　水电工程测绘基准

水电工程的测绘基准主要有平面基准和高程基准。平面基准是确定地球表面及外层空间几何位置的基本参考；高程基准是推算高程控制网水准高程的起算依据，它包括一个水准基面和一个永久性水准原点。水电工程的平面基准、高程基准主要是以统一建设的国家测量控制网为基础，将国家等级三角点（或 GPS 点）、水准点的平面坐标和高程引至水电站工程区，通过起算点和相应起算数据得以实现。

水电工程平面坐标系统建立较为复杂，它需要通过对原有测绘资料的综合分析，顾及工程各阶段平面控制测量的衔接，依托国家测量控制点建立完成，并随工程建设进展与测量精度要求加以调整与完善，依次完成工程测图、施工以及监测的平面控制网的建立工作，以满足工程建设不同阶段对测量平面控制的需要。

水电工程的高程控制系统的建立工作与平面相比相对简单，关键是确立工程区的高程起算点和高程起算值，进而布设符合工程测图、施工以及监测要求的高程控制网。为保障水资源的充分利用以及整个流域的合理开发，各水电工程引测高程的正确性和可靠性尤为重要，必须予以足够重视。

2.2.1　水电工程基准的确立

在水电工程测绘基准建立之前，应广泛搜集测区内已有平面、高程和地形图等资料，如成果表、点之记、展点图、地形图、索引图、计算说明和技术总结报告等。查明各类资料的施测时间、作业单位、设计依据、坐标高程系统、控制等级、成果精度和地形图现实性反映程度等，通过已有资料分析确定各类资料的可利用价值，为工程测绘基准的设计工作进行必要的准备。

水电工程建设通常可分为勘测设计、建筑施工、运营管理三大阶段，并相继建立测图控制网、施工控制网和监测控制网，以保障工程不同建设阶段测绘工作的开展对测量控制的需要，因此水电工程基准的建立既要满足三类控制对测绘基准一致性的要求，又要保持三类控制在施测目的、主要用途、精度指标等方面的特殊性。因此，在水电工程建设伊始，就应依据工程所在区域原有测绘资料情况、工程测量基准建立的环境条件以及各类测量控制施测与衔接的便利性，明确水电工程测绘的顶层设计即基准设计。

依据测区已有测绘资料情况分析，结合国家、行业规范标准要求以及具体施测客观困难程度，水电工程测绘平面、高程基准的建立主要有以下 3 种形式。

（1）在已建立坐标基准、高程基准区域，且控制、地形等测绘资料具有较高利用价值，则水电工程测绘平面、高程基准宜与原基准保持一致。

（2）水电工程的新建地区或区域，其测绘基准宜符合工程所在地区国家测绘基准建立的基本要求，与国家基准相统一。

（3）当水电工程所处位置地域偏僻，距国家等级控制较远且联测或引测困难时，水电工程的测绘基准，可按假定方式确定。

水电工程的测绘基准属宏观概念，坐标基准、高程基准作为顶层设计一经确定，便意味着一是选定了符合工程要求的参考椭球，并以参考椭球面作为测量计算的基准面，建立工程平面坐标系统；二是确定工程统一的高程起算基准面和起算高程。在此基础上确定工程测量工作的起算点、起算方位及起算数据，开展水电工程不同阶段的测量控制工作。为便于水电工程测绘成果与国家、地方测绘资料的衔接或使用，当环境条件允许时，水电工程建立的平面、高程控制应与国家或地方的测量控制建立联系，确定相应转换关系。

2.2.2 平面、高程系统的基本要求

水电工程平面和高程系统的建立应遵循工程所在地区国家及行业测绘标准要求。例如我国的水电工程建设，通常采用行业标准《水电工程测量规范》（NB/T 35029—2014）或者类似标准《水利水电工程测量规范》（SL 197—2013）、国家标准《工程测量规范》（GB 50026—2007）作为测绘项目的主要设计依据。

1. 平面坐标系统

（1）NB/T 35029—2014 规定水电工程平面坐标系统应采用现行国家坐标系统，依工程需要作如下选择。

1）中、小比例尺地形测绘，应采用高斯正形投影 3°分带的国家坐标系统。

2）大比例尺地形测绘或施工测量，应建立和原有控制相联系的平面坐标系统。其平面控制网宜布设成边长归算至工程所选定高程面的自由网，通过与原有控制联测进行定位。

3）特殊条件下的坐标系统应通过专项论证做出系统设计。

4）同一工程不同设计阶段的测量工作宜采用同一坐标系统。

（2）GB/T 50026—2007 规定了工程平面控制网的坐标系统，应在满足测区内投影长度变形不大于 2.5cm/km 的要求下，作下列选择。

1）采用统一的高斯投影 3°分带平面直角坐标系统。

2）采用高斯投影3°分带，投影面为测区抵偿高程面或测区平均高程面的平面直角坐标系统；或任意带，投影面为1985国家高程基准面的平面直角坐标系统。

3）小测区或有特殊精度要求的控制网，可采用独立坐标系统。

4）在已有平面控制网的地区，可沿用原有的坐标系统。

5）厂区内可采用建筑坐标系统。

2. 高程系统

NB/T 35029—2014规定了水电工程测区高程应采用正常高系统，按照现行国家高程基准起算；在已建高程控制地区，可沿用原高程系统；远离国家水准点且引测困难时，可采用独立高程系统。有条件时，建立的高程控制应与国家高程连测；同一河流不同工程、同一工程不同设计阶段的测量工作应采用同一高程系统。

GB/T 50026—2007规定了工程测区的高程系统，宜采用1985国家高程基准。在已有高程控制网的地区测量时，可沿用原有的高程系统；当小测区联测有困难时，也可采用假定高程系统。

2.2.3 平面、高程系统的建立原则

（1）为方便原有资料（控制点、地形图、水位控制高程等）的延续使用，应尽可能保持水电工程与当时平面坐标系统和高程系统属性的一致性。

（2）所建测量基准应符合工程所在区域现行国家和水电行业及地方测绘规范、标准的规定。

（3）同一水电工程应建立一个统一的测量基准，且保持坐标和高程系统在工程不同建设阶段或不同工程部位的延续。

（4）应对影响工程建设的边长投影变形进行有效控制和处理，并建立与工程建设阶段相适应的等级平面控制网。

2.2.4 水电工程相关测量控制问题处理

水电工程坐标基准、高程基准的确定，只是为工程各建设阶段平面坐标系统和高程系统的建立奠定了基础，但是具体建立过程中存在的问题，仍需通过各阶段控制测量加以解决，即建立与工程建设阶段相应的测量控制网，为水电工程建设提供测量服务。

1. 测图控制网

测图控制网不但是水电工程勘测设计阶段测绘各类比例尺地形图的控制基础，也是建立水电工程平面控制框架和高程控制框架的重要内容，为保障水电工程建设各阶段控制系统的有序衔接奠定坚实的基础。测图控制网的建立必须引起足够的重视。

（1）平面控制的引测方法和精度要求。在水电工程建设区范围靠近中心或重要工程部位，选择基础稳定、视野开阔、对空条件良好，且易于保存位置，设置控制点标志，其数量一般不少于2座，选用适当的测量方法建立国家等级控制点与测区新建控制点之间的联系，实现工程区国家平面坐标的引测。

20世纪70年代后，主要采用导线测量方式建立国家三角点与测区控制点之间的联系，将国家三角点的平面坐标引入测区。

20 世纪 90 年代美国全球定位系统（GPS）投入运行后，通常利用 GPS 接收机将国家等级控制点和工程区域控制点进行联测，按相应等级和技术指标要求进行观测，通过基线解算、数据平差处理，把国家三角点的平面坐标引入测区。

随着国家现代大地测量体系建设的不断完善，利用国家卫星定位连续运行基准站实现工程区国家平面控制的引测，现已成为主要的作业手段。具体方法是在水电工程建设范围内，依据任务要求，按相应密度，布设便于加密、能覆盖整个测区的测图基本平面控制网，依据网点分布、环境条件，从中选择 4～6 座网点作为测图控制网的框架网点，运用 GNSS 接收机进行同步观测，并根据国家卫星定位连续运行基准站的分布位置、数量、远近，确定同步观测时间，通过框架网点和国家卫星定位连续运行基准站 GNSS 测量数据的联合解算，求解出测区内框架网点的三维坐标成果；假使测区范围附近存在国家等级水准点，应将水准点连同框架网点一并进行同步观测，整体参与数据的平差计算，最终完成工程区国家平面控制的引测。

水电工程是国家基础建设的重要内容，其地理位置应能在国家 1∶5000 或 1∶10000 地形图上进行正确反映，顾及坐标引测的工作量及作业难度，坐标引测的精度为：在经济发达或较发达地区，按 1∶5000 地形图图根点精度要求，即不大于 0.5m；在经济欠发达或不发达地区，按 1∶10000 地形图图根点精度要求，即不大于 1m。

（2）高程控制的连测方法和精度要求。水电工程区域高程可采用几何水准测量、电磁波测距三角高程测量或 GNSS 测量等方式，将国家等级水准点高程连测至测区。依据国家等级水准点的连测距离、测区施测条件环境及精度要求等确定测量方法和测量等级，测区内的被连测高程点应埋设永久性标石，也可利用测区已有平面控制点标石或其他固定标志，数量不宜少于 2 座。

NB/T 35029—2014 要求"自国家水准点支测高程作为水电工程高程控制的起算数据时，若支测线路长度大于 80km，应采用不低于三等水准精度施测，小于 80km 可采用四等水准精度施测。支测应进行往返观测。"高程连测精度推算式为

$$m_h = \pm \frac{1}{2} M_W \sqrt{L} \tag{2.2-1}$$

式中：m_h 为高程连测精度，mm；M_W 为全中误差，mm；L 为线路长度，km。

以线路长度 80km 为临界值，超过该临界值按规范要求施测精度不应低于三等水准，令 $M_W = 6$mm，$L = 80$km 代入式（2.2-1），计算得出 $m_h = \pm 2.7$cm；未超过该临界值可采用四等水准，令 $M_W = 10$mm，$L = 80$km 代入式（2.2-1），计算得出 $m_h = \pm 4.5$cm。

由上述计算可知将国家等级水准点连测至测区高程点的高程精度应不低于 ± 4.5cm。

（3）边长投影变形的处理。众所周知，平面控制测量投影面和投影带的选择，主要是解决长度变形的问题。这种投影变形主要是由以下两种因素引起的。

1）控制网实测平距 S 归算至参考椭球面上时，其长度将会缩短 ΔS_1，其近似公式为

$$\Delta S_1 = -\frac{SH_m}{R} \tag{2.2-2}$$

式中：H_m 为归化边高出参考椭球面的平均高程，m；R 为归算边方向参考椭球法截弧的

曲率半径，m。

依式（2.2-2）有

$$\frac{\Delta S_1}{S} = -\frac{H_m}{R} \tag{2.2-3}$$

根据式（2.2-2）计算的每千米长度投影变形值，依式（2.2-3）计算的不同高程面上的相对变形见表2.2-1。R的概略值取6374km。

表2.2-1 　　　　　　　实测边长归算至参考椭球面的投影变形表

H_m/m	10	50	100	150	200	1000	2000	3000	4000
ΔS_1/mm	−1.6	−7.8	−15.7	−23.5	−31.4	−156.9	−313.8	−470.7	−627.5
$\Delta S_1/S$	1/637400	1/127480	1/63740	1/42490	1/131870	1/6370	1/3190	1/2120	1/1590

从表2.2-1可见，ΔS_1值是负值，$|\Delta S_1|$的值与H_m成正比，随H_m增大而增大。

2）参考椭球面上的边长S_0（即：$S_0 = S - \Delta S_1$）投影到高斯投影面，边长变形影响为ΔS_2，其近似计算公式为

$$\Delta S_2 = \frac{1}{2}\left(\frac{y_m}{R_m}\right)^2 S_0 \tag{2.2-4}$$

式中：S_0为投影归算边长，m；y_m为归算边两端点横坐标平均值，m；R_m为参考椭球面平均曲率半径，m。

投影边长的相对投影变形：

$$\frac{\Delta S_2}{S_0} = \frac{1}{2}\left(\frac{y_m}{R_m}\right)^2 \tag{2.2-5}$$

依式（2.2-4）和式（2.2-5）分别计算的每千米长度投影变形值以及相对投影变形值见表2.2-2（设测区平均纬度$B = 41°52'$，$R_m = 6375.9$km）。

表2.2-2 　　　　　　参考椭球面上边长投影至高斯平面的投影变形表

y/km	10	20	30	40	60	80	100	150
ΔS_2/mm	1.2	4.9	11.1	19.7	44.3	78.7	123.0	276.7
$\Delta S_2/S_0$	1/810000	1/200000	1/90000	1/50000	1/22000	1/12700	1/8000	1/3500

从表2.2-2可知，ΔS_2值总是正值，表明将椭球面上长度投影到高斯面上，总是增大的；ΔS_2值随着y_m平方成正比而增大，离中央子午线越远，其变形越大。当边长的两次归算投影改正不能满足相应要求时，为保证工程测量结果的直接利用和计算的方便，可采用以下处理方法对边长的投影变形加以控制。

a. 通过改变H_m从而选择合适的高程参考面，将抵偿分带投影变形，这种方法通常称为抵偿投影面的高斯正形投影。

b. 通过改变y_m，从而对中央子午线作适当移动，来抵偿由高程面的边长归算到参考椭球面上的投影变形，这就是通过所说的任意带高斯正形投影。

c. 通过既改变H_m（选择高程参考面），又改变y_m（移动中央子午线），来共同抵偿两项归算改正变形，这就是所谓的具有高程抵偿面的任意带高斯正形投影。

d. 当工程属线状工程，且测区范围较大、海拔较高，改变高程参考面 H_m，同时移动中央子午线改变 y_m 所计算的综合改正值仍不能抵偿边长的两项归算变形时，则应依据整个测区的具体情况进行必要的分区处理。

伴随高程参考面或中央子午线的调整与改变，无论哪种处理方式所建立的平面坐标系统已和原系统发生不同程度的改变，应在成果中加以特别说明。

（4）平面直角坐标系统的建立方法。依相关规范要求，中、小比例尺测绘应采用高斯正形投影 3°分带的国家坐标系统；大比例尺地形测绘，应建立和原有控制相联系的平面坐标系统。其平面控制网宜布设成边长归算至工程所选定高程面的自由网，通过与原有控制联测进行定位，以避免边长的投影变形值大于 ±5cm/km（或 ±2.5cm/km），具体方法如下。

1）高斯正形投影 3°分带的国家平面坐标系统。水电工程 1：5000 和 1：10000 中、小比例尺地形测绘与国家基本比例尺地形图一致，其平面坐标系统（和高程系统）已与国家系统相统一；如果在高原地区作业，测区海拔较高，则应结合具体工程，选择椭球膨胀等方法，对边长投影变形加以控制，建立与国家系统相联系的独立平面坐标系统。

大比例尺地形测绘，要求控制网边长归算至参考椭球面（或平均海水面）的高程归化和高斯正形投影的距离改化的总和（即边长变形）不超过 ±5cm/km，当以下几个条件同时满足时，无需考虑投影变形问题，直接采用国家统一的 3°分带高斯正形投影平面坐标系统作为测图控制的平面坐标系统。

a. 测区位于高斯正形投影统一 3°分带中央子午线附近。

b. 测区平均高程面接近国家参考椭球面（或平均海水面）。

c. 测区国家三角点精度满足工程大比例尺测图要求。

2）抵偿投影面的高斯正形投影 3°分带平面坐标系统。在这种坐标系中，仍采用国家 3°分带高斯投影，但投影的高程面不是参考椭球面而是依据补偿高斯投影长度变形而选择的高程参考面。在这个高程参考面上，长度变形为零。当采用 1）中坐标时，有：

$$\Delta S_1 + \Delta S_2 = \Delta S$$

当 ΔS 超过允许变形值要求时，令 $\Delta S = 0$，即

$$S\left(\frac{y_m^2}{2R_m^2} + \frac{H_m}{R}\right) = \Delta S_1 + \Delta S_2 = \Delta S = 0 \tag{2.2-6}$$

于是，当 y_m 不变时，由式（2.2-6）可求得

$$\Delta H = \frac{y_m^2}{2R} \tag{2.2-7}$$

例如，某测区海拔 $H_m = 2000\text{m}$，最边缘横坐标为 100km，当 $S = 1000\text{m}$ 时，则有 $\Delta S_1 = -\frac{H_m}{R_m} \times S = -0.313\text{m}$，及 $\Delta S_2 = \frac{1}{2}\left(\frac{y_m^2}{R_m^2}\right) \times S = 0.123\text{m}$，而 $\Delta S_1 + \Delta S_2 = -0.19\text{m}$，超过允许值 2.5cm。这时为不改变中央子午线位置，而选择一个合适的高程参考面，使式（2.2-6）成立。于是依式（2.2-7）算得高差 $\Delta H \approx 780\text{m}$。

这就是说，将地面实测距离归算到 2000m－780m＝1220m 的高程面上，此时，两项长度改正得到完全补偿。事实上，

$$\Delta S_1 = -\frac{780}{6370000} \times 1000 = -0.122\,(\text{m})$$

$$\Delta S_2 = \frac{1}{2}\left(\frac{100}{6370}\right)^2 \times 1000 = 0.123(\text{m})$$

亦即

$$\Delta S = \Delta S_1 + \Delta S_2 = 0$$

3）任意带高斯正形投影平面坐标系统。在这种坐标系中，仍把地面观测结果归算到参考椭球面上，但投影带的中央子午线不按国家 3° 分带的划分方法，而是依据补偿高程面归算长度变形而选择的某一条子午线作为中央子午线。这就是说，在式（2.2-8）中，保持 H_m 不变，于是求得

$$y = \sqrt{2R_m H_m} \tag{2.2-8}$$

例如，某测区相对参考椭球面的高程 $H_m = 500\text{m}$，为抵偿地面观测值向参考椭球面上归算的改正值，依式（2.2-8）算得 $y = \sqrt{2 \times 6370 \times 0.5} = 80(\text{km})$。

即选择与该测区相距 80km 处的子午线。此时在 $y_m = 80\text{km}$ 处，两项改正项得到完全补偿。事实上

$$\Delta S_1 = -\frac{H_m}{R_m}D = -\frac{500}{6370000} \times 1000 = -0.078(\text{m})$$

$$\Delta S_2 = \frac{1}{2}\left(\frac{y_m}{R_m}\right)^2 S = \frac{1}{2}\left(\frac{80}{6370}\right)^2 \times 1000 = 0.078(\text{m})$$

亦即

$$\Delta S_1 + \Delta S_2 = \Delta S = 0$$

但在实际应用这种坐标系时，往往是选取过测区边缘，或测区中央，或测区内某一点的子午线作为中央子午线，而不经过上述的计算。

4）具有高程抵偿面的任意带高斯正形投影平面坐标系统。在这种坐标系中，往往是指投影的中央子午线选在测区的中央，地面观测值归算到测区平均高程面上，按高斯正形投影计算平面直角坐标。由此可见，这是综合第 2)、3) 两种坐标系长处的一种任意高斯直角坐标系。显然，这种坐标系更能有效地实现两种长度变形改正的补偿。

2. 施工控制网

（1）施工控制网与测图控制网的关系。水电工程设计成果是基于勘测设计阶段的地形图来完成，而工程施工又将依靠施工控制网测设、放样到实地。故水电工程的测图控制网和施工控制网尽管在控制精度、控制范围、建立目的等方面存在差别，但是两者有着本质的联系，在平面坐标系统、高程系统上宜保持一致，这样施工放样数据可直接通过设计图件获得，既避免边长投影化算麻烦，也可减少计算错误。

（2）施工控制起算数据的确立。在施工控制网建立过程中，为使网点的点位精度均匀，具有较高的绝对点位精度，网的起算点和起算方向大多选在接近图形重心、能均匀分割控制网图形的位置与方向。可利用工程原有测图控制点，就近联测施工控制网点，按一点一方向对工程施工控制网进行自由网平差，使计算的坐标成果，在维系坐标系统一致性的同时，保持自身精度的独立性。

当工程涉及的范围较大时，工程施工控制网仍采用一点一方向起算可能会产生较大的偏差，其原因在于前期测图控制的总体精度不高，或者测图控制与施工控制的坐标系统上

存在差异，致使在原有的大比例尺地形图上的设计坐标、放样后位置与实地出现不相符合的现象。这时，施工控制网起算数据需通过多点定位方式予以确立，即联测点的数量不应少于 3 点，位置应能均匀分布于整个测区，通过相似变换使各点联测点坐标分量残差的平方和最小，以便对测图和施工两类坐标系统存在的偏差进行有效控制。

3. 监测控制网

（1）监测控制网的基准。监测控制网作为工程安全监测系统的重要组成部分，其建立的主要意义在于：一是为工程安全监测系统提供统一的、稳定可靠的监测基准；并通过监测控制网复测对监测网点的稳定性和可靠性做出检验与评价；二是获取准确的基准点、工作基点的坐标、高程，为日常监测工作提供起算数据。故工程监测控制网建立成败的关键是网中能否找到具有两个或两个以上的稳定可靠网点，作为变形量计算的基础。

（2）监测控制网与前期控制的关系。依前所述，监测控制网的基准可看作固定基准，与前期建立的测图控制、施工控制的联系可以是松散的，甚至是不相关联的。但是水电站变形监测包含施工期变形监测和运行期变形监测两部分，施工期变形监测多采用施工控制网作为基点，为便于施工期监测数据成果的衔接，前期施测的测绘图纸的利用，宜按一定等级进行工程前期控制和变形监测控制之间的联测，建立转换联系。

2.3　水电工程测绘基准确立新技术应用案例

2.3.1　GPS＋大地水准面精化技术的应用

（1）工程及测区概况。通天河属长江源头干流河段，位于中国青海省玉树藏族自治州境内的可可西里山、巴颜喀拉山和唐古拉山之间。上起囊极巴陇与长江正源沱沱河相接，下至巴塘河口与金沙江相连，横贯玉树藏族自治州全境，流经治多县、曲麻莱县、称多县和玉树市，河长 1205.7km，流域面积 141639km^2。规划河段长 861.1km，天然落差 1137m，理论上水力资源蕴藏量约 3409MW。

该流域规划范围介于东经 92°35′～97°25′，北纬 33°00′～34°45′，沿通天河两岸无任何道路可供通行，交通及工作环境十分艰苦。

（2）测绘基准建立技术方案。该地区基础测绘资料匮乏，所搜集的平面三角点远离河道且大多处于海拔 5000m 以上；除下游玉树至曲麻莱、沱沱河与青藏公路相交位置等少数地方可进行远距离的水准连测外，河道上游河段几百千米无国家等级水准可以利用。因此采用常规方法建立该流域的测绘基准相当困难，尤其是高程控制。假使采用常规水准测量方式，不仅作业难度大、水准线路长、成果可靠性难以保证，而且需要投入大量的人力物力和全方位的后勤保障。故提出以先进的 GPS 测量＋大地水准面精化技术建立流域规划河段的基本平面控制和高程控制。

（3）测区已有资料及利用情况。通过收集分析已有测绘资料情况，拟定已有资料的利用方式如下。

1）GPS 连续运行站。测区周边 GPS 连续运行站有德令哈（DLHA）、拉萨（LHAS）、塔什库尔干（TASH）、乌什（WUSH）、西宁（XNIN）、泸州（LUZH）等 6

个 GPS 连续运行站。收集以上 6 个站的观测数据可用于 GPS 数据处理。

2）高程控制资料。收集通天河干流河段范围国家一、二等水准点 31 座，根据位置分布、交通条件及点位保存等情况，选择部分水准点用作大地水准面的 GNSS 水准成果使用。国家一、二等水准路线及水准点分布图见图 2.3-1。

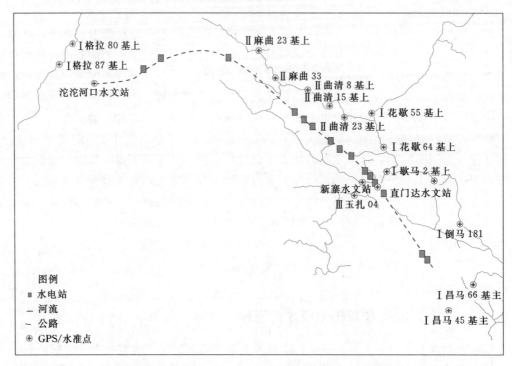

图 2.3-1 测区内国家一、二等水准路线及水准点分布图

3）重力资料。测区内现有重力点成果 10632 点，作为该项目的重力数据，用于大地水准面精化工作。重力加密点分布见图 2.3-2 中红线范围内。

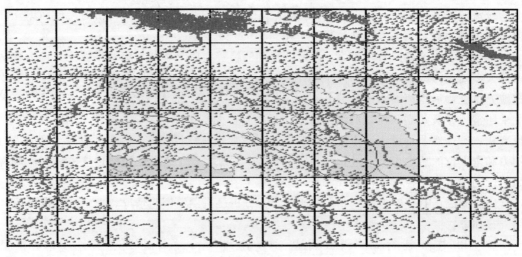

图 2.3-2 测区内重力加密点分布图

4) 地形资料。测区现有部分 1：50000 DEM 及全球 SRTM 数据，可以作为基础数据，生成格网平均高数据，用于重力异常与大地水准面精化计算。

5) 重力场模型。较高阶次的全球参考重力场模型有：武汉大学的高阶重力场模型（WDM94）；美国的高阶重力场模型（EGM96）；美国最新的高阶重力场模型（EGM2008）。该项目拟采用 EGM2008（2160 阶）参考重力场模型用于大地水准面精化计算工作。

（4）项目测绘基准的确立。根据所搜集到原有测绘资料情况，结合设计专业要求，平面基准采用高斯正形投影按 3°分带的 1980 西安坐标系；高程基准为 1985 国家高程基准。

（5）基本控制测量实施。选择对空条件良好、基础稳定且交通相对便利的位置，埋设标石或凿刻标志，以共用方式作为测区基本平面控制点和高程控制点，在每一拟选坝址位置布设 2 座及以上 GPS 测量标点，在相隔较远坝址间的中部增设 GPS 标点，规划河段共布设 GPS 标点 25 座，并要求坝址附近每一 GPS 标点通视方向不少于 1 个。

将新设 25 座 GPS 基本控制点和选定联测的 11 座水准点组成 GPS 控制网，按边连接或网连接方式构成观测图形，利用 TOPCON HIPER_PLUS 接收机，按 8～12h 时长进行同步观测。GPS 基本控制网观测图形如图 2.3-3 所示。

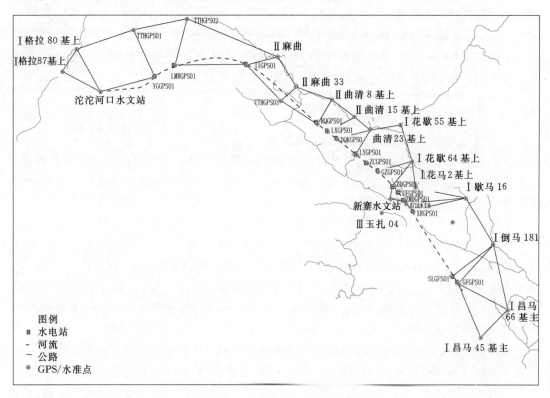

图 2.3-3　GPS 基本控制网观测图形

采用 GAMIT/GLOBK 软件进行 GPS 控制网平差计算，平面坐标在 2000 国家大地坐标系下，约束 DLHA、LHAS、TASH、WUSH、XNIN、LUZH 6 个 GPS 连续运行站点，做三维约束平差，求出 GPS 控制网点坐标。坐标转换主要是利用 2000 国家大地坐标系与 1980 西安坐标系、1954 年北京坐标系的重合点，采用 Bursa 七参数坐标转换模型通过转换的方法得到 1980 西安坐标系、1954 年北京坐标系成果。

高程则是利用通天河流域及周边地区较密集的重力点成果、数字高程模型、全球重力场模型及分布较均匀的、现势性较好的 GPS 水准成果，采用重力法（Molodensky 原理）及移去（remove）—恢复（restore）技术计算重力似大地水准面，并通过 GPS 水准计算实测的似大地水准面（高程异常），对重力似大地水准面拟合计算，完成通天河流域分辨率为 $2.5' \times 2.5'$ 的高精度似大地水准面精化工作。在此基础上，使用控制点的三维地心坐标，利用本区域似大地水准面计算数学模型，通过内插计算得到相应控制点的高程异常和水准高。

（6）应用效果及评价。通天河流域规划 GPS 控制网利用中国连续运行站、精密星历等数据，采用精密数据处理软件，获得了高精度的控制成果。GPS 网点南北方向的精度优于 $\pm 3.3 mm$，东西方向的精度优于 $\pm 3.3 mm$，高程方向的精度优于 $\pm 16.3 mm$。相邻点基线南北方向分量的精度优于 $\pm 3.9 mm$，东西方向分量的精度优于 $\pm 3.9 mm$；相邻 GPS 点基线垂直分量的精度优于 $\pm 21.1 mm$。

利用通天河流域的加密重力资料、水准资料、地形资料、GPS 水准资料、全球参考重力场模型资料，取得通天河流域高精度高分辨率的似大地水准面模型，该模型的分辨率为 $2.5' \times 2.5'$，精度达到 $\pm 0.059 m$，达到了项目规划设计要求。

通过利用 GPS、大地水准面精化技术，在较短时间内完成了通天河流域规划测绘基准建立工作，为后续测绘工作开展提供了可靠的数据成果。

2.3.2　平面直角坐标系的确立案例

1. 小湾水电站工程平面直角坐标系的确立

（1）工程概况。小湾水电站位于云南省西部南涧县与凤庆县交界的澜沧江中游河段，在干流河段与支流黑惠江交汇处下游 1.5km 处，系澜沧江中下游河段规划八个梯级中的第二级。

小湾水电站工程属大（1）型一等工程，永久性主要水工建筑物为一级建筑物。水库具有不完全多年调节能力，系澜沧江中下游河段的"龙头水库"。该工程由混凝土双曲拱坝（最大坝高 294.5m）、坝后水垫塘及二道坝、左岸泄洪洞及右岸地下引水发电系统组成。水库库容为 149.14 亿 m^3，水电站装机容量 4200MW（$6 \times 700 MW$）。小湾水库位于东经 $99°16' \sim 100°12'$、北纬 $24°42' \sim 25°36'$，包含澜沧江和黑惠江两部分，河流大体自北向南流，流域呈条带状。

（2）枢纽区平面直角坐标系的确立。1978 年，以规划坝段区附近 2 个国家三角点为起算点和后视方向，在规划坝段区建立三角锁，采用 T2 测角，DGS Ⅱ 测距，由于测区面积较大，起始边归化至 1100m 平均工程面上，再投影至高斯平面上。可行性研究及初设阶段，1992 年对枢纽区四等三角网进行扩建，共 24 点，采用 T2 测角，DI1600 测距，网点全测角，部分测边，并统一平差。边长投影至 1100m 工程面上，再投影至高斯平面上。招标及施工详图阶段，由于前期采用的坐标系统边长投影变形大于 2.5cm/km，为满足枢纽区大比例尺地形图测绘及施工放样的要求，并与前期所测地形图尽量吻合，以坝址附近四等三角点为起算点和起算方向作为施工测量控制网平面网的起算数据，边长投影至1100m 工程面上。后期永久变形监测控制网的平面坐标系统和高程系统均与施工测量控制网相同。

（3）水库区平面直角坐标系的确立。规划阶段采用五等电磁波测距导线建立起水库区平面控制网，坐标系采用 3°分带的 1954 年北京坐标系。至 1999 年，在澜沧江库区全面布设了四等 GPS 控制网取代五等导线作为首级平面控制。

2. 张河湾抽水蓄能电站平面直角坐标系的确立

（1）工程概况。张河湾抽水蓄能电站位于河北省石家庄市井陉县测鱼镇附近的甘陶河干流上，东经 114°04′，北纬 37°46′。测区地形大致为西高东低，上下高差变化幅度近400m，地形地貌复杂。

该抽水蓄能电站总装机容量为 1000MW。主体工程由上水库、下水库、地下厂房系统及附属建筑物组成。上水库修建于甘陶河左岸老爷庙山顶；下水库利用 1977 年 7 月建造的张河湾水库进行扩建；地下厂房位于水库拦河坝上游 1.2km 处的左岸山体内；上、下水库由水工隧道相连通。

（2）抽水蓄能电站平面直角坐标系的确立。依据工程区域内已有测绘资料情况，在原有国家及流域等级控制为基础建立本电站的平面、高程控制系统，选定的平面基准采用3°分带的 1954 年北京坐标系。勘测设计阶段的各种比例尺地形图的坐标系就采用 3°分带的 1954 年北京坐标系。

（3）投影变形对大比例尺测图的影响。抽水蓄能电站工程所处区域中央子午线为114°，东、西边缘经度分别为 113°57.5′和 114°06.1′；靠近西侧边缘傲脑山体顶部为工程区域内最高点，高程约为 840m，工程区最低处为临近沿庄的甘陶河河谷位置，高程约为420m，测区范围内最大高差约有 420m。由于工程区距离中央子午线较近，将参考椭球面上的边长归算到高斯投影面上，其变形很小，每千米最大变形仅为毫米级，可以忽略不计，而只考虑边长高程归算所产生的变形影响。根据工程区域高点和低点高程，按式（2.2-2）计算每千米实测边长归化至参考椭球面上其长度变形值，取该测区地球曲率半径 $R=6372.8$km，计算结果如下：

$$\Delta S_{高} = -\frac{H_m}{R}S = -\frac{840}{6372.8} = -13.2(\text{cm})$$

$$\Delta S_{低} = -\frac{H_m}{R}S = -\frac{420}{6372.8} = -6.6(\text{cm})$$

依计算结果可知，测区每千米边长的高程归化变形均介于 -6.6~-13.2cm，超出行业规范要求的不大于 ±5cm/km 的技术指标，但是前期勘测工作始于 1987 年，对此技术问题未能予以足够重视。

（4）施工控制网平面坐标系统的确立。张河湾抽水蓄能电站施工阶段建立的平面施工控制网由 12 座网点组成，选定 650m 为工程投影面高程。由于工程不同阶段投影面选择不同等原因，可能造成测图控制与施工控制平面系统之间存在差异。为合理解决这一矛盾，通常是利用前期施测的测图控制，为施工控制网引入一个起算坐标和一个起算方位，按经典自由网平差方式对控制网观测成果进行数据处理。这样，既建立了施工控制网与前期测图控制网之间的联系，又保证了施工控制网自身所具有的内部精度不受损失。

为考察平面施工控制网与前期平面测图控制间系统差异的大小，选择施工控制网靠近中部的 ZH1、西偏南的 ZH2 以及北部偏东的 ZH7 3 座施工控制网点作为联测点，利用就近的测图控制以极坐标测量方法进行联测，获取此 3 点在测图平面控制系统下坐标；以 ZH1 为起算点，ZH1 到 ZH2 的方位为起算方向，对新建平面施工控制网进行经典自由网平差，计算出 ZH2、ZH7 施工控制网坐标，在两系统下两点坐标差值见表 2.3-1。

表 2.3-1　　　　　　　　　测图控制与施工控制的坐标差值表

点名	纵坐标差值 Δx/cm	横坐标差值 Δy/cm
ZH2	1.3	12.6
ZH7	−1.8	−18.3

比较结果表明：纵坐标相差较小，横坐标相差较大；产生的主要原因为前期测图控制投影面为参考椭球面，而施工控制是以选定的 650m 高程面为工程投影面。为使这种偏差得到进一步改善，采用了多点定位方法对平面施工控制网重新定位，使之与测图控制网配置最佳。即利用 ZH1、ZH2 和 ZH7 作为公共点进行坐标拟合，拟合结果如下：坐标平移 $\Delta x = 1.67\text{mm}$、$\Delta y = 19.00\text{mm}$，坐标旋转角 $\Delta \alpha = 13.41''$。拟合后的坐标差值见表 2.3-2。

表 2.3-2　　　　　　　测图控制与施工控制拟合后的坐标差值表

点名	纵坐标差值 Δx/cm	横坐标差值 Δy/cm
ZH1	−1.1	−0.5
ZH2	8.3	11.2
ZH7	−7.1	−10.7

拟合后的坐标与原有测图控制网坐标间的坐标差值明显得到改善。反映在 1:500 比例尺地形图上其偏差不足图上 0.5mm，对前期的地形图成果使用不会产生实质影响。此时施工控制网的平面坐标系统不再是 1954 年北京坐标系，而是工程投影面高程为 650m 的"挂靠 1954 年北京坐标系的独立平面坐标系"。

（5）下水库平面变形监测网平面坐标系统的确立。下水库平面变形监测网经 2006 年初建和 2013 年改建而成，改建后的监测网由 4 个基准点（TN1～TN4）和 1 个工作基点 TB1 组成，采用边角网观测方法，按《水电工程测量规范》（NB/T 35029—2014）专二级等级施测。平面变形监测网起算数据利用施工控制网点按一点一方向形式联测获得，其坐标系统属性与测图控制、施工控制相一致。

3. 老挝南欧江流域平面直角坐标系统的确立

（1）工程概况。南欧江是湄公河左岸老挝境内最大支流，发源于中国云南省江城县与老挝丰沙里省接壤的边境山脉一带，河流流向自北向南汇入湄公河。全河流域面积 26079km²，河长 475km，天然落差近 720m，水能资源丰富，开发条件较好。

根据规划成果，南欧江各梯级水电站特性指标见表 2.3-3。

表 2.3 - 3　　　　　　　　　　　　南欧江各梯级水电站特性指标表

梯级	一级	二级	三级	四级	五级	六级	七级
正常蓄水位/m	305	320	375	400	430	510	630
装机容量/MW	180	90	300	75	108	210	180

（2）流域平面直角坐标系统的确立。由于整个流域无 1:10000 及以上比例尺地形图，为满足整个流域梯级水电站规划设计的要求，确定 1:10000 地形图使用统一的老挝国家平面坐标系统和高程系统。

老挝国家平面坐标系采用 UTM 投影方式，椭球为克拉索夫斯基椭球。为研究投影变形对地形图的影响，推导如下。南欧江流向自北向南，测区位于东经 $102°04'\sim102°47'$，平均高程 $250\sim630m$，位于 UTM 投影第 48 带边缘。根据式（2.2 - 3）和式（2.2 - 4），并考虑中央子午线投影尺度比为 0.9996，地面上的边长投影到参考椭球面再投影至高斯平面后，每千米累积投影变形的计算结果如下：

$$\Delta S_{高} = \Delta S_1 + \Delta S_2 \approx -\frac{630}{6362.8} + 0.9996 \times \left[1 + \frac{1}{2}\left(\frac{302.8}{6362.8}\right)^2\right] \approx 63.3(cm)$$

$$\Delta S_{低} = \Delta S_1 + \Delta S_2 \approx -\frac{250}{6361.8} + 0.9996 \times \left[1 + \frac{1}{2}\left(\frac{230.7}{6361.8}\right)^2\right] \approx 21.8(cm)$$

经计算可知，每千米边长变形约为 $21.8\sim63.3cm$，最大相对投影变形约为 1/1580，对于 1:10000 地形图来说，假设图廓长度为 5km，将引起 3.2m 的长度变形，图上 0.32mm，约为规范规定的地物点平面位置中误差的 3/5，但大部分地区均小于一半，为地形图测量留有一定余地，故满足 1:10000 地形图的精度要求。

2.3.3　缺乏已知点的水电站工程测绘基准的确立

（1）工程概况。塞拉利昂曼盖（Mange）水电站为小斯卡赛斯河干流最下游梯级电站，工程建设地点属北部省洛科港（Port Lock）地区，距马可尼（Makeni）135km，距首都弗里敦 154km。水电站采用混合式开发，初拟装机容量 100MW。

测区属热带雨林气候，地广人稀，居民点、耕地呈零星分布，两岸地势较为平坦，多为原始森林覆盖。

（2）水电站测绘基准确立。由于周边无起算控制点，已有资料仅为基于 WGS84 坐标系下 UTM 投影的 1:50000 地形图，故确定曼盖水电站测绘基准为：地球椭球参数采用 WGS - 84 椭球参数，坐标系采用 WGS - 84 大地坐标系；高程采用正常高系统，高程基准利用坝区一个 GNSS 点 WGS - 84 大地高减去 EGM2008 地球重力场模型计算的高程异常得到的高程作为起算数据，建立测区的高程网。

（3）平面坐标系统的建立。测区位于西经 $12°25'\sim12°52'$、北纬 $8°49'\sim9°22'$，平均曲率半径为 6357815m。测区平均高程为 20m，相当于大地高 51.3m。曼盖水电站平面坐标系统：WGS - 84 坐标系，高斯投影，投影中央子午线西经 $12°40'$，边长投影面大地高 51.3m（正常高为 20m），边长归化以 X 轴与 Y 轴的交点为起算点，其坐标及高程为：$X=0.000m$、$Y=500000.000m$、$H=51.300m$（大地高）。

（4）基本控制测量实施。选择对空条件良好、基础稳定且交通相对便利的位置，能够控制整个测区的 6 个首级 GNSS 控制网点，选埋测量标志，首级控制网点分布见图 2.3-4。

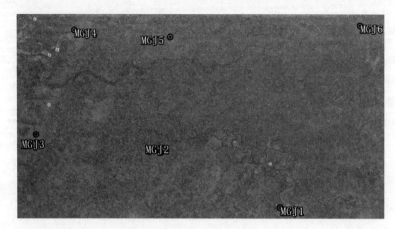

图 2.3-4 首级控制网点分布图

在首级网基础上布置加密网，按三等 GNSS 网精度要求加密，三等 GNSS 点之间布设五等导线连接，以共用方式作为测区基本平面控制和高程控制点。三等 GNSS 控制网点分布见图 2.3-5。

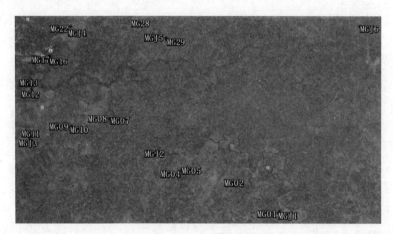

图 2.3-5 三等 GNSS 控制网点分布图

采用 4 台双频 GNSS 接收机，按边连接方式同步观测 8h 和 3h，分别建立首级 GNSS 控制网与三等 GNSS 加密网，形成覆盖测区的 GNSS 附合网。在三等 GNSS 点间布设五等一级导线，水平角观测 3 测回，高程按双程四等电磁波三角高程精度要求观测。

下载测区周边的 4 个 IGS 跟踪站 BRFT、MBAR、PDEL 和 RABT 同步观测数据，使用软件为 GAMIT/GLOBK 软件，以 BRFT、MBAR、PDEL 3 个 IGS 站为固定点，将 IGS 跟踪站 RABT 作为检查点，在 WGS-84 大地坐标下，对 IGS 跟踪站下载数据和首级 GNSS 控制网观测成果进行三维约束平差，首级 GNSS 网点的点位精度及检查点较差见表 2.3-4。

表 2.3-4　　　　　　　首级 GNSS 网点的点位精度及检查点较差表

序号	点名	M_x/cm	M_y/cm	M_z/cm	M_p/cm	备注
1	RABT	−2.26	1.20	−0.96	2.73	检查点
2	MGJ1	1.26	0.40	0.35	1.37	
3	MGJ2	0.72	0.24	0.22	0.79	
4	MGJ3	0.96	0.32	0.28	1.05	
5	MGJ4	1.09	0.36	0.31	1.19	
6	MGJ5	0.70	0.24	0.21	0.77	
7	MGJ6	1.09	0.35	0.32	1.19	

从表 2.3-4 可知，首级控制网最弱点 MGJ1 点位中误差为 1.37cm，IGS 站检查点较差为 2.73cm，说明首级 GNSS 网点相对于 IGS 站具有较高精度，且成果可靠。

曼盖水电站平面坐标系统选择测区平均高程为投影面，采用椭球膨胀法，将地球长半轴放大 51.3m，以西经 12°40′为中央子午线，计算各点在该系统下的高斯平面坐标，经计算临近测区边缘高斯投影边长变形最大 9.5mm/km，略去边长高程归算变形影响，边长总投影变形量不大于 9.5mm/km，满足大比例尺地形图测图要求。为便于已有测绘资料使用，建立了曼盖水电站平面坐标与 WGS-84 坐标系 UTM 投影坐标转换关系。

水电站工程区高程系统以首级控制网点 MGJ3 为高程起算点，依据测区首级控制网地心坐标计算出该点的大地坐标，再利用 EGM2008 重力场模型计算该点的高程异常，按下式计算正常高：

$$H_{正常高} = H_{大地高} - \xi_{高程异常} = 77.5745 \text{ (m)} \tag{2.3-1}$$

以 77.5745m 作为 MGJ3 起算高程数据，采用双程四等三角高程路线组成闭合环，建立测区高程控制网。经三角高程网平差，计算各高程控制网点的正常高程，为考察 EGM2008 重力场模型应用效果，将纳入测区高程控制网的首级 GNSS 网点 MGJ2、MGJ4、MGJ5 按 MGJ3 同样方法计算各点正常高，其计算高程值对比见表 2.3-5。

表 2.3-5　　　　　三角高程与 EGM2008 重力场模型计算高程值对比表

点名	$H_{EGM2008}$/m	三角高程/m	起点距/km	高程较差/cm	限值/cm
MGJ2	55.1388	55.1263	28.4434	−1.25	7.54
MGJ4	49.5491	49.4817	25.7426	−6.75	7.18
MGJ5	59.0751	59.1148	59.3073	3.97	10.89

表 2.3-5 中限差是按四等三角高程 1cm/km 的中误差及双程测量的限差公式计算的值。

$$\Delta = 2 \times \sqrt{D/2} \tag{2.3-2}$$

式中：Δ 为限值，cm；D 为起点距，km。比较结果说明，EGM2008 重力场模型计算的正常高是可靠的，且精度能满足四等三角高程的要求。

（5）应用效果及评价。

1）塞拉利昂小斯卡赛斯河曼盖水电站 GNSS 控制网利用 IGS 连续运行站、精密星历等数据，采用精密数据处理软件，获得了高精度的 GNSS 控制成果。首级 GNSS 网最弱点 MGJ1 点位中误差为 1.37cm，IGS 站检查点点位较差为 2.73cm，GNSS 网基线相对中误差最大值为 1.45×10^{-7}（MGJ4—MGJ5 边长为 18283.112m），平均值为 1.12×10^{-9}。

2）采用 EGM2008 重力场模型计算的正常高与四等三角高程测量的成果比较，满足四等三角高程的精度，说明在地势平坦的地方采用 GNSS 大地高和 EGM2008 模型计算正常高是可行的。

3）在缺乏已知点的国际水电工程测绘实践中，充分利用 IGS 连续运行站、全球重力场模型等全球参考框架，并结合当地实际情况，可以建立符合水电工程需要的测绘基准。

第 3 章

水电工程数字地形测绘

3.1 数字地形测绘

当前，随着空、天、地立体对地观测技术的发展，测绘新技术发展日新月异，新装备层出不穷，3S 技术已成为当前测绘行业的核心技术，使得地形测绘手段有了质的变化和发展，地形测绘成果已从二维发展到三维、四维，从静态发展到动态的形式。水电工程地形测绘涵盖了整个工程规划及建设所涉及的区域，制作提供不同比例尺、不同用途和不同种类形式的地形测绘产品，成为整个水电工程最基础的工作。因此，水电工程地形测绘技术的发展也是水电工程测绘技术发展的核心和主要内容。

3.1.1 数字地形测绘技术

数字地形测绘是数字测图的一种形式，数字测图技术的发展，也是数字地形测绘技术的发展。传统的地形图测量（地形测绘）手段主要是白纸测图，即利用经纬仪＋平板的方式，测定区域内的地形、地貌及各种地物特征点的空间位置，并以一定的比例尺将其按图示符号绘制在图纸上。

随着 3S 技术的推广应用，数字测图技术逐步取代了图解法的白纸测图，是地形图测量发展的一次技术变革。现今，数字测图技术方法主要有：全站仪野外数字化测图、GNSS－RTK 野外数字化测图、遥感数字测图。表 3.1－1 中比较了三种主要的数字测图方式。

表 3.1－1 三种主要的数字测图方式特点比较表

数字测图方式	数据采集形式	野外测绘工作	野外劳动强度	工作效率	成图精度	适用地形图测量比例尺	产品形式
全站仪野外数字化测图	离散坐标点	数据采集	高	很低	高	大比例尺	单一
GNSS－RTK 野外数字化测图	离散坐标点	数据采集	高	低	高	大比例尺	单一
遥感数字测图	影像、点云数据	影像数据采集、像控测量、调绘	低	高	高	大、中、小比例尺	多样

全站仪野外数字化测图和 GNSS－RTK 野外数字化测图这两种方式须在野外现场进行数据采集，采集的数据形式为离散的地形特征数据，数据采集可靠，成图精度高，是大比例尺地形图测量常用的技术手段。遥感数字测图方式采集的数据形式主要为数码影像或点云数据，数据采集野外劳动强度低、工作效率高、成图精度高（其成图精度主要取决于采集影像的地面分辨率），而且可制作多样化的数字测绘产品，满足当前时代对测绘信息产品的需求。

水电工程地形测绘经历了白纸测图、交互式机助制（绘）图、全数字测图等发展阶段。全数字地形测绘生产中综合运用了全站仪野外数字测图、GNSS-RTK野外数字化测图、遥感数字地形测图等多种新技术手段。遥感地形测绘技术在工作效率、信息量、产品形式等方面相较其他传统方式更加具有优势，新技术发展更加全面，更加符合信息时代水电工程对地理信息资料的需要，代表了水电工程数字地形测绘新技术的发展趋势，本章将着重对遥感数字地形测绘技术进行叙述。

3.1.2　遥感测绘技术

1. 遥感技术发展现状及趋势

遥感是在不直接接触目标物体的情况下，对目标物或自然现象远距离感知的一门探测技术。具体是指在高空或外层空间的各种平台上，运用各种传感器获取反映地表特征的各种数据，通过传输、变换、处理，提取感兴趣信息，来研究地物形状、空间位置、性质、变化及其与环境关系的应用技术科学。遥感技术的发展源于航空摄影测量（航空遥感），是以航空摄影测量技术为基础发展起来的测绘高新技术，摄影测量技术发展的历史即为遥感技术发展的历史。

（1）国内外遥感技术现状。遥感技术是一项应用广泛的高科技技术，特别是卫星遥感技术，是衡量一个国家科技发展水平的重要尺度，其数据与信息已经成为国家的基础性和战略性资源。世界上各个国家都十分重视遥感卫星技术的发展，我国也不例外。

当前国外的遥感卫星发展相对成熟，以分辨率来说，法国于2011年12月研制部署了Pleiades-1和Pleiades-2星群分辨率达到了0.5m；美国Digital Global公司研制的Geo-eye-1达到了0.41m，WorldView-1/2也做到了0.46m的分辨率，WorldView-3已达到最高商业分辨率0.31m；德国建立了世界上首个高精度干涉SAR卫星系统，该卫星系统成像绝对高程精度优于10m，相对高程精度优于2m，空间分辨率12m。

各种类型商业化的高分辨率卫星发展势头强劲，各国都在竞相发射更高地面分辨率的遥感卫星来争夺市场，未来几年内，将有更多的亚米级（0.5～1.0m）的传感器上天，满足1:5000甚至1:2000的制图要求。

2010年，我国实施高分辨率对地观测专项工程，简称"高分专项"。高分专项工程包含9颗以上的卫星和其他观测平台，分别编号为"高分一号"至"高分九号"，在2020年前发射并投入使用。随着国家高分专项系列卫星的逐步发射使用，我国与世界先进水平的差距大大缩短，有些项目已进入世界先进水平行列。

自2009年始，具有小型化、大众化、机动灵活等特点的无人飞行器航测遥感系统得到迅速推广应用，使早期主要运用于军事侦察领域的飞行器逐步成为民用遥感飞行平台，并提升航空摄影和地形测图生产能力，尤其适用于一些短、平、快的工程项目和应急抢险，它是遥感技术手段的有力补充。

（2）遥感技术发展趋势。随着传感器技术、航空航天技术和数据通信技术的发展，现代遥感技术已经进入一个动态、快速、多平台、多时相、多层次、立体化的对地观测新阶段。航空航天遥感技术呈现出高精度、轻小型、集成化协调发展趋势，并逐步向规模化服务、集群产业化应用方向发展。

在不断发展高空高分遥感卫星的同时，为协调时间分辨率和空间分辨率这对矛盾，小卫星群计划将成为现代遥感的另一发展趋势；另外由于轻小型航空器成本低，灵活性强，轻小型飞行平台逐步成为遥感飞行主力。同时，航空数码相机、机载 LiDAR 等传感器将逐步数字化与轻小型化，以满足轻小型航空器平台载荷的要求；还有，高精度定位定向系统与惯性稳定平台等集成应用，提高了航空遥感精度与效率。除此之外，机载和车载遥感平台，以及超低空无人机载平台等，多平台的遥感技术与卫星遥感相结合，使遥感技术应用呈现出一派欣欣向荣的景象。

为促进我国空间遥感产业化发展，两院院士李德仁从国际信息科技发展形式及国家创新产业发展角度，在美国的 PNT 实施计划的基础上提出"对地观测脑"-PNTRC 系统概念。即为用户提供定位（Positioning）、导航（Navigation）、授时（Timing）、遥感（Remote sensing）、通信（Communication）服务。未来遥感技术产业将与导航产业、通信等产业整合，发展通信、导航、遥感一体的智能化服务。

2. 遥感技术分类及特点

（1）遥感技术的分类方式，通常有如下几种形式。

1）按遥感平台的高度分类。大体可分为航天遥感、航空遥感、地面遥感（近景摄影测量）平台。航天平台一般指高度在 240km 以上的航天飞机和卫星；航空平台一般指高度在 0.1～100km 之间的摄影平台，也就是常说的航空摄影测量，它以测制各种中、大比例尺地形图为主要任务；地面遥感平台通常指高度在 100m 以下，基于地面的遥感塔、遥感车、地面三脚架等平台，包括以地形测绘为目的的地面立体摄影测量和以非地形测绘为目的的近景摄影测量。表 3.1-2 中比较了不同遥感平台的高度和用途。

表 3.1-2　　　　可利用遥感平台按平台高度分类

平台类别	遥感平台	高度	目的与用途	备　注
航天平台	静止卫星	36000km	定点地球观测	气象卫星
	圆轨道卫星	500～1000km	定期地球观测	Landsat、SPOT、MOS 等
	小卫星	400km 左右	各种调查、地球观测	
	航天飞机	240～350km	不定期地球观测、空间实验	
航空平台	天线探空仪	0.1m～100km	各种调查	
	高度喷气式飞机	1.0～12.0km	侦查、大范围调查	
	中低高度飞机	500～800m	各种调查、航空摄影	
	飞艇	500～3000m	空中侦查、调查、航摄	
	直升机	100～2000m	调查、航空摄影	
	遥控飞机	100～2000m	调查、航空摄影	
	系留气球	800m 以下	调查	
	牵引飞机	50～500m	调查、航空摄影	牵引滑翔机
地面平台	吊车	5～50m	近距离摄影测量	
	地面测量车（船）	0～30m	地面实况调查、扫描测量	
	脚（塔）架	0～100m	近距离摄影测量	车载升降台等

2）按传感器工作的电磁波谱分类。可分为紫外波段遥感、可见光波段遥感、红外波段遥感、微波遥感 4 种类型。

紫外波段遥感指传感器使用近紫外波段，其波长选在 $0.3 \sim 0.4 \mu m$ 范围内。常用的紫外遥感器有紫外摄影机和紫外扫描仪两种，近紫外波段的多光谱照相机也属于这一类。

可见光波段遥感指传感器接收地物反射的可见光，其波长在 $0.38 \sim 0.76 \mu m$ 范围内，根据地物反射率的差异获得有关目标物的信息。这类遥感器包括各种常规照相机，以及可见光波段的多光谱照相机、多光谱扫描仪和电荷耦合器件（CCD）扫描仪等；此外，还包括可见光波段的激光高度计和激光扫描仪等。

红外波段遥感指传感器接收地物和环境辐射或反射的红外波段电磁波，使用的波段约在 $0.7 \sim 14 \mu m$ 范围内。如机载红外辐射计和红外扫描仪。热红外遥感具有昼夜工作的能力。

微波遥感指利用波长 $1 \sim 1000 mm$ 的电磁波遥感的统称。通过接收地面物体发射的微波辐射能量，或接收遥感仪器本身发出的电磁波束的回波信号，对物体进行探测、识别和分析。微波遥感的特点是对云层、地表植被、松散沙层和干燥冰雪具有一定的穿透能力，又能全天候工作。微波遥感器通常有微波辐射计、散射计、高度计、真实孔径侧视雷达和合成孔径侧视雷达等。

3）按传感器的电磁波谱来源（探测方式）分类。可分为主动式遥感和被动式遥感。主动式遥感，即由传感器主动地向被探测的目标物发射一定波长的电磁波，然后接收并记录从目标物反射回来的电磁波；被动式遥感，即传感器不向被探测的目标物发射电磁波，而是直接接收并记录目标物反射太阳辐射或目标物自身发射的电磁波。

4）按应用目的分类。可分为气象遥感、农业遥感、环境遥感、国土资源调查、地形测绘遥感、地质遥感等。

（2）遥感作为一门对地观测综合性科学，其具体任务主要是解决两方面的问题：即定量（几何处理）和定性（解译处理）的问题，前者侧重于提取几何信息，后者侧重于提取物理信息。它的出现和发展既是人们认识和探索自然界的客观需要，更有其他技术手段与之无法比拟的特点。遥感技术的特点主要如下。

1）遥感大面积同步观测（范围广）。遥感探测能在较短的时间内，从空中乃至宇宙空间对大范围地区进行对地观测，并从中获取有价值的遥感数据。这些数据拓展了人们的视觉空间。例如，一张陆地卫星图像，其覆盖面积可达 3 万多 km^2。

2）遥感获取信息的速度快，周期短。由于卫星围绕地球运转，从而能及时获取所经地区的各种自然现象的最新资料，以便更新原有资料，或根据新旧资料变化进行动态监测，这是人工实地测量和航空摄影测量无法比拟的。

3）遥感数据综合性和可比性、约束性。遥感探测能周期性、重复地对同一地区进行对地观测，能动态反映地面事物的变化。遥感探测所获取的是同一时段、覆盖大范围地区的遥感数据，这些数据综合地、宏观地反映了地球上各种事物的形态与分布，真实地体现了地质、地貌、土壤、植被、水文、人工构筑物等地物的特征，全面地揭示了地理事物之间的关联性。此外，这些数据在时间上具有相同的现势性。

4）获取信息的手段多，信息量大。根据不同的任务，遥感技术可选用不同波段和遥感仪器来获取信息。例如可采用可见光探测物体，也可采用紫外线，红外线和微波探测物体。

5）遥感获取信息受条件限制少，具有很高的经济社会效益。在地球上有很多地方，自然条件极为恶劣，人类难以到达，如沙漠、沼泽、崇山峻岭等。采用不受地面条件限制的遥感技术，特别是航天遥感可方便及时地获取各种宝贵资料。

6）目前，遥感技术所利用的电磁波还很有限，仅是其中的几个波段范围，尚有许多谱段的资源有待进一步开发。此外，已经被利用的电磁波谱段对许多地物的某些特征还不能准确反映，还需要发展高光谱分辨率遥感以及与遥感以外的其他手段相配合，特别是地面调查和验证尚不可缺少。

3. 遥感测绘技术在水电工程测绘中的作用和意义

遥感测绘技术的应用对于水电工程测绘，有着不可替代的巨大价值和优势，有着十分重要的作用和意义。

（1）遥感技术能够完成传统方法无法实施的工作。基于安全、成本、工期、质量等因素考虑情况下，传统方法无法完成的工作完全可依赖遥感技术来完成。水电工程多位于高山峡谷地带，地形地貌复杂，植被茂密，交通不便，人迹罕至，自然环境条件恶劣；另外，国外水电工程受当地政治风险、法律风险、社会风险、安全风险及市场风险等诸多因素影响，不可预见干扰因素多，传统测绘工作很难开展，只有依靠先进的遥感技术才能获取所需的测绘成果。

（2）遥感技术传感器和平台种类多，可选择余地较大，不管是卫星遥感还是航空遥感，相比全野外数字测图，数据采集的效率成数倍的提高，对于困难地区产品质量和工期也相对容易控制。

（3）产品信息量大、种类多、现势性强、使用价值大。遥感技术不但可提供二或三维的线划图，还有正射影像图、数字高程模型、三维实景模型等新型数字测绘产品。测绘产品的使用价值大大提升，使用对象也从单纯的资料对口提供扩展到所有相关专业，使产品能够发挥更大作用。

4. 数字地形测绘成果种类

数字地形测绘成果是水电工程规划、设计、建设、管理的基础数据，也是数字水电工程的基础地理信息数据，对促进水电工程信息化建设和可持续发展具有非常重要的意义。

数字地形测绘成果的表现形式主要为4D数据产品，即数字高程模型（DEM）、数字线划图（DLG）、数字正射影像图（DOM）、数字栅格地图（DRG）。

数字高程模型（Digital Elevation Model，DEM），是在一定范围内通过规则格网点描述地面高程信息的数据集，用于反映区域地貌形态的空间分布。DEM通过有限的地形高程数据实现对地面地形的数字化模拟（即地形表面形态的数字化表达），它是用一组有序数值阵列形式表示地面高程的一种实体地面模型。

数字线划图（Digital Line Graphic，DLG），是以点、线、面形式或地图特定图形符号形式，表达地形要素的地理信息矢量数据集。数字线划图为数字测图中最常见的产品，外业测绘最终成果一般就是DLG。其图形输出为矢量格式，任意缩放均不变形，其数据量小，便于分层；可进行各种空间分析，随机地进行数据选取和显示，与其他信息叠加分析。

数字正射影像图（Digital Orthophoto Map，DOM），是将地表航空航天影像经垂直投影而生成的影像数据集。参照地形图要求对正射影像数据按照图幅范围进行裁切，配以图廓整饰，即成为数字正射影像图。它同时具有像片的影像特征和地图的几何精度。

数字栅格地图（Digital Raster Graphic，DRG），是以栅格数据形式表达地形要素的地理信息数据集，它可由矢量数据格式的地图图形数据转换而成，也可由地图经扫描、几何纠正及色彩归化等处理后形成。

3.2　水电工程地形遥感测绘技术

3.2.1　数字航空遥感技术

1. 技术特点和适用范围

航空遥感（摄影）的传统是胶片式航摄方式，由于数码航摄仪的推出与成功应用，已成为航空摄影测量的又一个里程碑。基于数字的数码摄影仪相较于传统胶片航摄仪具有体积小、价格低、周期短、效率高等优势。数码航空摄影主要有以下特点。

（1）以获取高分辨率的真彩色立体数码相片为主，达到测制大比例尺地形图或正射影像图的目的。

（2）相比卫星影像，航摄影像分辨率和清晰度高，且可根据需要改变航摄平台的类型和高度。

（3）借助 GPS 差分、IMU 惯导等技术，获取质量较高的相片外方位元素，有利于提高数据生产质量。

（4）数据处理技术成熟稳定，产品质量可靠。

（5）缺点主要是航摄平台不稳定、影像畸变大，易受天气条件、空域限制等因素的影响。

数字航空遥感技术适用于中、大比例尺的数字化地形测图任务，在水电工程建设中，可用于 1:500～1:10000 比例尺地形图、影像图及专题图的制作和生产。

2. 数码传感器

数字航空遥感是由专业的数码航摄仪、GPS 导航差分定位及 IMU 惯性导航等设备组成的新型遥感系统。其中专业的、可量测型的数码航摄仪是至关重要的关键性设备。

数码航摄仪利用一种电荷耦合器件（CCD），将镜头所成影像的光信号转化成电信号，再把这种电信号转化成计算机可以识别的数字信号记录下来，最后转换成影像。CCD 传感器是数码航摄仪的核心元件，是由为数众多的微小光电二极管构成的固态电子感光部件。光电二极管的排列方式有两种：一种是平面阵列（简称面阵），众多光电二极管排列成一个平面，同时感受光信号；另一种是线状阵列（简称线阵），多个光电二极管排列成一条直线，逐行进行感光成像。面阵 CCD 传感器在某一瞬间获得一幅完整的影像，是一个单中心投影。线阵传感器的线阵列方向与飞行方向垂直，在某一瞬间得到的是一条线影像，一幅影像由若干条线影像拼接而成，又称为推扫式扫描成像。

当前，应用比较多、技术比较成熟的数字航摄仪有 DMC、UCD、ADS、SWDC、A3 等几种，各种航摄仪参数对比见表 3.2 - 1。

表 3.2 - 1　　　　　　　　　　常见数字航摄仪的参数对比表

航摄仪名称	像元数（$M \times N$）	像元尺寸/μm	焦距/mm	备注
DMC - Ⅲ	26000×15000	3.9	96	面阵
UCE	20010×13080	5.2	79.8/100	面阵
A3	80500×10200	7.4	300	面阵
SWDC - 5	11608×8708	4.6	50/80/100	面阵
ADS100	20000	5.0	62.5	线阵

（1）DMC 数字航摄仪。DMC 数字成图相机（Digital Mapping Camera，见图 3.2 - 1），是美国 Z/I Imaging 公司最早推出的一款用于替代光学胶片航摄仪的面阵数码航摄仪，目前已发展到 DMC - Ⅲ。

DMC 由 4 台全色相机和 4 台多光谱相机（红、绿、蓝以及近红外）组成，每个镜头配有大面阵的 CCD 传感器，摄影时所有镜头同时曝光。4 台全色相机倾斜安装，互成一定的角度，影像间有 1% 的重叠度，各子影像通过后处理和拼接生成模拟中心投影的虚拟影像。多光谱镜头环绕全色镜头排列，影像覆盖范围与全色镜头相同，但分辨率略低。因此，DMC 影像不是严格的中心投影，而是经过辐射与几何纠正、拼接成的有效影像。

目前最先进的 DMC - Ⅲ航摄仪像素大小为 3.9μm，焦距为 96mm，影像尺寸为 26000×15000 像素，所获取的影像幅面比其他同类航摄仪要大 25% 以上，是当前国际上最高效的航空遥感影像获取设备之一，也是航空摄影测量领域最先采用 CMOS 传感器科技的大面阵框幅式相机。

（2）UltraCam 系列数字航摄仪。奥地利 Vexcel Imaging 公司 2003 年推出的面阵航空相机 UltraCamD（UCD，见图 3.2 - 2），像素为 9μm，焦距为 100mm，影像尺寸为

图 3.2 - 1　DMC 数字航摄仪

图 3.2 - 2　UCD 数字航摄仪

11500×7500 像素，由 4 台黑白影像的全色相机和 4 台多光谱相机构成，结构类同 DMC。但与 DMC 同时刻曝光不同，UCD 拍摄时采用先中心、后四角、再上下、最后左右的顺序依次曝光，共生成 9 张全色影像。各影像间进行精确配准，消除曝光时间误差造成的影响，最后生成一张完整的中心投影影像。

2006 年 Vexcel 公司被微软收购，同年推出了 UltraCamX 大相幅数码航摄仪，随后在 2008 年推出了 UltraCamXp 和 UltraCamL 系列，2011 年推出了 UltraCam Eagle 系列数码航摄仪，UCX－P 像素为 $6\mu m$，UCE 将像素大小缩减到了 $5.2\mu m$，影像尺寸达到了 20010×13080 像素，单幅覆盖面积更大更广。

（3）A3 数字航摄仪。A3 数字航摄仪是新一代步进式分幅成像的数字航摄仪，由以色列 VisionMap 公司研制，见图 3.2－3（a）。作为一款步进式分幅航摄仪，A3 在成像技术上与传统的推扫式 ADS 系列有很大不同。其旋转双镜头通过框幅＋扫描的特殊的成像方式，获得高度重叠度的影像，最终可得到约 78000×9800（7.488 亿）像素的超宽幅影像图。

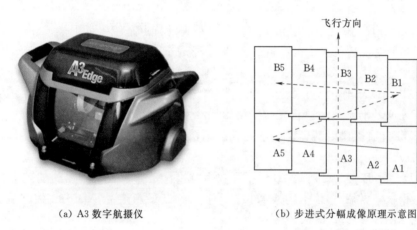

(a) A3 数字航摄仪　　　　　　　(b) 步进式分幅成像原理示意图

图 3.2－3　A3 数字航摄仪及成像原理图

A3 航摄仪采取的步进式分幅成像，是为了解决框幅式相机存在的视场受限问题，通过以时间换取空间的方法，利用摆扫机构，在垂直于航向方向上的多个位置成像，并保证各幅图像之间有一定的重叠率，通过后期拼接获得一幅完整的高分辨率图像，有效地扩大了相机的视场。

步进式分幅航空相机的工作过程见图 3.2－3（b）。开始拍摄时首先由控制系统控制摆扫机构将视场运动到起始点图示 A1 位置，CCD 曝光成像，在图像数据转移存储的过程中，摆扫机构将视场运动到 A2 位置并静止，等待前一帧图像数据转移完成后 CCD 对 A2 视场成像。完成数幅图像的拍摄后，摆扫机构控制视场回扫，在保证一定航向重叠率的 B1 视场位置，开始新一轮的摆扫过程。

（4）SWDC 数字航摄仪。SWDC 由中国测绘科学研究院研制成功，见图 3.2－4，为我国国产的首台数字航摄仪，填补了国内空白。目前主要有航测相机 SWDC－4 和倾斜相机 SWDC－5 两款型号，二者均是基于多台哈苏高档民用相机（SWDC－4 为 4 台，

图 3.2-4 SWDC 数字航摄仪

SWDC-5 为 5 台)。经过加固、精密单机检校、平台拼接、精密平台检校而成,并配备测量型双频 GPS 接收机、GPS 航空天线、航空摄影管理计算机。系统还集成了航线设计、飞行控制、数据后处理等一系列软件,可实现空中精确 GPS 定点曝光。

SWDC 除具有一般数码航空相机特性外,最大的特点是镜头可更换,35mm、50mm、80mm 焦距正好对应传统 23cm×23cm 相机的 88mm、152mm、300mm 焦距,SWDC-4 数字航摄仪幅面较大,像素达 10000×14500 像元(像元大小 6.8μm)。SWDC 数字航摄像机由于采用了 GPS 辅助空三技术,使地面测定控制点的数量大大减少。而 PPP 技术的使用取消了地面基准站,较适合在航空摄影特殊困难地区进行航空摄影。

目前 SWDC 航摄仪以其影像质量优、测图精度高和较低的价格等优势在国内外市场有着广泛的应用。

(5) ADS 系列数字航摄仪。ADS 系列数字航摄仪是徕卡公司推出的线阵推扫式 CCD 机载数字航摄仪,常用的型号有 ADS40、ADS80,其最新产品 ADS100 数字航空摄影测量系统组成见图 3.2-5。

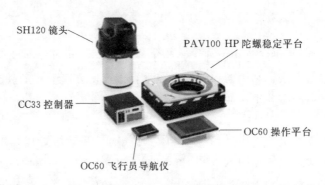

图 3.2-5 ADS100 数字航空摄影测量系统组成

ADS 系列数字航摄仪集成了全球卫星定位系统(GPS)和高精度惯性测量系统(IMU),可以在无地面控制的情况下完成对地面目标的三维定位。其成果可以直接用于测绘生产作业,最大限度地减少了外业控制测量工作,提高了摄影测量的工作效率和成果质量。ADS 相机采用单个镜头成像,其镜头口径更大,采用的 CCD 成像器件是线阵式排列，得到的是多中心投影影像。

ADS100 航摄仪下视、前视、后视均有红、绿、蓝、近红外以及全色影像，从前视（25.6°）、下视（0°）、后视（17.7°）三个扫描视角进行扫描，立体图像更加灵活。每个 CCD 像素大小压缩为 $5\mu m$，扫描物理宽度增大到 20000 像素（焦距 62.5mm，像元大小 $5\mu m$）。扫描周期提高，获取更小 GSD 的影像时支持更快的飞行速度，拥有最高的数据获取效率。同时新增了 TDI 延时积分级数等一系列扩展操作。

3. 主要工作流程和方法

(1) 数字航空遥感作业主要工作流程见图 3.2-6，其内业数据处理主要工作流程见图 3.2-7。

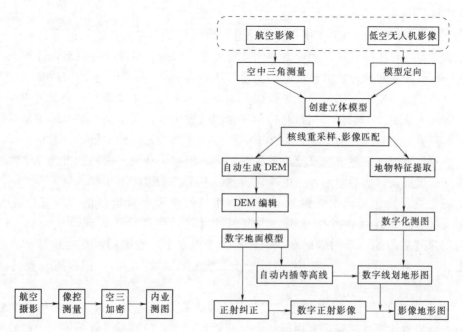

图 3.2-6 数字航空遥感作业主要
工作流程

图 3.2-7 数字航空遥感内业数据处理主要工作流程

(2) 数字航空遥感的作业方法。

1) 航空摄影。在航空遥感平台上安置专业的数字航摄仪，按一定的摄影方式从空中对地面目标进行连续拍摄，获取目标物的立体影像数据。按摄影目标和方向的不同，摄影方式一般分为垂直摄影、倾斜摄影。垂直摄影主要获取目标地物的顶面纹理，倾斜摄影主要获取地物的侧面纹理。本节主要描述垂直摄影方式的数码航空摄影。

航空摄影通常要求航线航向重叠度为 65%，旁向重叠度为 30%，旋偏角不大于 8°，像片倾斜角均小于 4°，像片旋偏角小于 25°，同一航线内航高差小于 100m；所拍摄的数码相片要求影像清晰，层次丰富，反差适中，色调柔和，云量稀少，无大面积云影或反光，不影响立体影像模型的连接和测绘精度等。

2) 像控点布设及测量。数码影像拍摄完成后，需要借助与影像建立联系的地面控制点（即像控点）测量来纠正所建立的影像立体模型。因此，需要在测区根据要求布设和测量一定数量的像控点。

像控点布设方法有全野外布点法、航带法、区域网布点法等方式，数码航空影像大多采用区域网布点法。像控点测量目前多采用 GPS RTK、全站仪等设备按照图根点精度进行测量。测量完成后，采用数码照片来制作像控点刺点片，取代原来打印纸质照片整饰刺点片的方式。

3）影像调绘。调绘是对像片上与地形图有关的地类、地物要素作性质和数量说明，其位置和形状以空三后立体模型量测的为准。调绘可采用先外业后内业法、先内业后外业法或内外业一体化的方式。数码航空影像由于地面分辨率高、现势性好，地类地物清晰，有利于内业判读，因此调绘常采用先内业后外业的方式，这样也有利于地形图的错漏修改和补充测量。

4）空中三角测量。为了利用立体影像进行地形图等测量，在连续摄取且具有一定重叠度的航摄像片与所摄目标之间建立空间几何关系，根据少量像片控制点，计算出待求点的平面位置、高程和像片外方位元素的测量方法，简称空三加密。它的实质是在仪器上或用数据模型恢复与摄影时相似的立体影像光束关系，并将立体模型通过绝对定向纠正到实地控制坐标体系中。空中三角测量是摄影测量的关键步骤，其提供的平差结果是后续的一系列摄影测量处理与应用的基础，直接影响所生产产品的精度和质量。

空中三角测量按平差单元可分为航带法、独立模型法和光束法，其中光束法理论最严密、解算精度最高，成为空三加密的主流方法。其主要步骤如下。

a. 内定向。内定向是根据像片的框标和相应的摄影机检定参数，恢复像片与摄影机的相关位置，即建立像片坐标系。内定向的目的是将像片纠正到像片坐标，通常方法是利用像片周边的一系列框标点，通常有 4 个或 8 个，它们的像片坐标是事先经过严格校正过的，利用这些点构成一个仿射变换的模型（或多项式），把像素纠正到像片坐标系。

b. 自由网平差。自由网平差是空三软件自动匹配像片之间的同名点，生成大量连接点后并进行平差计算的过程。自由网平差后能够确定像片的相对位置关系，得到较准确的像片与像片之间的方位元素。

c. 控制点加密。在自由网加密的基础上，根据外业像控点刺点片的结果，将像控点在实地的位置转刺到所对应的像片上。并根据像控点量测结果进行平差计算，将自由网平差后的成像模型转换到控制点对应的坐标系下，获得精确的外方位元素和加密点大地坐标，为后续的制作正射影像图或立体测图提供准确的内外方位元素数据。主要步骤有：导入控制点、控制点平差参数设置、控制点转刺、平差、粗差剔除等。粗差剔除、平差操作需循环进行，直到结果满足要求为止。

5）DEM 的制作。空三加密结束后，得到精确的外方位元素。采用密集匹配的方式自动寻找出匹配的同名点，根据同名点的像点坐标交汇出物方地物点的坐标信息。根据设定的 DTM 格网间距以及滤波强度，自动内插出 DTM 并做平滑处理。同时，由于自动生成的 DTM 受地表房屋、植被、水体因素等影响，存在较大的误差或错误，需要根据精度要求进行人机交互处理编辑，以最大限度地消除地物对 DEM 结果的影响。

6）生成 DOM。DTM 生成之后，就可以从空白的影像阵列出发，从 DTM 中根据其

X、Y 坐标获取其高程值，将物点三维坐标反算出对应的像点坐标，并根据一定的重采样方式得到该点的灰度值，从而生成单张的正射影像。一个空三工程包括生成的数张单张正射影像。制作测区整体的 DOM 需要把生成的数张单张正射影像拼接在一起，而且由于测区内获取的影像数据存在光照角度、色彩、曝光明暗程度上的偏差，因此，为了减小各张影像接边误差及色彩差异程度，还需要生成和编辑拼接线以及对单张和整体影像进行匀光匀色等处理。

3.2.2　低空无人机航空遥感技术

1. 技术特点和适用范围

低空无人机航空遥感技术是继常规航空遥感之后出现的一种新型航空摄影测量技术。相对于航空摄影测量，无人机航摄具有机动灵活、成本低、简单易行、受天气影响小的优点。非量测数码相机及自驾仪是无人机航空摄影测量的核心部件。

作为航摄平台，无人机由于其负载能力有限，故多搭载轻巧灵便的非量测数码相机。非量测数码相机指不专为摄像测量目的设计制造的普通数码相机，其价格低、重量轻，适合于作为轻型无人机的航摄设备。自动驾驶仪是保证无人机能按照设计航线进行航摄的关键设备，其作用主要是保持飞机姿态和根据设计航线自动操控飞机，它与其他导航设备配合完成规定的飞行任务。

非量测数码相机相对于专业量测相机而言，没有准确地测定内方位元素的设施或提供这方面的数据，透镜组的排列没有进行严格的校正，往往有畸变差等光学缺陷存在，因此需要进行相机检校以获得较准确的内方位元素以及影像的畸变参数。同时，非量测数码相机的像幅相对较窄，在航摄过程中所能达到的基高比不如像幅更大的专业量测相机，故会弱于传统航空摄影测量的高程精度，需要更多的像控点控制高程误差传递。

相对于常规的航空摄影测量，低空无人机航空摄影测量具有如下特点。

（1）轻小型无人机起降无须专业机场，作业机动灵活，特别适用于小面积区域的遥感影像获取。

（2）可云下摄影，低空飞行，获取影像分辨率高；飞行操控简单，容易普及推广。

（3）轻小型无人机受风的影响大，航摄姿态不稳定。影像航向重叠度和旁向重叠度都不够规则，影像的倾角过大，且倾斜方向没有规律。对于地形图测制而言，影像旋偏角大，影响测图工作的效率和精度。

（4）普通数码相机用于航空摄影，单张影像像幅小，像对多，像控点测量和内业数据处理工作量增加；摄影基线较短，影响测绘成果的高程精度。

（5）对于山区和高山区，摄区地形起伏大、高程变化显著，由于相机焦距的限制，影像间的分辨率差异较大，影响数据处理的效率和测绘成果的精度。

低空无人机遥感技术由于飞行高度相对较低，获取的影像地面分辨率很高，可达厘米级，有利于制作精细三维场景模型及大比例尺数字测绘产品。目前，运用低空数码遥感影像技术可生产 1:2000、1:1000、1:500 甚至更大比例尺的正射影像图（DOM）、数字高程模型（DEM）、数字线划图（DLG）等数字测绘产品。在水电工程项目中可用于可研、施工图设计、施工建设等阶段的大比例尺数字地形测绘。

2. 低空无人机遥感平台及传感器组成

（1）低空无人机遥感平台。低空无人机航摄系统一般由无人机飞行平台、传感器、飞控系统、地面监控站、电源系统、配套航线规划软件系统及辅助设备组成。低空无人机飞行平台一般指飞行相对高度为 50～2000m，通过无线电遥控设备或计算机程控系统进行操控的不载人飞行器。

按照系统组成和飞行特点，无人机遥感飞行平台总体可分为固定翼无人机和旋翼无人机两大种类，见图 3.2-8。

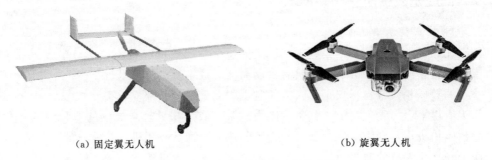

（a）固定翼无人机　　　　　　　　　　　　　　（b）旋翼无人机

图 3.2-8　两种类型无人机示意图

固定翼无人机通过动力系统和机翼的滑行实现起降和飞行，遥控飞行和程控飞行均容易实现，抗风能力也比较强，类型较多，能同时搭载多种遥感传感器。起飞方式有滑行、弹射、车载、火箭助推和飞机投放等；降落方式有滑行、伞降和撞网等。固定翼型无人机的起降需要比较空旷的场地。

旋翼无人机的技术优势是能够定点起飞、降落，对起降场地的条件要求不高，其飞行也是通过无线电遥控或通过机载计算机实现程控。种类有单旋翼和多旋翼几种。旋翼无人机相较于固定翼无人机，其结构相对来说比较复杂，对起降场地不高，起降操控难度低。但荷载能力没有固定翼高，抗风能力较弱，续航时间也比较短。

结合固定翼和旋翼式无人机的特点，现在又出现了垂直起降的固定翼无人机，无需选择空旷场地进行滑跑起降，提高了无人机项目作业的适应能力，特别适用于高原山地区域作业。

由于固定翼无人机的飞行速度快、续航时间长，升限也较高，因此其航摄数据采集效率比旋翼无人机要高，但旋翼无人机飞行高度低，适用于小区域、小面积高分辨率影像数据的快速采集。

（2）低空无人机遥感传感器。与有人驾驶的航空平台一样，无人机遥感平台搭载的传感器可根据不同类型的遥感任务，使用相应的机载遥感设备，如高分辨率 CCD 数码相机、轻型光学相机、多光谱成像仪、红外扫描仪，激光扫描仪、磁测仪、合成孔径雷达等。由于荷载能力的限制，使用的遥感传感器应具备数字化、体积小、重量轻、精度高、存储量大的特点。

低空无人机遥感平台可搭载的传感器类型众多，但用于数字地形测绘的传感器一般都采用非量测型数码相机，即普通数码相机。相对于价格较贵且设备复杂的量测相机而言，非量测型数码相机以其低廉的价格，灵巧、便携等特点在实际中取得了广泛的应用。随着传感器技术的发展，相机越来越小型、轻型化，像素分辨率也越来越高。当前市场上用于低空遥感的非量测数码相机主要有 SONY A7R、Canon 5DMarkⅢ，Nikon D810 等，其单像幅容纳的像素数量达到 3000 万～5000 万。

3. 主要工作流程和方法

低空无人机遥感地形测绘技术工作流程与常规数码航空遥感技术方法基本相同，差别在于常规航空摄影的航线规划设计、航拍实施和航摄质量检查等工作一般委托专业航空摄影公司实施，而无人机航摄则由具备相应资质条件的测绘单位完成；还有无人机影像数据预处理需要先进行畸变差纠正后再进行空三加密；其他工作流程都基本相同。

（1）航线规划设计。

1）航区划分。根据无人机低空摄影的特性和所使用相机型号，结合测区地形、规范要求等因素，将整个摄区分为不同的分区进行航线设计。航摄分区划分的原则是使同一分区内地形差高差较小，并尽量减少飞行架次。

2）航高设计。根据地面分辨率、测区地形、安全飞行高度，参照规范要求设计无人机飞行航高、旁向及航向间隔距离等参数。航高的设计需要满足测区海拔最低点分辨率及测区海拔最高点的重叠度要求，并避免全摄区无航测漏洞。

飞行相对航高和地面分辨率的关系为

$$H = \frac{f \times GSD}{a} \tag{3.2-1}$$

式中：H 为相对航高，m；f 为镜头焦距，mm；a 为像元尺寸，mm；GSD 为地面分辨率，m。

飞行相对航高和影像重叠度的关系为

$$OverLap_1 = \left(1 - \frac{f \times S_1}{H \times a \times L_1}\right) \times 100\% \tag{3.2-2}$$

$$OverLap_2 = \left(1 - \frac{f \times S_2}{H \times a \times L_2}\right) \times 100\% \tag{3.2-3}$$

式中：$OverLap_1$ 和 $OverLap_2$ 分别为影像航向重叠度与旁向重叠度，m；H 为相对航高，m；f 为镜头焦距，mm；a 为像元尺寸，mm；S_1 和 S_2 为无人机航摄航向与旁向间距，m；L_1 和 L_2 为影像像幅的宽度和长度，mm。

（2）无人机航摄飞行。首先对测区及周边区域进行踏勘，选择适合所使用无人机起降的场地，作业区域应在地面监控站的监控范围内，场地四周确保视野开阔，视场内障碍物的高度角小于 20°。

然后根据天气条件和摄区地貌特征，选择适合的作业时间，晴天应选择太阳高度角大于 30°的时段进行航摄作业，以避免有过多的阴影。

在飞行作业前应做好飞行准备，进行飞前各项检查，确保设备安装和设置正确无误。影像质量要求影像清晰、反差适中、颜色饱和、色彩鲜明、色调一致，有较丰富的层次，能辨别与地面分辨率相适应的细小地物影像。

（3）像控点测量。像控布点方法、测量、要求与数码航空摄影测量相同。在区域网方案布点时，航向相邻控制点的间隔基线数与旁向相邻控制点的间隔航线数，应严格按照规范的要求进行布设测量，才能保证后续空三加密成果质量。

（4）内业数据处理。

1）影像畸变纠正。无人机影像通常存在着畸变差，影像的畸变除了表现为像主点存在偏移量之外，还存在着对称和非对称畸变两种变形。因此在对影像进行空三加密前，需要根据相机检校参数（像主点偏移 X_0，Y_0；对称畸变参数 K_1，K_2，K_3，K_4，K_5；非对称畸变参数 P_1，P_2）对原始影像进行畸变差纠正。

2）空三加密。空三加密流程和方法与常规摄影测量相同。由于无人机航摄姿态稳定性差，加之受影像畸变改正误差、基高比、相片数量、影像匹配精度等因素影响，空三加密精度质量和可靠性往往不高，造成内部精度不均衡。

3）内业测图及 3D 测绘产品制作流程和方法与常规摄影测量相同。

3.2.3　倾斜摄影测量技术

1. 技术特点和适用范围

常规的航空摄影都基于垂直摄影方式，摄影时相机的主光轴垂直于目标物顶部，获取地物的顶部纹理信息，而获取的部分建筑物侧面纹理信息则在正射校正时尽量给予消除，以达到制作数字高程模型、正射影像图和地形图的目的。用这种方式测绘的数字成果重建的三维场景不能真实全面反映地面地物及建筑物信息，限制了三维场景模型的应用深度和广度，特别是在地物密集的重要区域和城镇区域的应用。与常规正射航空摄影不同，倾斜摄影的相机主光轴与铅垂线呈一定夹角，拍摄的影像既能获取建筑物的顶部信息，也能获取侧面纹理信息。通过在同一飞行平台上搭载多台传感器，同时从 1 个垂直和 4 个倾斜，即 5 个不同的角度采集影像，有效地获取地物的侧面纹理和顶部信息，实现地形、地物的真三维建模，使制作的场景更符合人眼视觉下的真实世界，增强用户体验。

倾斜摄影技术是测绘领域近年来快速发展的一项新技术，是目前制作逼真、可量测三维实景影像的主要技术手段，也是摄影测量领域当下的研发热点。生产的三维场景不仅能够真实地反映客观世界，而且能够嵌入空间位置信息，满足人们对实景三维空间信息的需求，极大地拓展航空遥感影像的应用范围。倾斜摄影测量技术主要有如下特点。

（1）能提供建筑物侧面纹理信息。采用多镜头、或单镜头多次从不同方向和角度快速采集建筑物顶面和 4 个侧面的纹理信息，为真实场景的构建提供了数据保障。

（2）影像数据量大，数据处理难度高。倾斜摄影曝光一次获取 5 张影像，且为了减少建筑物互相遮挡的漏洞，影像拍摄重叠度也比较高，使像片数量成倍增加。同时基于多视影像的连接点匹配算法比常规航空摄影测量的方法更加复杂，难度更高，数据处理和计算的工作量巨大。

（3）三维效果逼真。相比传统人工模型仿真度低的缺点，倾斜摄影测量所获得的三维数据能够更加真实地反映地物的外观、位置、高度等属性，增强了三维数据所带来的真实感。

（4）三维建模具有"三高一低"的优势。采用倾斜摄影自动化建模具备高效率、高精度、高真实度、低成本的优势。相比传统手工建模，其数据采集效率高，数据处理效率高，采集的影像分辨率高，为真实效果和测绘精度提供保证，能够有效地降低三维建模成本；利用倾斜影像数据也能够输出 DSM、DOM、DLG 等数据成果，同时满足传统航空摄影测量的要求。

（5）倾斜影像可实现单张影像量测。倾斜摄影获取的影像数据，通过相应软件的处理，可直接基于成果影像进行包括高度、长度、坡度以及面积的量测。

（6）易于成果发布。传统的 3D GIS 技术需要庞大的三维数据支撑，其发布共享不便捷，而使用倾斜摄影技术生成的实景三维模型，可快速进行网络发布，包括移动 PC 端、手机客户端，实现成果数据的快速共享。

倾斜摄影的优势体现在建筑物三维模型的构建上，建筑物的模型平面精度可提高到 0.1m 甚至更高，满足 1∶500 的地形图、地籍图、不动产测量等要求。在水电工程方面，可构建水电工程枢纽区真实三维场景模型；也可用于移民安置居民点集聚区高精度的三维建模和大比例尺地形图测绘、高等级输电线路的巡查和三维建模和可快速实现地质灾害区真实三维场景模型建立。

2. 倾斜摄影传感器

倾斜摄影系统主要由飞行平台（小型飞机或者无人机）、传感器、机组人员三大部分构成。倾斜相机类型一般有双镜头、3 镜头、5 镜头和多镜头（10 镜头）几种，其参数和性能对比列于表 3.2-2。双镜头由 1 个垂直镜头和 1 个倾斜镜头组成，对同一测区需要调整镜头方向全覆盖航摄 4 次，对测区 4 个角度分别进行影像采集；3 镜头由 1 个垂直镜头和 2 个倾斜镜头组成，3 镜头并列一行，中间的为垂直镜头，对同一测区需要按分别按垂直交叉航行航摄 2 次；5 镜头由 1 个垂直镜头和 4 个倾斜镜头组成，中间为垂直镜头，倾斜镜头分别按一定的倾斜角度排列在四周；10 镜头由 4 个垂直镜头和 6 个倾斜镜头组成，4 个垂直镜头排列在中间，6 个倾斜镜头排列在四周。5 镜头和 10 镜头只需对同一测区航飞采集 1 次。目前采用最普遍的是 5 镜头倾斜相机。

倾斜相机是影响影像获取质量的首要因素，如相机的成像分辨率、几何精度、相机视场角、摄影交会角等，决定了所获取影像的质量，并最终影响成果的量测精度。

下视相机与倾斜相机焦距的搭配，是影像获取质量的关键因素，通常可选择的相机焦距为 20～80mm，焦距较长的相机，视场角小，拍摄距离较远；焦距较短的相机，视场角大，影像变形较大。一般情况下，选择组合相机焦距时，下视相机的 GSD 应与侧视相机的 GSD 中值相当。侧视相机的焦距与下视相机的焦距的关系如下：

$$F_{侧视} = f_{下视} / \cos\alpha \qquad\qquad (3.2-4)$$

当倾角 $\alpha = 45°$ 时，侧视相机的焦距宜为下视相机焦距的 1.4 倍。因此，倾斜摄影一般选用的侧视相机焦距比下视相机的焦距要长。

3. 主要工作流程和方法

应用倾斜摄影测量技术进行数字测绘，其数据处理流程见图 3.2-9。倾斜摄影技术不仅在摄影方式上区别于传统的垂直航空摄影，其航线的设计、后期数据处理及成果形式上也不相同。各流程主要方法如下。

表 3.2 - 2 典型倾斜相机参数和性能对比表

相机类型	相机名称	主要参数	特 点	实物照片
3 镜头	AOS	单机幅面 7228×5428；像元大小 6.8μm；焦距 47mm；倾角 30°～40°	1 台相机获取垂直影像，2 台获取倾斜影像；镜头在曝光一次后自动旋转	
5 镜头	Pictometry	单机幅面 4008×2672，像元大小 9μm，倾角 40°～60°；焦距 65mm/85mm	1 台相机获取垂直影像，4 台获取倾斜影像，产品包含两级影像	
	Leica RCD30 oblique	相机约 6000 万～8000 万像素；像元大小为 6μm；倾角 35°	1 台相机获取垂直影像，4 台获取倾斜影像	
	TOPDC - 5	垂直相机 9288×6000；倾斜相机 7360×5562；像元大小 6μm；焦距：垂直 47mm，倾斜 80mm；倾角 45°	1 台相机获取垂直影像，4 台获取倾斜影像	
	SWDC - 5	单机幅面 8176×6132；像元大小 6μm；倾角 40°～45°；焦距 80mm/100mm°	1 台相机获取垂直影像，4 台获取倾斜影像；集成测量型 GPS 和 POS	
	AMC580	单机幅面 10320×7752；像元大小 5.2μm；倾角 42°	1 台相机获取垂直影像，4 台获取倾斜影像	
	红鹏 AP5600	相机幅面大于 4×108 像素；像元尺寸为 4.25μm；焦距 20mm；倾角 45°	1 台相机获取垂直影像，4 台获取倾斜影像	
多镜头	UltraCam Opesys	4 个垂直相机＋6 个倾斜相机；6 个倾斜相机为 2 个前视、2 个后视，左右各 1 个；倾角均为 45°	4 个垂直相机可获得 1 幅 9 千万像素的全色影像、1 幅真彩色 RGB 影像、1 幅近红外影像	

（1）倾斜影像采集。倾斜航空摄影技术设计时，在地面分辨率的选择、航高的计算等方面与常规框幅式数码航空摄影的设计思路一致，但在航摄时间的选择、航摄分区的划分、影像重叠度、航线敷设设计、分区覆盖等方面存在一些差异。

1）航线设计。由于高差影响，摄区内最高、最低点的分辨率和重叠度差异较大，在满足最高点重叠度的前提下，最高点、最低点与基准面的分辨率不宜超过 1.5 倍，如大于 1.5 倍，则建议进行分区航摄。如同时还要进行常规测绘产品生产时，下视影像的地面分辨率选择应满足垂直航空摄影的要求，当地表或建筑物高差大于 1/4 相对航高时，则进行分区摄影。摄影分区的跨度不宜过小。

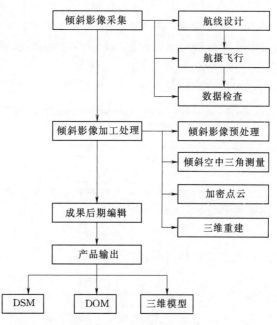

图 3.2 - 9　倾斜摄影数据处理流程图

在建筑物密集的区域进行倾斜摄影，存在严重的地物相互遮挡现象，为了尽量减少摄区盲点，同时为了提高多视影像的整体平差效果，应采取大重叠度的影像获取方式。倾斜摄影下视相机的航向重叠度一般不小于 70%，也不宜过大，以 80% 为宜；旁向重叠度建议取 60%～70%。

各视角的倾斜相机所拍摄影像须覆盖整个航区，航线两端应各超出测区若干曝光点，旁向覆盖应在摄区两边增加若干航线，以保证各倾斜相机的全覆盖。

2）航摄飞行。倾斜摄影的对象通常是建筑物密集区域或高山峡谷地区，航摄时应考虑太阳的入射角，避免出现大面积的阴影而影响影像处理质量。一般建议在正午前后 1h 内进行航摄。

3）数据检查。影像数据采集后，应对影像的飞行质量和影像质量进行检查，对影像不合格区域进行重飞或补飞。只有采集数据满足质量要求，最终成果质量才能得到保证。

（2）倾斜影像加工处理。倾斜影像数据采集合格后，首先要对影像数据进行分析和预处理操作，再进行空中三角测量、加密点云和三维重建等操作。

1）倾斜影像预处理。根据后处理要求，可对原始影像进行数据格式转换，不得损失几何信息和辐射信息；数码相机通常都存在径向畸变和切向畸变，对获取的原始影像进行畸变差改正，或者在空中三角测量时改正相机畸变差；对影像进行色彩、亮度和对比度的调整和匀色处理。

2）倾斜空中三角测量。倾斜摄影空中三角测量原理与常规垂直摄影空中三角测量原理相同，但倾斜影像的重叠维度增多、重叠度更大，巨大地增加了影像匹配、平差计算等环节的难度和工作量，需要配置更优、更高效的影像匹配和平差计算算法软件。

3）加密点云。加密点云在倾斜空中三角测量的结果上进行，主要目的在于提取更多的同名点，提高像片的连接精度。加密提取同名点能够解决弱纹理区域无法匹配的问题，同时能够有效避免三维模型变形，为三维重建打下良好的基础，提高三维模型的精度。加密点云是弥补空中三角测量不理想的一种方法，在数据处理过程中加密点云是一个可选择性的处理过程，根据空中三角测量的结果选择采用加密点云方式（分为高级、中级和低级），如果弱纹理区域面积较大，通常选用高级方法，但消耗的时间相对较长。

4）三维重建。三维重建主要利用提取大量的同名点构建不规则的三角面，并将纹理贴在三角面外表，构建真的三维模型。目标地物表面越粗糙，纹理信息越丰富，构建的不规则三角面的数量越多，生成的三维模型越贴切真实场景。

（3）三维模型修编。无人机在拍摄数据过程中，风速过大导致飞行姿态不稳定，拍摄重叠度设置过低，野外控制点采集数量少，弱纹理区域面积较大等情况，容易引起三维建模成果出现扭曲、空洞、拉花、断裂、上翘、下沉、模糊、缺失等情况，需要借助模型单体化修复工具软件对其进行编辑修正。

（4）倾斜模型生产（产品输出）。模型有两种成果数据：一种是单体对象化的模型，另一种是非单体化的模型数据。以上通过专业的倾斜自动化建模软件提取生产三维模型，为非单体化的模型成果，简称倾斜模型。软件通过影像匹配、联合平差、几何纠正提取超高密度点云，构建 TIN 模型，并以此生成基于影像纹理的高分辨率倾斜摄影三维模型，三维模型成果具有相应比例尺测绘产品的精度。这种模型生产周期短、成本低。图 3.2 - 10 （a）为密集点云构建的模型效果，图 3.2 - 10 （b）为纹理映射构建的真实三维模型。

（a）密集点云构建的模型效果　　　　　　　（b）真实三维模型构建效果

图 3.2 - 10　倾斜摄影构建三维模型图

利用倾斜影像丰富的可视纹理细节，结合现有的三维线框模型（或者其他方式生产的白模型），通过纹理映射，生产三维模型，这种工艺生产的模型数据是单体对象化的模型。单独的建筑物可以删除、修改及替换，其纹理也可以修改，尤其是需要突出强调的建筑物或不时发生变化的建筑物外观，单体化模型就能体现出它的优势。

全自动化倾斜模型生产方式大大减少了建模的成本，模型的生产效率大幅提高。无论是单体化的还是非单体化的倾斜摄影模型，在如今的 GIS 应用领域都发挥了巨大的作用，真实的空间地理基础数据为 GIS 行业提供了更为广阔的应用基石。

3.2.4　高分辨率卫星遥感技术

1. 技术特点和适用范围

卫星遥感技术具有如下的特点。

(1) 遥感数据采集效率高。卫星遥感平台相对航空遥感平台，在轨高度有几百千米，传感器扫描带宽可以达到几十千米以上，可连续或重复观测，数据采集效率是传统航空摄影的几百上千倍。具有视点高、视域广、数据采集快和重复、连续观测的特点。

(2) 时效性强。获取信息的速度快，周期短。由于卫星围绕地球运转，从而能快速获取所经地区自然现状的最新影像资料，以便提取和更新原有资料，或根据新旧资料变化进行动态监测，这是人工实地测量和其他方式无法比拟的。

(3) 获取信息的手段多、信息量大。根据不同的任务，遥感技术可选用不同波段的传感器来获取信息。例如可采用可见光探测物体，也可采用紫外线，红外线和微波探测物体。利用不同波段对物体不同的穿透性，还可获取地物内部信息。例如，地面深层、水体下层、冰层下的水体、沙漠下面的地物特性等。

(4) 卫星影像制图具有的显著优势。卫星遥感制图技术的出现，为快速制作大比例尺地形图开辟了一条新的途径。卫星遥感获取信息受条件限制少，不受航空空域、地面恶劣条件、国界的限制等。卫星遥感制图与传统航空遥感制图比较，影像获取的成本低、效率高，加之航片数量少，数据处理的工作量和难度小。这些直接影响了地图的生产成本、更新周期和现势性。使用遥感影像数据制作或更新地形图，大大缩短了时间和投入成本。

(5) 卫星遥感的局限性。卫星遥感影像应用往往受天气、季节变化的影响，而使影像获取的效率和影像质量受到影响；目前部分技术先进的高分辨率遥感卫星是由西方发达国家发射的，因此一些遥感数据的使用会受到一些限制；卫星遥感平台为固定轨道，传感器获取的影像分辨率也相对固定，不能依据用户需要进行调整。

卫星遥感成果是国家经济建设发展不可或缺的重要资料，在很多行业和部门得到了越来越深入广泛的应用。在水电工程建设应用方面，从工程项目的规划设计、施工、运营管理都可利用高分辨率卫星影像进行项目选址（线）、方案比选，绘制 1∶10000～1∶2000 比例尺地形图、制作三维数字地形、对工程区域进行周期性动态监测等。各类卫星遥感数据地面分辨率与地形图比例尺的对应关系见表 3.2-3。

表 3.2-3　　各类卫星遥感数据地面分辨率与地形图比例尺的对应关系表

卫星遥感数据地面分辨率/m	数据类型	适用地形比例尺	说　明
0.2～0.5	光学影像	1∶2000～1∶5000	用于 DEM、DOM、DLG 等生产
0.5～1.0	光学影像	1∶5000～1∶10000	用于 DEM、DOM、DLG 等生产
	SAR 影像	1∶2000～1∶10000	用于 DEM 生产
1.0～2.5	光学影像	1∶10000～1∶25000	用于 DEM、DOM、DLG 等生产
	SAR 影像	1∶5000～1∶10000	用于 DEM 生产
2.5～5.0	光学影像	1∶25000～1∶50000	用于 DEM、DOM、DLG 等生产
	SAR 影像	1∶10000～1∶50000	用于 DEM 生产

2. 地形测绘可利用卫星遥感数据情况

卫星遥感平台和传感器种类很多，在市场上可获取的用于水电工程地形测绘的遥感卫星数据主要有两种：高程模型数据与遥感影像数据。其种类见表 3.2-4。高程模型数据是指一些利用卫星合成孔径雷达影像加工制作的可直接利用的数据，如 SRTMDEM、GDEM 等数据；遥感影像数据是指存档或编程采集的各种影像数据。

表 3.2-4　　　　　　　　可获取的卫星遥感数据种类列表

数据分类	数据名称	格网间距 /m	范围	获取途径	备　注
高程模型 数据	SRTMDEMUTM	90	全球	地理空间数据云	
	GDEM V2	30	全球	地理空间数据云	
	WorldDEM	12	全球	商业公司购买	
遥感影像 数据	Google	0.3~10	全球	专用软件下载	RGB 影像
	平面影像	0.3~5	存档或编程采集	商业公司购买	黑白或彩色多光谱
	立体影像	0.3~5	存档或编程采集	商业公司购买	黑白或彩色多光谱
	雷达干涉影像	1~20	存档或编程采集	商业公司购买	SAR 原始影像

通常一些低、中分辨率的卫星遥感数据，或经过加工的高程模型数据可以免费从共享网站上获取，见表 3.2-5。5m 及以上高分辨率遥感影像通过各商用卫星遥感公司及其代理机构购买，见表 3.2-6。

表 3.2-5　　　　　　　可免费或低价利用的几种高程模型数据列表

遥感数据名称	数据类型	格网分辨率 /m	国别	是否免费	适用比例尺 （参考）
SRTM	DEM	90	美国	是	1:100000
GDEM V2	DEM	30	美国	是	1:50000
WorldDEM	DEM	12	美国	否	1:10000

表 3.2-6　　　　　　　国内外主要商用卫星影像数据特性表

遥感卫星名称	传感器分辨率	国别	是否服役	适用比例尺 （参考）	备　注
WorldView-1、2	0.5m 全色，1.8m 多光谱	美国	在役	1:5000	立体测图
WorldView-3、4	0.31m 全色，5m 多光谱	美国	在役	1:2000	立体测图，双星座
Geoeye-1	0.4m 全色，1.6m 多光谱	美国	在役	1:5000	立体测图
Ikonos	0.8m 全色，3.2m 多光谱	美国	退役	1:10000	立体测图
QiuckyBird	0.6m 全色，2.4m 多光谱	美国	退役	1:5000	平面测图
Spot5	2.5m 全色，10m 多光谱	法国	在役	1:50000	立体测图
Spot6、Spot7	1.5m 全色，6m 多光谱	法国	在役	1:25000	立体测图，双星座
Pleiades （1A、1B）	0.5m 全色，2m 多光谱	法国	在役	1:10000	立体测图，双星座

遥感卫星名称	传感器分辨率	国别	是否服役	适用比例尺（参考）	备注
IRS-P5、P6	2.5m 全色，10m 多光谱	印度	在役	1:25000	立体测图
TerraSAR-X（合成孔径雷达）	1~16m，X 波段	德国	在役	1:10000	SAR 制图，双星座
ZY3（资源三号）	前后视 3.5m，正视 2.1m，多光谱 5.8m	中国	在役	1:50000	立体测图，双星座
TH-1、2（天绘 1、2 号）	2.1m 全色，5m 多光谱	中国	在役	1:25000	立体测图，双星座
GF-1（高分一号）	2m 全色，8m 多光谱	中国	在役	1:25000	平面测图
GF-2	1m 全色，4m 多光谱	中国	在役	1:10000	平面测图
GF-3（合成孔径雷达）	1~500m C 波段 SAR	中国	在役	1:10000	SAR 制图
GF-6	2m 全色，8m 多光谱	中国	在役	1:25000	平面测图
GF-7	0.6m 全色，5m 多光谱	中国	在役	1:10000	立体测图
BJ-2（北京二号）	1m 全色，4m 多光谱	中国	在役	1:10000	平面测图，3 颗星座
SuperView-1、2、3、4（高景一号）	0.5m 全色，2m 多光谱	中国	在役	1:5000	立体测图，4 颗星座

SRTM 是美国发射的"奋进"号航天飞机上搭载 SRTM 雷达观测数据经处理后获取的全球数字高程模型（DEM）；ASTER GDEM 数据是根据美国 NASA 的新一代对地观测卫星 Terra 观测结果制作完成的 DEM；WorldDEM 是以 TerraSAR-X 和 TanDEM-X 卫星采集的全球 SAR 图像数据库为基础而制作的 DEM。

水电工程地形测绘主要采用国内外商用卫星遥感影像数据及参数。高分三号卫星是我国高分专项工程中一颗分辨率为 1m 的雷达遥感卫星，也是中国首颗分辨率达到 1m 的 C 频段多极化合成孔径雷达（SAR）成像卫星；高景一号卫星是我国首个全自主研发的商业遥感卫星星座，其计划的"16+4+4+X"卫星系统由 16 颗 0.5m 分辨率光学卫星、4 颗高端光学卫星、4 颗微波卫星以及若干颗视频、高光谱等微小卫星组成。现已发射了 4 颗分辨率为 0.5m 的光学小卫星，在轨应用后，打破了我国 0.5m 级商业遥感数据被国外垄断的现状，也标志着国产商业遥感数据水平正式迈入国际一流行列。

3. 主要技术流程和方法

用于水电工程地形测绘的高分辨率卫星遥感影像数据一般有两种形式：单片（全色或多光谱）影像数据；立体（全色）＋多光谱影像数据。单片影像数据主要用于制作正射影像图、地形图更新、专题图制作等生产；立体影像数据主要用于地形图测绘、更新，制作数字高程模型、数字正射影像图、专题图等生产。

利用以上数据生产地形成果数据需要测量一定数量的像控点或借助参考图形数据，使用专业遥感图像处理软件进行空三加密、正射纠正处理，达到规定精度要求后，才能进行相关地形测绘产品的制作与生产。其生产流程见图 3.2-11。

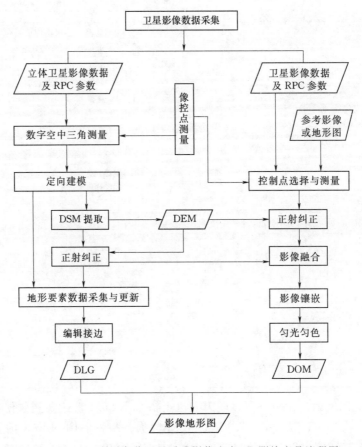

图 3.2-11　利用高分卫星遥感影像生产 3D 测绘产品流程图

　　卫星遥感传感器在成像时，由于受各种因素影响，图像上地物的几何形状与其地面实际的地物形状往往存在几何位置、形状、尺寸、方位等特征的几何变形。主要有由传感器自身的性能指标偏移标称数值所造成的内部变形误差；由外部各种因素引起的外部变形误差，如地球曲率、地形起伏、传播介质不均匀、外方位元素变化等引起的变形误差。因此，需要对遥感图像存在的几何变形误差进行纠正处理。

　　遥感图像处理过程中的主要工作，就是为了消除或尽可能减少影像几何变形误差影响，提高测绘产品的几何精度质量，如空三加密、正射纠正、几何配准等环节；影像融合、匀光匀色等工作主要是为了提高产品的表征质量。

　　遥感图像处理的方法如下。

　　(1) 通用成像模型。传感器成像几何模型的建立是进行影像几何处理的基础，遥感影像的传感器模型主要分为两大类，物理传感器模型和通用传感器模型。物理传感器模型又称为严密传感器模型，使用严格的传感器参数，且考虑成像时造成图像变形的地表起伏、大气折射、镜头畸变以及卫星位置和姿态等因素影响。利用这些物理条件构成几何成像模型，其模型数学形式复杂，理论上完整严密，几何定位精度高。通用传感器模型也称有理函数模型，它不考虑传感器的物理因素，直接采用数学函数（多项式、直接线性变化、有理函数多项式等）形式来描述像点和地面点的成像关系。这种模型理论不严密，数学形式简单、计算速度快。随着传感器技术的发展，传感器成像方式呈多样化发展，每一种新的传感器面世，都要建立新的传感器模型，这会造成遥感应用处理软件升级、维护的难度，也不利于用户的使用；且一些商业遥感卫星出于技术保密的需要，不便公开其严格的卫星轨道和传感器参数。在这种情况下，不可能使用严格的物理传感器模型进行影像处理。因此，需要用与具体传感器无关，形式简单的通用成像模型来取而代之。

遥感卫星影像的处理通常采用基于有理函数的通用传感器模型。有理函数模型（Rational Function Model，RFM）是由 Space Imaging 公司提供的一种新型传感器模型，一种与严格物理成像模型近似精度、形式简单、计算快速有效的概括性模型。它具有独立于具体传感器、形式简单的特点，适用于各类传感器，包括最新的航空或航天传感器。

（2）RPC 参数。RPC（Rational Polynomial Coefficient，RPC）是 RFM 的多项式系数。遥感影像的供应商随影像都提供了相应的 RPC 参数文件，但自带 RPC 参数是根据卫星轨道参数求解的，与实际应用的坐标基准往往不一致，达不到正射纠正的精度要求，通常需要利用地面控制点来参与平差计算 RPC 参数。用新的 RPC 参数纠正图像后，量测检查点对应的像点坐标，与检查点的实际坐标比较的差值评价其精度状况。

（3）卫星影像空中三角测量。遥感卫星影像通常提供了基于有理函数的通用传感器模型 RPC 参数，空三加密的过程实际是在建立立体影像模型关系的基础上，结合地面控制点，修正解算更为精确的 RPC 参数。

（4）地面控制点（Groud Control Points，GCP）（像控点）。为了提高高分辨率卫星影像 RPC 参数的解算精度，需要在图像范围内确定一定数量、均匀分布的地面控制点。地面控制点通常利用已有的地形图、影像图作为地面控制点选取的参考资料，或采用野外测量控制点成果。

参与计算的控制点数量与要计算的 RPC 参数的系数个数有关。根据有理函数模型，多项式展开为 1 阶时，待求 RPC 参数有 14 个，至少需要控制点 7 点；2 阶时，待求 RPC 参数有 38 个，至少需要控制点 19 点；3 阶时，待求 RPC 参数有 78 个，至少需要控制点 39 点。一般来说，高阶模型比低阶模型精度高，应根据精度要求选择适量的像控点。

（5）正射纠正（图像几何校正）。图像几何校正的基本方法是先建立几何校正的数学模型；其次利用已知条件确定模型参数；最后根据模型对图像进行几何校正。目前，针对遥感图像的几何纠正方法主要有多项式法、共线方程法和有理函数模型法等。

（6）图像融合。项目区获取的高分辨率卫星影像一般都来自不同传感器、不同时间、空间和光谱分辨率的多源遥感数据。单一波段的影像信息量有限，往往不能充分满足工程应用的要求，需要通过图像融合从多张不同的光谱图像中获取更多的有用信息，补充单一光谱影像信息的不足。图像融合的目的是将同一区域的多源遥感影像按照一定的算法、最大限度地提取各光谱影像的有利信息，综合重新生成新影像的过程，以改善和提升影像的综合质量。如全色影像与 RGB 多光谱影像融合，既可提高多光谱的空间分辨率，又可保留其丰富的多光谱特性。

遥感图像融合的算法很多，常用的有 IHS 变换、主成分变换、比值变换、乘法变换、小波变换等。图像融合效果评价通常以目视判读为主，或计算图像信息的平均梯度、熵值、偏差指数等定量评价指标。图像的平均梯度值越大，则图像的层次越多、图像越清晰；熵越大，包含的信息量越丰富。

（7）图像的配准和镶嵌。

1）图像配准。面对多源的遥感影像数据，很多时候需要对多源数据进行叠加、融合、变化检测、地图修正等比较分析工作，就要求多源影像间在几何上保持一致，并处于同一坐标系中。图像配准的实质就是纠正多源图像间的几何变形，并归化统一的坐标系统。通常以其中的一幅图像为参考图像，其他图像与之进行配准。在配准的影像间选择确定足够数量且均匀分布的同名像点，采用多项式纠正等算法对图像进行几何配准。

2）图像镶嵌。当工程项目测区内存在重叠、需要接边的多幅影像时，需要将这些影像整合在一起形成一幅大的、完整的图像的处理过程，就是图像的镶嵌。当然，图像镶嵌处理不是把多幅影像简单地叠加在一起。需要遵循的原则如下。

a. 在重复覆盖区，各图像之间应有较高的配准精度，以保证影像间的接边精度。

b. 在重叠区内选择一条连接两边图像的拼接线，使得根据这条拼接线拼接起来的新图像浑然一体，不露拼接的痕迹。镶嵌线尽可能沿着线性地物走，如河流、道路、线性构造等；当两幅图像的质量不同时，要尽可能选择质量好的图像，用镶嵌线去掉有云、有噪声的图像区域，以便于保持图像色调的总体平衡，产生浑然一体的视觉效果。

c. 利用一定的方法对相邻图像进行颜色匹配，使不同时相的图像在颜色上相互协调一致。

（8）匀光匀色。遥感影像数据由于受不同传感器、数据采集时间、天气地形条件、数据处理人员等因素的影响，使得测区内相邻分幅影像、不同架次或生产批次的影像产生色彩、亮度和对比度的差异，从而影响正射影像产品的观感效果和表征质量，并且会给后续的影像判读、解译、数字测图等工作带来影响。匀光匀色的目的就是为了消除不同图幅或区域间的色彩色调差异，使得测区内影像色彩整体一致，达到影像清晰、光谱信息丰富、色调均匀、反差适中的效果。

很多遥感图像处理的软件都带有匀光匀色的功能，具有一定匀光匀色处理的效果。但当影像间的色彩色调差异大、分布区域多不均匀时，匀光匀色效果很不明显，需要借助一些专用的工具或辅助工具进行，如 Photoshop 等。

3.2.5 机载激光雷达遥感技术

1. 技术特点和适用范围

机载激光雷达（Light Detection And Ranging，LiDAR）测量技术是应用机载激光雷达系统进行三维空间测量，得到密集的地面物体三维坐标点云数据，再通过相关软件处理后，获得 DEM、等高线图及三维建筑物模型的一种主动式遥感测绘技术手段。

LiDAR 测量技术是最近二十年来发展并成熟起来的新兴对地观测技术，由于 LiDAR 系统集成了激光测距、全球定位系统（GPS）和惯性导航系统（INS）三种技术，并与数字航摄仪相结合，激光脉冲不受阴影和太阳角度影响，经过专用软件处理，可在空中完成 DEM 及 DOM 的大规模生产，大大提高航测成图的作业生产效率，减少生产环节，提高成图精度。因此虽然其发展历史不长，但其发展迅速，已成为遥感技术领域研究开发的热点技术之一。

LiDAR 技术是一种全新的获取地理信息数据的方法，同其他遥感技术手段相比，具有明显的优越性，主要表现在以下几个方面。

（1）主动式遥感技术。机载激光雷达测量是一种主动式直接测量技术。LiDAR 主动发射激光，探测地物的回波信号而确定地表信息，不受太阳高度角以及天气影响，这对于应急和气象条件差的地区作业非常有利。

（2）具有穿透能力。LiDAR 激光能够穿透薄的云雾，而且激光光斑小，且具有多次回波特性，能够穿透枝叶间的空隙，得到树冠、树枝、地面等多个高程数据，有效克服植被影响，精确探测真实地形地面的信息。

（3）外业工作量小。LiDAR 系统集成了 POS 系统，使用差分 GPS 和 INS 集成系统进行定位，只需少量地面基站，节省了大量外业工作量，对于无人区等困难区域的数据采集非常有利。

（4）成果数据精度高。LiDAR 数据的精度较高，尤其是高程精度优于平面精度，能够满足生产 1∶2000、1∶1000、1∶500 等大比例尺测绘产品的精度要求。

（5）数据处理速度快。LiDAR 系统直接得到三维点云数据，经过去噪处理得到 DSM 数据，再经过滤波处理得到 DEM 数据。这些处理的自动化程度都很高，只需要很短的时间和少量人工编辑就能完成。此外，基于三维点云的建模与空间分析也能快速实现。

LiDAR 测量技术与航空摄影测量技术相比较，其主要差异见表 3.2－7。机载激光雷达（LiDAR）按其功能分主要有两大类：一类是测深机载 LiDAR（或称海测型 LiDAR），主要用于海底地形测量；另一类是地形测量机载 LiDAR（或称陆测型 LiDAR），正广泛应用于各个领域，在高精度 DEM 的快速、准确提取方面，具有传统手段不可替代的独特优势。尤其对于一些测图困难地区的高精度 DEM 数据的获取，如植被覆盖区、海岸带、岛礁地区、沙漠地区等，LiDAR 的技术优势更为明显。

表 3.2－7　　　　　　　　机载激光雷达测量与航空摄影测量的主要区别表

航空摄影测量	机载激光雷达测量
被动式测量	主动式测量
透视几何原理	极坐标几何定位原理
采样覆盖整个摄影区域	逐点采样
间接获取地面三维坐标	直接获取地面三维坐标
获取高质量的灰度影像或多光谱数据	离散的点云数据＋简单影像
软硬件经多年发展已比较成熟	具有很大的发展潜力的新技术
可利用的传感器类型很多（多光谱、线阵 CCD 等）	可供选择的传感器类型较少
飞行计划相对简单	飞行计划相对复杂，要求较苛刻
在相同的飞行高度下，飞行带宽较宽，覆盖面积大	飞行带宽较窄，容易形成漏洞区域
受天气影响	理论上能全天候采集数据，实际上背景发射越弱，测距效果越好
数据处理自动化程度低，需要过多人工干预	容易实现数据自动化处理
GPS（INS 可选）、GPS/INS 数据采样率低	GPS＋INS（价格昂贵）、GPS/INS 数据采样率高

在水电工程应用方面，相比常规航空摄影测量，在高山峡谷、植被覆盖区域更具优势。但由于目前 LiDAR 设备昂贵，使用不够普及。

2. 激光雷达传感器

机载激光雷达测量系统是以飞机作为观测平台，搭载 LiDAR 的扫描测量系统（传感器）。LiDAR 测量系统集激光测距系统、全球定位系统（GPS）、惯性导航系统（INS）等设备为一体。GPS 点位系统为定位测量单元，惯导系统为姿态测量单元，激光扫描测距系统为测距单元。三者协调工作，彼此间要保持精确的时间同步。

目前，市场上常用的 LiDAR 设备主要以大飞机为平台，只有少量的设备能搭载无人机平台使用。机载 LiDAR 技术的发展主要取决于 LiDAR 硬件技术的发展。市场上常用的 LiDAR 硬件设备及基本参数见表 3.2-8 中。目前，LiDAR 硬件技术的发展趋势如下。

表 3.2-8　　　　　　常用的 LiDAR 硬件设备及基本参数表

设备型号	制造商	最大航高/m	最小航高/m	发射频率/kHz	扫描频率/Hz	扫描角/(°)	回波次数	重量/kg
ALS80-HA	Leica	5000	100	500	100	75	无限	80
ALTM Galaxy	Optech	4700	150	550	100	60	无限	34
LMS-Q1560	RIEGL	4700	50	800	400	60	无限	69
Ax60	Trimble	4700	50	400	200	60	无限	75
ARS-1000	武汉海达数云	920	—	550	200	330	无限	
LI-Eagle400	北京数字绿土	2050	2.5	950	—	80	无限	36

（1）早期的 LiDAR 硬件产品主要在固定翼的大飞机平台上使用，设备高端、价格昂贵。为了满足不同用户的特殊需求，部分硬件公司开发了不同规格型号的设备，分别满足高、中、低空扫描的需求。特别是推出了针对无人机平台使用的 LiDAR 设备，如 Rigel VUX-1LR 等。

（2）集成多套激光发射装置在一套 LiDAR 设备中，从而扩大扫描宽度、增加点云密度，并实现多角度扫描。

（3）组件式 LiDAR 系统设备，在激光雷达装置的基础上，提供可插拔组件式系统，可根据不同应用需求，快速安装或卸载配备的光学数码相机、高光谱摄像机等设备。

3. 主要工作流程和方法

机载 LiDAR 从数据采集到测绘产品生产的主要工作流程与常规航空摄影测量相同，主要包括：航摄准备、航空摄影、数据处理、数字产品生产等环节。主要区别是航空摄影测量的数据采集形式通常为影像，数据处理是基于立体影像的方式解算地面点的坐标；LiDAR 数据采集形式为离散的点云数据，数据处理主要是对采集的离散坐标点进行纠正、检校、分类提取等工作。其工作流程见图 3.2-12。

（1）航摄准备。航摄准备是飞行作业前的首要任务，它是整个航摄工作的重要组成部分。主要是依据航空摄影技术设计规范以及航摄任务书的要求制订可行的航测技术实施方案，包括航摄范围、技术参数确定、航线规划、作业参数设计、地面基站布设等重要内容，它在机载 LiDAR 的整个作业流程中是质量控制的重要环节。

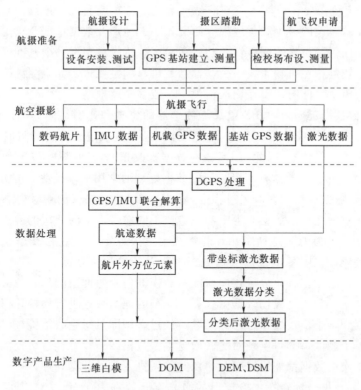

图 3.2-12　机载 LiDAR 遥感技术主要工作流程

（2）航空摄影。在飞机起飞前打开地面基准站上的 GPS 接收机，使其处于正常工作的状态；飞机起飞后在飞到测区之前，先进行"8"字飞行，然后直飞 5min 左右，以保证 POS 系统处于最佳工作状态。然后进入测区采集数据，按设计航线自动飞行，扫描仪及相机、POS 系统按设定的参数进行数据采集；数据采集完之后再直飞 5min、倒"8"字飞行，落地后静止几分钟，再关闭 POS 系统，地面基站 GPS 接收机待飞机 POS 系统关闭 30min 后再关闭。在采集数据时，要保证 LiDAR 系统的飞行控制、激光扫描测量、数码相机测量三部分正常同步工作。

每天飞行作业结束后应下载相应的激光点云、影像、GPS、IMU 等数据，并对数据的完整性进行检查，对数据质量进行分析，出现质量问题时应进行补飞或重飞。

（3）数据处理。机载 LiDAR 采集获得的原始数据包括：原始激光点云数据、原始数码影像数据、POS 文件（包括机载 GPS 数据、IMU 数据）、地面站 GPS 数据。原始激光数据仅包含每个激光点的发射角、测量距离、发射率等信息；原始数码影像数据也只是普通的数码影像，都没有坐标、姿态等空间信息。因此，首先需要对原始数据进行定位、定向处理（即数据预处理），经过数据预处理后，才能使激光和影像数据具有大地空间坐标和姿态等信息。

1）激光点云数据定位。利用与机载激光雷达相连接的机载 GPS 接收机和地面基准站 GPS 接收机同步连续观测的 GPS 卫星信号，同时记录瞬时激光脉冲和数码相机开启脉冲的记录时间，通过离线 DGPS 差分定位数据处理计算得到激光点云的初始三维坐标。

DGPS差分定位需要在地面布设基准站（架设在已知点上），与机载GPS接收机进行同步观测。基准站布设的多少和位置根据测区大小、地形及数据精度要求等具体确定。一般情况下，为保证仪器工作的同步性及初始化精度，机场需布设一个基准站，若测区面积较小且距离机场较近，在机场布设一个基准站就可以满足要求。如果测区范围比较大，带状区域或地形为山地，此时需要在测区增设一个或多个基准站。

2）激光点云数据定向。DGPS记录了传感器的位置和速率，但其动态性能差，不能量测传感器瞬时快速的变化，而IMU数据刚好记录了机载激光雷达的瞬时姿态信息（即滚动角、俯仰角和航偏角），因此用IMU的数据来改正GPS的瞬时位置和姿态，同时用GPS数据准确定位其位置。这种GPS/IMU数据处理通常用卡尔曼滤波的方式实现。

3）激光点云数据检校。在航飞过程中，IMU和激光扫描仪的相对姿态可能会发生微小的变化，从而对激光点云数据产生影响，造成不同航带、不同架次的激光数据不能进行接边或接边精度差。为消除这种影响，通常要对"大地定向"后的激光点云数据进行检查。若数据质量较好，则可以直接进行数据加工；若数据存在问题，则需对数据进行检校。检校参数通常是指偏心角分量，即航向角、横滚角、俯仰角的偏心角分量。

通常的做法是，先在检校场数据中选择一典型的地形数据进行检校，得到理想的检校参数后，再应用到整个检校场；若还有问题，经过微调即可得到一组检校参数，将该组检校参数应用到整个测区，即可实现对测区激光点云数据的检校。经过检校的点云数据，不同航带、不同架次的数据都能很好匹配，由此可做进一步的数据处理。

4）激光点云数据坐标转换。检校后的激光点云数据为WGS-84坐标，一般工程应用要求的成果坐标为工程坐标系。要完成两个坐标系统之间的转换，首先需要控制点在两套坐标系统中的坐标，求出转换参数，然后将激光点云数据转换为工程坐标系，基于此生产的DEM、DSM等数字产品也在工程坐标系下。

另外，GPS定位的高程是以椭球面为基准的大地高，不是实际工程需要的以大地水准面为基准的正常高。如果测区面积较小，高程系统的转换比较简单，根据控制点在两套坐标系统中的高程，求得高程异常，便可实现激光点云数据的高程系统转换。如果面积很大，需要在测区内利用若干已知点建立高程异常模型进行改正。

5）影像外方位元素确定。相机与激光扫描仪的相对位置参数由厂家提供，联合定位信息可以得到相机的航迹（POS）文件，包括相机在各个GPS采样时间的位置信息、姿态信息及速度。初始航迹文件在WGS-84坐标系下，可以根据生产需要将航迹文件转换至相应工程坐标系，转换方法与激光点云数据坐标转换方法相同。

（4）数字产品生产。经过数据预处理工作得到的成果包括经"大地定向"后的点云数据和经计算得到的影像外方位元素。在此基础上，即可正式进行点云数据的分类提取，进行常见的DEM和DOM等成果数据的加工生产。

1）点云数据分类及DEM制作。经过预处理的激光地表数据及激光地物数据都在同一层，需要提取纯地表数据方能生成DEM。经过分类，将建筑物、植被等非地表数据放在其他层里面，纯地表数据就能被分离出来。经过分类的纯激光地表数据是具有三维坐标值的离散点，构建TIN后即可按规定格网生成DEM。经过精细分类的激光数据，去除噪点后，可以保留所有要素生成DSM。

2）影像数据处理及 DOM 制作。通过对原始影像进行预处理，已经得到了每幅原始影像的外方位元素，LiDAR 系统中影像的内方位元素已知，由此便可以完成影像的相对定向和绝对定向，从而生成 DOM。

3）线划图制作。参考正射影像和原始激光点云，提取房屋、道路、河流、地类界、管线等地类地物要素信息，利用分类后的地面点云数据构建三角网提取等高线，然后参考 DOM 对等高线进行二次编辑并进行圆滑处理。各类图形数据综合后经过外业调绘修改、图幅整饰，并最终出图。

4）三维模型制作。对于基于 LiDAR 测量技术采集的建筑物集中区域，常常需要对建筑物进行三维建模。在基于激光数据和 DOM 的建筑物建模中，由于激光数据本身具有坐标信息，所有建筑物模型具有位置及高度信息。为了创建真实可量测的高精度三维模型，可以对激光点云各个角度进行剖面辅助建模。

3.2.6　地面三维激光扫描技术

1. 技术特点和适用范围

地面三维激光扫描技术是一种先进的全自动、高密度、全视角的地面无棱角测量技术。其扫描测量工作原理与机载 LiDAR 技术类似，它通过高速激光扫描测量，大面积、高分辨率采集被测对象表面的点位信息，为快速获取空间物体的三维数据信息提供了一种全新的技术手段。三维激光扫描技术是继 GPS 技术后的又一项测绘技术新突破，其获取数据的特点和方式，弥补了传统测量方法的弊端，其应用推广具有非常重要的意义。

地面三维激光扫描技术具有测量方式灵活、生产周期短、成果精度高等优势，其技术特点主要有以下几方面。

（1）非接触性。与传统测绘技术不同，三维激光扫描技术不需要架设目标棱镜，无需接触目标物，即可快速确定目标点的三维信息，解决了危险目标物体空间数据信息的获取、不宜接触目标的测量和人员无法达到目标的测量等问题。

（2）快速性。激光扫描的方式能够快速获得大面积的目标空间信息，对于需要快速完成的测量工作尤其重要。目前扫描点采集速率可以达数千点每秒至数十万点每秒。

（3）主动性。仪器是主动发射光源，不需要外部光源，接收器通过探测自身发射出的光经反射后的光线，扫描不受时间和空间的限制。

（4）高密度性。扫描仪能够按照用户设定的采样间隔，高密度地采集目标物表面点云，仪器最小采样间距可达 0.1mm，并且点云分布均匀。

（5）高精度性。精密的传感器使扫描仪达到极高的测距精度和激光脉冲发射角精度，从而大大提高了测量的点位精度。中远距离激光扫描仪获取的点云数据，其单点精度一般可优于厘米级精度，在单点精度上虽还无法与全站仪相比，但模型化精度较单点精度有很大提高。

（6）自动化和数字化。扫描仪可一键式扫描，自动化程度高。全数字化三维点云可以实时显示和查看，不同格式的点云之间可以进行转换，具有很强的兼容性和通用性。

在工程实际应用中，地面三维激光扫描工作方式与地面摄影测量的工作方式相类似，但它们的工作原理不相同，所以在具体应用中也存在很大的差别。二者之间的主要区别详见表3.2-9。

表3.2-9　　　　　　　　　　地面三维激光扫描与地面摄影测量技术比较表

项　　目	地面三维激光扫描	地面摄影测量
原始数据格式	三维坐标点云，可直接量测	立体影像，单一影像无法量测
各站数据拼接方式	坐标拼接方式	相对定向和绝对定向
测量精度	精度高于解析点，并分布均匀	精度较低
外界环境的要求	光线和温度对扫描基本没影响	夜晚无法进行摄影
模型建立方式	基于点云可直接进行模型重建	图片匹配后才可建模，建模过程明显比激光点云复杂

随着地面摄影测量技术的发展，基于数字摄影测量原理的多视图影像模型重建技术可以直接通过影像图片拼接，生成实体表面点云，进而重建目标物的三维数字模型。以点云数据为结合点，在不同的环境条件下，二者可形成一种互补机制。

近年来，三维激光扫描的硬件和数据处理软件在不断发展，地面三维激光测量技术已经趋于成熟，设备本身测量精度更高、工作距离更远，应用领域也更加广泛。在水电工程建设方面，地面三维激光扫描技术主要应用于以下几方面。

（1）工程区地形图测绘和工程计量。地面三维激光扫描技术可用于1:2000~1:500，甚至更大比例尺的地形地貌测绘，特别适用于地形陡峭的高山峡谷、滑坡体等人工难于到达的困难区域地形图测绘。除了地形图外，还可利用三维激光扫描仪对开挖、填筑、浇筑及喷混凝土区域采集高密度点云数据，检测形体尺寸，计算表面积、方量、超欠挖量等。

（2）变形监测。常规变形监测是单点测量，观测点数据少，不能完全反映目标物的整体形变信息。三维激光扫描技术采集整个目标的点云，局部和整体形变量完全显示，并可对目标物进行动态模型演示，进一步了解形变规律。

（3）水工建筑物三维建模。对水电工程的特定区域或部位采集海量点云数据，提取水工建筑物、厂房、溢洪道、隧洞等建筑物的外形和内部特征，建立各建筑设施的高精度、高仿真度的空间模型。

（4）其他方面。诸如公路桥梁结构测量和检测、管线测量等。

2. 地面三维激光扫描仪的工作原理与种类

地面三维激光扫描仪由三维激光扫描仪、数码相机、扫描仪旋转平台、软件控制平台、数据处理平台及电源和其他附件设备共同构成，其仪器构成见图3.2-13（以长距离三维激光扫描仪 Maptek Ⅰ-Site 8810 为例）。仪器内部有一个激光器，两个旋转轴异面且相互垂直的反光镜有序地旋转，将发射出的窄束激光脉冲依次扫过被测区域，测量每个激光脉冲从发出到被测物表面再返回仪器所经过的时间来计算距离，同时编码器测量每个脉冲的角度，可以得到被测物体的三维真实坐标。而扫描时相机拍摄的照片则用来给反射点匹配颜色。

地面三维激光扫描仪相当于一个高速转动并以面状获取目标体大数据量的超站仪系统。其核心原理是激光测距和激光束电子测角系统的自动化集成，类似于免棱镜全站仪，

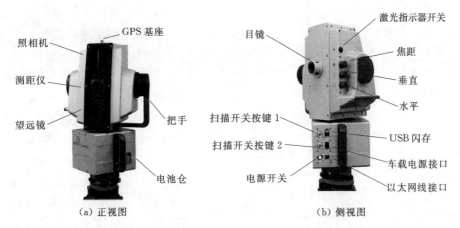

图 3.2-13　三维激光扫描仪Ⅰ-Site 8810 仪器构成图

但其将点测量模式转化为面测量模式。地面三维激光扫描仪按激光测距原理划分主要有脉冲式、干涉式和相位式测距 3 种。相位差法或干涉法测距主要用于微观领域及短距离的作业，而大场景中经常使用脉冲式或相位式地面三维激光扫描仪。

地面三维激光扫描仪经过近几年的发展，其品牌众多，性能各异。对于扫描设备的性能评价可从以下几点指标进行考虑：单点精度与模型化精度、平面分辨率、深度分辨率、测距精度与定位精度、测距范围、扫描视场与角度、激光频率、激光光斑大小、采样点间距、横向光刀与纵向光刀。

按照激光扫描仪的扫描距离，可将三维激光扫描仪大体分为近距（≤2m）、中近距（1～25m）、中远距（40～1000m）和远距（≥1000m）四类。目前，市场上主流的地面三维激光扫描仪厂家有：FARO、Z+F、Leica、Riegl、Trimble、Surphaser、Optech、Ⅰ-Site 等，典型地面三维激光扫描仪性能参数见表 3.2-10。

表 3.2-10　　　　　　　　　　典型地面三维激光扫描仪性能参数

厂家	Leica	Riegl	Optech	Trimble	FARO	Ⅰ-Site
型号	ScanStation C10	VZ-4000	ILRIS-LR	GX 3D	LS880	Ⅰ-Site 8810
扫描类型	脉冲	脉冲	脉冲	脉冲	相位	脉冲
测距精度	±4mm	±15/150m 处	±7/100m 处	±7/100m 处	±3/10m 处	±10/200m 处
点位精度	±6mm			±12/100m 处		
模型精度/mm	±2			±2	±3	
测距范围/m	300	5～4000	3～3000	1～350	0.6～76	2.5～2000
最大扫描速率/(点/s)	50000	222000	10000	5000	120000	8800
视场角（水平×垂直）	360°×270°	360°×60°	40°×40°	360°×60°	360°×320°	360°×80°
测角精度/μrad	±60		±80	±60		
激光级别	Ⅱ	Ⅰ	Ⅲ	Ⅲ	Ⅲ	Ⅰ

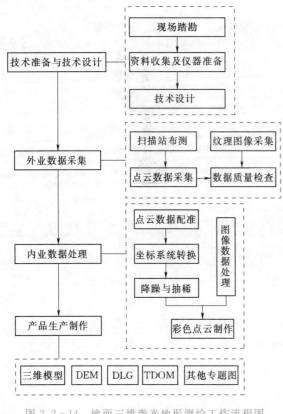

图 3.2-14　地面三维激光地形测绘工作流程图

3. 主要工作流程和方法

地面三维激光扫描总体工作流程包括技术准备与技术设计、外业数据采集、内业数据处理、产品生产制作等几个环节，见图 3.2-15。

（1）技术准备与技术设计。三维数据现场采集工作首先需要对现场进行踏勘，了解作业区域的自然地理、人文及交通状况，确定扫描工作范围和测区情况，特别是周围环境如植被、建筑物、地形等特征，根据测区情况选择控制网和扫描站的布设方式等。根据项目的规模和工期要求，选择符合要求的地面三维激光扫描仪。

（2）外业数据采集。地面三维激光扫描外业数据主要是获取点云数据和影像数据，通过设置采样分辨率、扫描距离、扫描水平角、垂直角以及环境参数进行目标体表面数据采集，同时利用仪器内置或外置的相机获取目标体的影像信息数据。

根据扫描区空间位置及范围，综合考虑树木、建筑物等对目标区的遮挡等环境条件，选定扫描测站点；确定扫描测站后，根据机位设置坐标控制标靶，同时还需设置拼接特征点标靶；设置扫描参数，主要包括内置相机参数、扫描范围、扫描平均距离、采样点间距、标靶识别等内容；对于大地坐标控制标靶需用全站仪或 GPS 设备进行坐标测量；移站扫描重复上面步骤，直至整个扫描工作完成，如需进行外置相机彩色信息耦合，还需对扫描目标进行彩色信息采集。

1）点云数据采集的扫描测站选取。三维激光扫描数据的现场获取时一个重要步骤就是扫描测站的选取，合理的机位点选取不但可以提高效率、节省时间，减少遮挡、空位和盲区，减少数据拼接，减少数据的累积误差等，而且可以提高扫描数据质量，改善点云数据拼接精度。现场三维数据的获取方式与研究对象的复杂程度、要表现的精细程度、扫描设备的特性等都有很大关系，不同品牌的扫描设备现场数据采集机位点的选择不尽相同。在选择扫描站点的时候应需注意以下几方面问题：数据的可拼接性、点云数据的匹配性、激光入射角的影响、扫描测站的稳定性、重叠部位的选择、点云数据重叠精度等。

2）彩色信息与灰度值获取。三维激光扫描技术在获取三维点坐标的同时，也根据反射激光的强弱获取了扫描目标体的灰度信息值，其灰度值与扫描目标体属性及激光本身特性相关，而彩色信息主要是通过数码相机获取彩色影像，将目标物体的彩色影像与点云数据进行纹理映射匹配，就是将二维相片的像素点与三维点数据进行匹配，匹配后的点云数据就具备了彩色信息。

（3）内业数据处理。对现场获取的三维点云数据的处理，主要包括点云数据预处理、点云数据处理、多站点扫描数据的拼接匹配、坐标转换、外置数码相机贴图以及三角面片模型化等处理，经过以上步骤的数据处理便可以对有用的信息进行识别、提取工作，获得所需的点云数据。

1）点云数据预处理。点云数据预处理应主要包括点云去噪、点云拼接、坐标转换等工作。不同的仪器预处理内容稍有差异。

由于扫描仪在现场使用中工作环境复杂，尤其在施工现场工作时，施工机械的运动、人员走动、树木、建筑物遮挡、施工浮尘及扫描目标本身反射特性的不均匀等影响，将会造成扫描获取的点云数据的不稳定点和噪声点，在后期处理中对这些点云数据要进行剔除，这个过程称为点云的去噪，点云的去噪是数据预处理的一个重要过程，对数据结果有重要影响。

所获得的不同视角扫描点云数据都是以扫描仪位置为参考点的独立坐标系统，各站扫描点云数据坐标互不关联，因此必须对所获取的扫描点云数据进行拼接及坐标转换，将扫描数据坐标统一到大地坐标系中，常见的配准方法有：四元数配准算法、七参数配准算法、迭代最近点算法等。

2）点云数据处理。地面三维激光扫描数据处理应主要包括彩色纹理映射、点云数据分类、点云数据精简（抽稀）以及地形要素提取等工作。

a. 彩色纹理映射。纹理映射主要实现点云数据和影像数据的匹配融合。采用数码相机采集图片，光线应尽可能地均匀；扫描完毕以后进行影像的拼接及合并工作，在立体模型生成以后，将 3D 的立体模型相应的分成几个部分来将 2D 的图片映射到 3D 的模型面上，使 3D 模型上显示物体彩色的二维纹理信息及细节特征。

b. 点云数据分类。点云数据分类是将所有类似于同类物体的点同层归类，不同类物体用不同的颜色显示，可归为地面点层、植被层、建筑物层等。分类处理分为自动分类和手工分类两种。自动分类出最低点、低于地表点、地表点等。其中地表点分类以通过反复建立地表三角网模型的方式分离出来。如建立模型可按实际地形设置植被高度范围、地表坡度、构建平面的夹角等信息，对区域信息输入越准其分离越准确，越有利于地形图等高线的提取精度。

c. 点云数据抽稀。点云数据抽稀的目的是用一定密度的数据真实地还原扫描的地形地貌，用最少的点表示最多的信息，并在此基础上追求更快的速度。

（4）产品生产制作。

1）数字高程模型（DEM）。基于高密度激光点云制作 DEM，效果取决于点云的滤波和分类，提取正确的地形点。主要提取制作过程如下：对点云数据进行三角化（TIN）或规则矩形格网（GRID）处理得到网格模型，提取地形特征点、线，对水域、道路等特殊区域进行高程改正，生成 DEM 模型并裁切输出。

2）真数字正射影像图（TDOM）。真数字正射影像图是将中心投影方式获取的目标物数字影像，转换成以垂直投影方式将目标物投影到指定投影面的目标物数字影像。

TDOM 制作采用模型投影或点云投影进行影像纠正；彩色点云或纹理映射的点云数据及影像的完整及对应，图像重叠区域应无明显色彩差异。

3）数字线划图（DLG）。数字线划图可以通过数字高程模型（DEM）的自动完成绘制编辑，叠加地物、地貌后形成完整的地形图；也可以将精简后的点云数据导入其他成图软件（如 CitoMap、南方 CASS、MapGIS、ArcMap、AutoCAD）中进行后处理，制作地形图。

4）三维模型制作。三维模型制作包括点云分割、模型制作、纹理映射等。三维模型分为规则模型和不规则模型。规则模型制作可利用点云数据或已测的平面图、立面图等图形进行交互式建模，对于规则几何体，也可以根据点云数据进行拟合建模。不规则模型制作通过点云构建三角网模型，采用孔填充、边修补、简化、细化、光滑处理等方法优化三角网模型，表面为光滑曲面的，可采用曲面拟合等方法。

为了还原目标物三维模型的真实效果，完成三维模型的体型编辑后，需要对模型进行纹理映射。纹理映射采用在模型和图像上选定同名点对的方式进行，同名点对选择要求位置明显、特征突出、分布均匀。纹理映射后，图像与模型不能有明显的偏差。

5）平面图、立面图、剖面图制作。平面图、立面图、剖面图利用点云、三维模型或TDOM 进行制作，包括数据投影、矢量数据采集、图形编辑、图形整饰等工作内容。其中采用的 TDOM 比例尺不能小于成果的比例尺。

3.2.7 其他数字地形测绘技术

1. 合成孔径雷达技术

合成孔径雷达（Synthetic Aperture Radar，SAR）是一种全天候、全天时的现代高分辨率微波成像雷达。它是 20 世纪高新科技的产物，是利用合成孔径原理、脉冲压缩技术和信号处理方法，以真实的小孔径天线获得距离向和方位向双向高分辨率遥感成像的雷达系统，在成像雷达中占有绝对重要的地位。

近年来由于超大规模数字集成电路的发展、高速数字芯片的出现以及先进的数字信号处理算法的发展，使 SAR 具备全天候、全天时工作和实时处理信号的能力。它在不同频段、不同极化下可得到目标的高分辨率雷达图像，为人们提供非常有用的目标信息，已经被广泛应用于军事、经济和科技等众多领域，有着广泛的应用前景和发展潜力。

SAR 的主要特点如下。

（1）二维高分辨力。由于 SAR 技术是通过同一地区两次成像的相位差来解算三维地形信息，具有较高的测量精度；可以大面积、低成本、高效率地对地表进行监测。

（2）分辨力与波长、载体的飞行高度、雷达的作用距离无关。

（3）强透射性。不受气候、昼夜等因素影响，具有全天候成像优点；如果选择合适的雷达波长，还能够透过一定的遮蔽物，可以完成困难地区的地形测绘任务，尤其适合传统光学手段或者人工无法测量的地区。

（4）包括多种散射信息。不同的目标，往往具有不同的介电常数、表面粗糙度等物理和化学特性，它们对微波的不同频率、透射角、及极化方式将呈现不同的散射特性和不同的穿透力,这一性质为目标分类及识别提供了极为有效的新途径。

(5)多功能多用途。例如采用并行轨道或者一定基线长度的双天线,可以获得包括地面高度信息在内的三维高分辨图像。它提供了丰富的影像信息,使该技术能在许多领域展应用。

(6)多极化,多波段,多工作模式和高分辨率的特点。

(7)实现合成孔径原理,需要复杂的信号处理过程和设备。

(8)与一般相干成像类似,SAR 图像具有相干斑效应,影响图像质量,需要用多视平滑技术减轻其有害影响。

由于 SAR 系统本身属性和 InSAR 技术独特的测量模型,使得该技术得到了越来越多的推广。InSAR 数据处理的基本流程见图 3.2-16。
主要包括:

(1)数据导入阶段:各种格式的数据、精密轨道数据的导入、轨道粗定位和前置滤波等。

(2)干涉处理阶段:主从影像的精配置、生成干涉图和相干图、后置滤波和相位解缠等。

(3)相位到高程的阶段:相位到高程的转换,地理编码和 DEM 生成。

在数据处理过程中,影像配准、干涉成像、相位解缠、高程解算和地理编码为关键步骤。

(1)影像配准。影像配准是 InSAR 处理最为关键的第一步。即建立两景 SAR 影像的对应关系,通

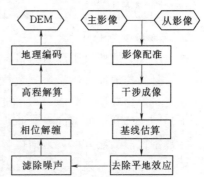

图 3.2-16　InSAR 数据处理
基本流程图

过运算使得两景影像上的对应像元为地面上的同一目标点。与光学数据不同,InSAR 处理中为复数影像配准,可以充分利用 SAR 影像的幅度和相位信息。配准精度越高,获得的干涉相位越准确。

(2)干涉成像。干涉成像包括了干涉图和相干图的生成。即主从影像经过精配准和重采样后复共轭相乘,对相位求差得到复干涉图,并计算相干图。干涉图包含着 SAR 干涉对的幅度和相位信息,通常我们用彩色的环来表示相位差。

(3)相位解缠。相位解缠是 InSAR 技术研究中的热点和难点之一,许多学者提出了不同的方法,比较有代表性的方法有枝切法、质量图法、最小范数法和统计费用网络流法等。这一步骤主要用于恢复干涉图中缠绕的相位,使任意两点之间的相位差为真实的相位差。可以说,高效、可靠、准确的解缠算法是 InSAR 技术处理的关键。

(4)高程解算。高程解算即相位到高程的计算,该步骤将解缠后的相位转换到地形高程。在高程解算的过程中,需要去除系统的偏移和误差,通过迭代的方式逐步求解来保证高程值的精确。

(5)地理编码。这一步骤是将高程数据从 SAR 坐标系采样到通用的参考坐标系,如 UTM 等。由于 SAR 是侧视成像,其特殊的成像机理容易造成几何畸变,因此需要通过有效的算法将其采样到规则的系统中。

目前最常用的 SAR 数据是由欧空局的 ERS-1、ERS-2 卫星、日本的 JERS 卫星、

加拿大的 Radarsat 卫星和欧空局的 ENVISAT 卫星所产生的。各类星载 SAR 和机载 SAR 系统的相对测高精度不同，其对比见表 3.2-11。

表 3.2-11　　　　　　　　　几种星载干涉系统的相对测高精度对比表

系统名称	相对测高精度/m	系统名称	相对测高精度/m
SeaSat 海洋卫星（L 波段）	20～50	ENVISAT 系统（C 波段）	10～40
ERS-1 和 ERS-2 星对（C 波段）	11～14	ALOS 卫星（L 波段）	10～20
JERS-1 卫星（L 波段）	10～25	Radarsat-1 和 Radarsat-2 星对（C 波段）	2～20
Radarsat-1 卫星（C 波段）	15～50	TanDEM-X 干涉系统（X 波段）	2～4

2. 地面摄影测量技术

这里所说的地面摄影测量是指基于地面的遥感塔、遥感车、地面三脚架等平台，以地形测绘为目的的地面立体摄影测量技术。该技术方法与近景摄影测量类似，通过摄影的手段来确定目标物外形及状态。只不过近景摄影测量主要指用于除地形测量以外的工业、建筑、生物医学等其他领域的摄影测量。

在数字地形测绘方面，地面摄影测量技术具有以下优越性。

（1）影像数据采集时不需知道摄站坐标及基线长度，在很大程度上节省了外业工作时间，极大地提高了工作效率。同时数码相机拍摄的影像为所见即所得，如发现影像质量有问题，在现场可调整重拍。

（2）通过对数码相机镜头的畸变差检校和改正，有效地减小了影像变形对量测精度的影响。

（3）产品多样化、信息化是它的重要特点，能生产出地形图、正射影像图、数字高程模型等。所生成的成果都是数字信息化产品，便于复制、更新、存档、资源共享和综合利用。

在水电工程建设方面，采用全数字地面摄影测量系统进行工程开挖边坡测量、物料堆积体测量、高山峡谷等困难地区的地形测量，能解决此类地区人工测图的安全问题，具有劳动强度低、成果质量良好的特点，是水电工程测绘行业成图手段的有力补充。

3. 遥感图像解译技术

所谓遥感图像解译就是对遥感图像上的各种特征进行综合分析、比较、推理和判断，最后提取出各种地物信息的过程。主要工作过程是通过亮度值或像素值的高低差异及空间变化而对不同地物进行分类提取，如不同类型植被、土壤、水体、道路的分类提取等。

遥感图像解译的方式包括人工目视解译、人机交互解译和计算机软件自动解译。

基于人工目视分析和解译的方法大多通过人工（专家）对遥感图像中特定标志的判读完成地物信息的提取。它的特点在于简单方便，其准确度取决于专家的经验或现场调查工作的深度。

基于计算机软件的遥感影像自动解译，它在计算机系统环境下，利用先进的影像识别技术，根据影像上地物类别的光谱信息、颜色、形状、纹理与空间位置关系等特征，结合相关的地物类别的判读知识和成像规律等知识进行运用，实现计算机智能的对图像分析，完成对遥感影像的计算机自动分割和分类。

遥感影像的人机交互式解译是建立在前面两种遥感图像解译方法的基础上来完成的。首先完成对遥感影像的自动解译，然后再通过人工目视解译的方法对计算机解译结果中达不到用户要求的地方进行修改再编辑，完成人机交互式提取地物分类信息的过程。

以上三种方法各具特点，但随着遥感技术的发展，影像空间、时间分辨率的提高，有计算机解译软件参与的自动分类是当下遥感图像分类的主流方式。

遥感图像计算机自动分类的方法传统的主要为监督分类和非监督分类。监督分类要求对所要分类的地区必须要有先验的类别知识，即先要从所研究地区中选择出所有要区分的各类地物的训练区，用于建立判别函数。常用的监督分类方法有 K 近邻法、马氏距离分类法、最大似然法等方法。非监督分类方法通常为聚类法，分类结果通常不理想。近年来，分类方法逐渐向机器学习的方向发展，基于人脑学习的思想提出了一种深度神经网络的机器学习方法。深度神经网络（Deep Neural Network，DNN）也称深度学习（Deep Learning），已成为一种从海量图像数据中直接学习图像特征表达的强大框架。从计算机视觉的角度提取遥感图像信息，能够极大地提高含有大量未知信息的遥感图像分类的精度。目前，深度学习正成为遥感图像分类研究中的热点。

遥感图像解译技术在水电工程中有多方面的应用，举例如下。

（1）利用遥感影像，提取工程区的土地利用现状地类，用于更新地形图地类要素，制作土地利用现状图和指导实物指标调查等工作。

（2）对库区不同时间分辨率的遥感影像进行数据整理和处理，通过样方调查和遥感解译的技术手段，分析库区的土地利用类型和植被覆盖率变化的情况。

（3）利用彩红外航片为主的遥感资料，通过室内解译与野外实地验证相结合的技术路线，进行区域地质断层、滑坡灾害等信息的调查与分析。

（4）利用解译的知识从遥感影像上获取水库逐月水面监测图和监测数据，分析水库水面变化情况，揭示水库水面动态变化成因、变化关系和遵循规律，为水库动态管理提供科学、客观的依据。

影像信息是未来空间信息的主要载体，空间遥感图像是未来测图的主要数据源。在遥感与地学分析领域，随着高空间、高光谱、高时间分辨率的遥感影像数据性能的大大增强，遥感影像处理、分析与解译正在向着精确化、网格化、自动化和智能化方向发展。可以说，遥感影像的自动化、智能化解译，是遥感科学继遥感平台、遥感器之后的又一个学科制高点。自动化、智能化解译技术的突破，对整个遥感学科乃至地球空间信息技术都将产生重大影响。

3.2.8　遥感数据处理软件

1. 光学遥感图像数据处理软件

（1）像素工厂（Pixel Factory）。像素工厂（Pixel Factory，PF）由法国地球信息（INFOTERRA）公司研制开发，是一套遥感图像数字处理的工业化制图系统，是基于对地观测数据的快速生产测绘产品的企业级生产系统。它由一系列算法、工作流程和硬件设备复合优化组成，采用先进高性能并行计算、海量存储与网络通信等技术，具有高度自动化和海量数据的处理能力。计算能力强大，可以自动处理大数据量、多种传感器的原始观测数据，生产高级的、品质优越的 3D 制图产品（数字地表模型，真正射影像以及大范围正射影像图）。同时，可无缝对接用户现有测绘生产系统，优化和产业化用户当前的环境和资源，大幅提升用户在测绘产品生产中的快速反应能力。

像素工厂的主要特点如下。

1）软硬件完美结合的系统架构。像素工厂是一套集软硬件完美结合、快速生产的解决方案。采用高性能计算集群和存储区域网络架构。高性能计算集群致力于提供单个计算机所不能提供的强大的计算能力，并担保负载均衡技术，保证服务器稳定运转。

2）能够全面支持当前主流的各种航空航天传感器。像素工厂能够兼容当前市场上的主流航空航天传感器，既可以处理航空数码影像（如 ADS80、UCD、DMC 等系列传感器）、光学或雷达卫星影像（如 SPORT6、WV-1～3、LANDSAT 等卫星），也可以处理传统胶片影像（如 RC30 相机等）。像素工厂支持使用严密的物理数学模型，计算出精准的结果，也可以对推扫式传感器进行内部检校。

3）强大的并行计算能力、自动化处理能力和存储能力。像素工厂采用并行计算技术，大大提高了系统的处理能力，不仅提供多任务功能，管理并行的工作流，而且对处理数据量无限制。像素工厂允许多个不同类型的项目同时运行，根据计划自动分派、处理各项任务，自动将大型任务划分为若干子任务。充分利用各项资源，最大限度地提高生产效率，缩短了项目周期；像素工厂使用磁盘阵列实现海量的在线存储技术，并周期性地对数据进行备份，最大可能地避免意外情况造成的数据丢失，确保了数据的安全。

4）对传统算法的改进和 200 多种先进的算法。像素工厂具有先进成熟的影像处理算法和多年的技术积累，代表了当前遥感影像处理技术的最新发展方向。200 多种先进的算法包括传感器校正、原始图像增强（大气校正、电离校正）、快速多传感器空中三角测量、快速自动生成和滤除连接点、自动提取密集 DSM、真正射校正和传统几何校正、由 DTM 自动生成等高线、自动生成镶嵌影像（正射影像、高程影像和第二代镶嵌）、图像增强（局部匀光，对比度，平衡补偿）等。

5）开放式的体系结构。像素工厂是基于标准 J2EE 应用服务开发的系统，具有本地开放式的体系结构，使用 XML 实现不同结点之间的交流和对话，可在 XML 中嵌入数据、任务以及工作流等，支持跨平台管理，兼容 Linux、Unix、True64 和 Windows 等操作系统。

6）周密而系统的项目管理机制和内嵌生产工作流机制。像素工厂系统内嵌了一套高端的任务管理器，具有周密而系统的项目管理机制，能够及时查看工程进度，项目完成情况，并能根据生成的信息适时做出调整。

（2）PCI Geomatica。PCI Geomatica 软件是加拿大 PCI 公司开发的用于图像处理、几何制图、GIS、雷达数据分析，以及资源管理和环境监测的多功能软件系统，以其丰富的软件模块、支持所有的数据格式，适用于各种硬件平台。灵活的编程能力和便利的数据可操作性代表了图像处理系统的发展趋势和技术先导。

目前，PCI 分为桌面版 PCI Geomatica 和分布式处理系统地理成像加速器版 PCI GXL。PCI Geomatica 将 4 个主要产品系列 [PCI EASI/PACE、（PCI SPANS、PAM-APS）、ACE、ORTHOENGINE] 集成到同一界面，使用同一规则、同一代码库、同一开发环境。新产品在每一深度层次上，尽可能多地满足用户对遥感影像处理、摄影测量、GIS 空间分析、专业制图功能的需要，而且使用用户可以方便地在同一个应用界面下，完成所有工作。

PCI Geomatica 主要特点如下。

1) PCI Geomatica 软件取得了常见商用卫星的飞行轨道及传感器参数，因此支持严格的卫星轨道模型，能获得高精度的正射校正结果。

2) 支持超过 100 种不同的栅格、矢量数据格式，可对其直接读写；与 Oracle 数据库连接，对矢量和栅格进行读写操作；添加了强大的空间分析功能，将遥感、GIS、制图集成在同一界面下。

3) Pansharping 独具特色的融合方式，能最大限度地保留多光谱影像的颜色信息和全色影像的空间信息，融合后的图像更加接近实际；在专业级主模块中集成了先进的大气/云雾校正算法、专门的 AVHRR 处理等工具。

4) 高效生产工具，提供一系列自动或批处理的操作选项，包括自动镶嵌、控制点、同名点的自动匹配等，同时提供控制点库的控制点选取方式。

5) 独具特色的雷达图像处理功能，支持雷达原始信号数据的处理，实现了只有地面站才能实现的全部功能。

6) 提供强大的算法库，包括了数百种栅格和矢量图像的处理算法；提供 5 种不同的二次开发方式，可调用算法库中的所有算法，赋予专业人员开发复杂处理流程的能力，直观的可视化脚本环境能更好地满足用户需求。

地理成像加速器（Geoimaging Accelerator，GXL）是 PCI 公司面向海量影像自动化生产提出的新一代软件产品，主要用于航空影像和卫星影像数据的自动化生产。GXL 系统是分布式的处理系统，可以通过 GXL 管理工作站执行处理任务、监控和中止处理任务；可以和用户的数据存储系统结合搭建形成数据存储、数据处理和分发为一体的完整系统。GXL 数据处理技术的改进、多线程处理的分布和处理器的优化，将大量图像处理工作在 GXL 内部进行负载有效分配，使得系统性能得到大幅提升。

GXL 处理服务器包括日常工作响应的常规服务器和在紧急情况下启动的备份服务器两部分。系统中大数据量的自动化处理在 GXL 服务器中完成，数据的质量检查、精度显示、DEM 编辑在 Geomatica 工作站上实现。它利用 GPU 实现快速图形运算，支持多任务并行计算，支持分布式处理，全自动化处理过程，不需人工干预。GXL 提供方便灵活的界面显示处理效果和检查结果，可根据用户需求任意定制。硬件选择多样，可采用普通台式电脑或机柜形式。

（3）ERDAS IMAGINE。ERDAS IMAGINE 是美国 ERDAS 公司开发的面向企业级的遥感图像处理系统。其先进的图像处理技术，友好、灵活的用户界面和操作方式，为遥感及相关应用领域的用户提供了内容丰富、功能强大的图像处理工具。

ERDAS IMAGINE 主要应用方向侧重于遥感图像处理，针对遥感影像处理需求，提供了一个全面的解决方案。将遥感、遥感应用、图像处理、摄影测量、雷达数据处理、地理信息系统和三维可视化等技术结合在一个系统中，无需做任何格式和系统的转换就可以建立和实现整个地学相关工程，简化了操作，实现了工作流化的生产线。

ERDAS IMAGINE 提供大量的工具，支持各种遥感数据源，包括航空、航天，全色、多光谱、高光谱，雷达、激光雷达等影像的处理。为用户提供计算速度更快、精度更高、数据处理量更大、面向工程化的新一代遥感图像处理方案。

ERDAS IMAGINE 面向不同需求的用户，对于系统的扩展功能采用开放的体系结构，以 IMAGINE Essentials、IMAGINE Advantage、IMAGINE Professional 的形式为用户提供了基本、高级、专业三档产品架构，并提供丰富的功能扩展模块供用户选择，使产品模块组合具有极大的灵活性，在最大程度上满足用户的需求。

IMAGINE Professional 在高级的精确制图和图像处理能力基础上，还增加了光谱分析、专家分类器、多光谱分类、子象元分类、帧采样工具、模型生成器、无限制的 ECW/JPEG2000 压缩能力、雷达解译模型等功能。其中 IMAGINE 的专家分类器是用来构建（和执行）图像分类、分类后处理和高级 GIS 建模的专家系统工具。

（4）ENVI。ENVI（The Environment for Visualizing Images）遥感图像处理平台是美国 Exelis Visual Information Solutions 公司的旗舰产品。它是由遥感领域的科学家采用交互式数据语言 IDL（Interactive Data Language）开发的一套功能强大的遥感图像处理软件。它能快速、便捷、准确地从影像中提取信息，广泛应用于科研、环境保护、气象、石油矿产勘探、农业、林业、医学、国防和安全、地球科学、公用设施管理、遥感工程、水利、海洋、测绘勘察和城市与区域规划等领域。

ENVI 是一个完整的遥感图像处理平台，软件处理技术覆盖了图像数据的输入/输出、图像定标、图像增强、纠正、正射校正、镶嵌、数据融合以及各种变换、信息提取、图像分类、基于知识的决策树分类、与 GIS 的整合、DEM 及地形信息提取、雷达数据处理、三维立体显示分析。

ENVI 具有以下几个优势。

1）先进、可靠的影像分析工具。具有全套影像信息智能化提取工具，全面提升影像的价值。

2）专业的光谱分析。高光谱分析功能一直处于世界领先地位。

3）随心所欲扩展新功能。底层的 IDL 语言可以帮助用户轻松地添加、扩展 ENVI 的功能，甚至开发定制自己的专业遥感平台。

4）流程化图像处理工具。ENVI 将众多主流的图像处理过程集成到流程化（Workflow）图像处理工具中，进一步提高了图像处理的效率。

5）与 ArcGIS 的整合。与 ESRI 公司合作，为遥感和 GIS 的一体化集成提供了一个最佳的解决方案。

（5）数字摄影测量网格（Digital Photogrammetry Grid，DPGrid）软件。DPGrid 是由中国工程院院士、武汉大学教授张祖勋提出并研制成功的数字摄影测量网格系统。

DPGrid 具有 4 大创新点：①首次提出并实现了观测值独立与连续光滑约束对立统一的影像匹配系统；②实现了基于网络与集群计算机进行数字摄影测量的并行处理，极大地提高了数字摄影测量作业的效率；③将自动化处理与人机协同处理完全分开，合理组织，首次提出并建立了人机协同的网络全无缝测图系统；④提出并实现了超宽景卫星条带影像测绘方案，解决了航空数码影像增大工作量与测绘精度降低的难题。

DPGrid 新一代航空航天数字摄影测量处理平台，填补了我国数字摄影测量数据处理技术的空白，标志着我国数字摄影测量技术整体上达到国际先进水平。

（6）PixelGrid。高分辨率遥感影像数据一体化测图系统 PixelGrid 是由中国测绘科学研究院自主研发的"十一五"重大科技成果。该软件是我国西部 1∶50000 地形图空白区测图工程以及第二次全国土地调查工程影像处理的主力软件，被誉为国产的"像素工厂"。

PixelGrid 以其先进的摄影测量算法、集群分布式并行处理技术、强大的自动化业务化处理能力、高效可靠的作业调度管理方法、友好灵活的用户界面和操作方式，全面实现了对卫星影像数据、航空影像数据以及低空无人机影像数据的快速自动处理，可以完成遥感影像从空中三角测量到各种比例尺的 DEM/DSM、DOM 等测绘产品的生产任务。

目前，PixelGrid 系统分为三大数据处理模块：高分辨率卫星影像数据处理模块（PixelGrid - SAT）、航空影像数据处理模块（PixelGrid - AEO）以及无人机数据处理模块（PixelGrid - UAV）。在三大数据处理模块中，均包括正射影像快速更新、高分辨率遥感影像自动配准及融合模块（PixelGrid - G3D）与集群分布式并行遥感影像数据处理模块（PixelGrid - PDP）。

2. 激光点云数据处理软件

TerraSolid 是芬兰 TerraSolid 公司开发的 LiDAR 数据后处理软件，是第一套商业化的 LiDAR 数据处理软件。它基于 Microstation 开发，运行于 Micorstation 系统之上，包括 TerraMatch、TerraScan、TerraModeler、TerraPhoto、TerraSurvey、TerraPhoto Viewer、TerraScan Viewer、TerraPipeNet、TerraPipe、TerraSlave 等功能模块。各主要模块功能简述如下。

（1）TerraMatch 软件模块。TerraMatch 是用于自动匹配不同航带，调整激光点数据的系统定向差，测定激光扫描条带间或者激光扫描点和已知点间的差别，并进行激光点数据改正的软件。TerraMatch 也能当作激光扫描仪校正工具或数据质量改正工具。

（2）TerraScan 软件模块。TerraScan 是用来处理 LiDAR 点云数据的软件。包括三维方式浏览点数据、激光点分类、点编辑、数字化地物、生成断面图、点类文件输入输出等功能。

（3）TerraModeler 软件模块。TerraSolid 是地表模型提取模块，可以建立地表或建筑物的三角面模型，模型的产生可以基于测量数据，或者图形元素和 XYZ 文本文件。TerraModeler 可以在同一个文件中处理无数量限制的不同表面，并且可以交互编辑。

（4）TerraPhoto 软件模块。TerraPhoto 是利用地面激光点云作为映射面对航空影像进行正射纠正，产生正射影像的软件，专门用在 LiDAR 系统飞行时对产生的影像做正射纠正。整个纠正过程可以在测区中没有任何控制点的条件下执行。

（5）TerraSurvey 软件模块。TerraSurvey 是利用来自全站仪和 GPS 测量的数据创建

3D 数字测图的软件模块。通过测量数据测图和建模，可以使用已有的格式或创建自己的格式，交互地测定误差和纠正地图。

（6）TerraPhoto Viewer 软件模块。TerraPhoto Viewer 模块是基于 MicroStation 环境，用于 TIN 等大面积地形数据上三维浏览高分辨率正射影像的模块。

（7）TerraScan Viewer 软件模块。TerraScan Viewer 是用于激光点云分类数据的可视化软件。利用它能同时快速而简单地在上百万的分类激光点、TINs 和高分辨率正射影像上进行工作。

（8）TerraPipeNet 软件模块。TerraPipeNet 是 TerraSolid 公司开发的专门用于污水管道的管理系统。

（9）TerraPipe 软件模块。TerraPipe 是一个强大的，用于设计净水输送和污水排放管道线路的应用程序。

（10）TerraSlave 软件模块。用户通过 TerraSlave 能在局域网中分布式处理任务。通过完整版的 TerraScan、TerraPhoto 或 TerraMatch，可将数据分成块，然后将这些数据分发到局域网中，用 TerraSlave 来完成处理任务。

除了 TerraSolid 系列软件之外，还有众多其他软件公司开发的专业 LiDAR 数据处理软件，国外的如 Lastools、OPALS、ENVI LiDAR、LizarTech、FUSION、Global Mapper LiDAR Module、RiALITY、LP360、FME、LiDAR in ArcGIS 等，以及国内的 LASEdit 等软件工具。

3.3 遥感地形测绘技术应用案例

3.3.1 数字航空遥感技术的应用

（1）项目简介。伊洛瓦底江上游流域规划有 7 座梯级水电站，其中伊洛瓦底江上游主河道长约 560km，规划有 6 级水电站，支流迈立开江长约 200km，规划有 1 座水电站。为顺利开展各梯级水电站相关阶段的设计工作，需进行工程枢纽和水库区的地形图等相关测绘工作。测区属亚热带和热带雨林气候，森林茂密，交通条件极其困难，通视条件极差。

根据项目技术实施方案，采用 Vexcel Imaging 公司的 Ultracam - X（UCX）大相幅专业数码航空摄影及 DGPS 辅助空中三角测量技术进行 1∶2000 数字地形图测绘。

（2）应用数据情况。LASA 水电站位于迈立开江上，测区采用 UCX 数码航空影像数据进行 1∶2000 地形图航测成图，涉及航摄面积约 6285km²，共 23315 张影像。

数据类型为 UCX 数码航空影像，地面分辨率为 0.2m，像幅 10cm×7cm，采用 DGPS 辅助空中三角测量的航摄技术（DGPS 地面站方式）进行航空摄影。

航摄原始影像数据包括 RGB 波段单波段、RGB 影像、0 层数据及 1 级数据，数据格式为 tif。相关文档数据有：航空摄影系统鉴定资料、GPS 辅助空中三角测量计算外方位元素相关资料、航空摄影技术设计书及航空影像质量报告等。

（3）航空摄影。航摄相机及航飞设计参数见表 3.3 - 1。

表 3.3－1　　　　　　　　　　　航摄相机及航飞设计参数表

相机名称	Vexcel UltraCam－X	影像跨度/m	2886×1884
焦距/mm	100	航向及旁向重叠度	60%/30%(±5%)
像幅/Pixels	14430×9420	航带间距	2020
像素大小/μm	7.2	测区平均高程/m	754
地面分辨率/m	0.20	绝对航高/m	2778

摄区主要以山地为主，结合测区地形、规范要求等因素进行航摄分区设计，共分为 5 个分区。采用 DGPS 辅助航空摄影技术，配置高精度动态测量型 GPS 接收机，整个航摄区域共布设 4 个 GPS 地面基站。

（4）外业测量。

1）像控点测量。因航空摄影采用了高精度的 DGPS 辅助航空摄影方式，地面基站为当地坐标控制点，整个测区只需要布设少量像控点用于校核和检查空三结果。本项目共布设像控点 20 点，点位基本均匀分布，工程重要区域分布有点位。

像控点测量采用 GPS－RTK 方式进行。最终测量结果经检查精度均控制在 5cm 以内，满足空三加密及制作 DOM 使用的要求。像控点的刺点及整饰按预设的电子版样式编辑整理提交。

2）影像外业调绘。利用航拍影像快速拼接 DOM 底图，打印成图供现场调绘。

（5）数据处理（空三加密）。空中三角测量使用德国 GIP 公司的 BINGO ATM 数字摄影测量软件包，采用 GPS 辅助空中三角测量方式进行空三加密数据处理，经平差计算，控制点平面位置最大残差为－0.398m，限差±0.4m；控制点高程最大残差为 0.56m，限差±0.6m。测区地形为高山地类型，相关指标小于规范要求的最大限差要求。

（6）产品生产。利用 UCX 影像空三成果数据进行了枢纽和水库区域的正射影像图制作和 1∶2000 线划图测绘。正射影像图制作使用美国 ERDAS 公司的 LPS 数字摄影测量软件，导入空三成果数据，恢复影像空间位置，进行 DSM 提取编辑、立体影像正射纠正、镶嵌、匀色等处理工序，最终输出分幅 DOM 影像图。1∶2000 线划图测量使用中国航天远景公司的 Mapmatrix 4.1 软件进行全要素的立体影像数字测图，采用 CASS 9.0 图形编辑软件按地形图图式要求进行编辑和整饰。

（7）成果评价。本次采用专业的 Ultracam－X 大像幅数码航摄仪，采集的航摄影像覆盖范围大，分辨率高，航摄成果影像色彩清晰自然，层次丰富，无大面积反光、云影等缺陷，航摄技术指标满足规范要求，航摄仪参数、IMU 姿态及 DGPS 定位数据精度高、稳定，进行空三加密只需极少量控制点。

测区为植被茂密的高山地类型，为检验空三加密结果质量，将项目现场实测地形检查点导入立体模型中进行平面和高程精度检查，模型中的平面位置中误差为±0.31m，高程中误差为±0.55m，等高线与 DEM、DOM 套合后精度良好，见图 3.3－1，满足规范对 1∶2000 地形图高山地平面位置中误差±1.4m，高程中误差为±1.5m 的限差要求。

本次用 Ultracam－X 大像幅数码航摄仪完成的地形图及 DOM 数字测绘产品项目，与

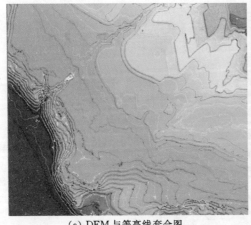

(a) DEM 与等高线套合图   (b) DOM 与等高线套合图

图 3.3-1 局部 DEM、DOM 成果与等高线套合示意图

传统方式比较，所使用的航摄系统设备技术先进，数据采集效率高、性能可靠，内业数据处理严密，成果质量优良，各项精度指标均优于相应规范要求提供的 DEM、DOM 等附加数字测绘产品，不但丰富了产品信息，成图精度也有很大的提高。

这充分证明数码航空遥感地形测绘技术的先进性、可靠性。特别适用于大区域、流域性的水电规划、勘测设计等工作。

3.3.2 低空无人机航空遥感技术的应用

（1）工程简介。南捧河大丫口水电站位于云南省临沧市镇康县南汀河流域的南捧河上，水电站装机容量 3×34MW，碾压混凝土双曲拱坝，水电站总库容 1.7 亿 m^3，水库正常蓄水位为 650m，坝高约 100m。

项目的工作任务为大丫口水库区 1∶2000 地形图测绘和数字正射影像图（DOM）制作。为顺利、有效完成工作任务，采用低空无人机航空遥感技术。

（2）低空无人机影像数据采集。本项目采用 DC150 型固定翼无人机搭载数码相机进行影像数据的采集，要求地面分辨率 0.2m，搭载的非量测数码相机为尼康 D810/D800，焦距为 35mm，像素为 7360×4912 Pixels，像元大小 4.88μm。

飞行前根据地形条件对测区进行航摄分区、相对航高等设计，航线设计输入参数见表3.3-2。

表 3.3-2   航摄分区航线设计输入参数表

参数名称	相机焦距 /mm	像素（行）	像素（列）	像元大小 /μm	最低点高程 /m	最高点高程 /m	基准面高程 /m
参数值	35	4912	7360	4.88	600	900	750
参数名称	绝对航高 /m	最低点 分辨率/m	最高点航向 重叠/%	最高点旁向 重叠/%	拍照间隔 /m	航线间隔 /m	—
参数值	1600	0.14	69	37	150	400	—

项目航摄分区为 1 个摄影分区，航线包含 10 条航带。最终完成航摄面积约为 120km²，像片数据量 490 张。飞行任务完成后，整理形成如下资料：全数字原始影像数据、POS（曝光点数据）数据、航摄像片索引图、航摄相机鉴定参数、航摄成果资料登记表等。

（3）外业测量。外业工作包含影像的像控点测量和影像调绘。像控点的布设采用区域网布点方式，布点原则和选择执行有关规范要求。本项目区域共布设像控点 36 点，采用 GPS RTK 测量的方式进行像控点位测量。像控点布设见图 3.3-2。

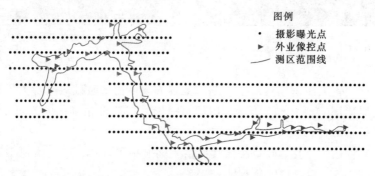

图 3.3-2　像控点布设示意图

影像的调绘方式、调绘原则与数码航空遥感等技术方式相同，不再详述。

（4）数据处理。数据处理进行了数据预处理和空三加密测量工作。在对影像进行空三加密前，采用武汉适普公司的 LensDistortion 对原始影像进行畸变纠正。使用 Trimble 公司的 Inpho5.7 数字摄影测量数据处理软件进行空三加密。

本项目为一个空三加密区域，作业中利用基础控制点参与高程计算，提升空三加密的整体高程精度。平差后，区域网平差中误差为 4.2μm，小于 1 个像素；基本定向点平面位置中误差为 $M_s = \pm 0.049$m，高程中误差 $M_h = \pm 0.112$m，均符合规范要求。

（5）产品生产。项目进行了 1:2000 数字线划图和正射影像图生产。使用 Trimble 公司的 Inpho5.7 数字摄影测量数据处理软件进行空三加密及正射影像图制作。立体采集使用航天远景全数字摄影测量工作站完成。

（6）成果评价。本项目使用固定翼无人机航摄影像影像清晰、反差适中、颜色饱和、色彩鲜明、色调一致。航向、旁向重叠，旋偏角等技术参数均满足规范要求。

本次采用外业测量的检查点对 DOM 和 DIG 进行检查，DOM 平面中误差为 ±0.37m，最大点位误差为 0.85m。DLG 高程中误差为 ±0.41m，最大点位高程误差为 -1.01m，均满足规范要求。等高线与 DEM、DOM 套合后，效果较好（见图 3.3-3）。项目成果证明了利用低空无人机航空遥感技术应用于水电工程测绘的有效性。

3.3.3　倾斜摄影测量技术的应用

（1）工程简介。2014 年 8 月 3 日鲁甸地震发生后，牛栏江上形成了红石岩堰塞湖，严重威胁着下游人民群众的生命财产安全。右岸高边坡局部危石或危岩体多次掉落，该边坡高度约 620m、宽约 1000m，崩塌后缘陡崖上部有很多危岩体，给治理带来了极大的难

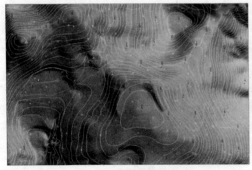

(a) DEM 与等高线套合图

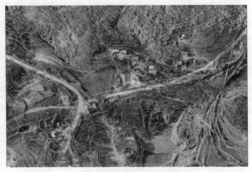

(b) DOM 与等高线套合图

图 3.3-3 项目局部 DLG 成果叠加 DEM 与 DOM 示意图

度，安全隐患巨大，无法采用常规手段获取治理方案所需的基础数据。为了有效开展堰塞湖右岸陡崖崩塌边坡治理工作，确定采用倾斜摄影方式获取精细的三维场景及地形模型，解决边坡治理的基础资料问题。

（2）倾斜影像数据采集。倾斜影像数据由六轴航拍飞行器，搭载索尼 ILCE-7R 倾斜相机拍摄。ILCE-7R 倾斜相机参数见表 3.3-3。

表 3.3-3　　　　　　　　　　　ILCE-7R 倾斜相机参数表

相机	焦距/mm	像素大小/μm	影像尺寸/像素	备注
CAM01	20.4346	4.80	4800×3200	正视
CAM02	20.3479	4.80	4800×3200	左视
CAM03	20.2138	4.80	4800×3200	右视
CAM04	20.3033	4.80	4800×3200	前视
CAM05	20.3587	4.80	4800×3200	后视

测区位于红石岩水电站坝址区，滑坡体地势陡峭，最高点海拔 1731m，最低点海拔 1150m。考虑到地形、设计精度以及飞行安全等因素，采取划分航摄分区、不同飞行高度的方案进行本次倾斜数据的获取工作。航摄共飞行 5 个架次，按相对起飞点 150m、350m、450m、600m 的高度进行作业，航向重叠度、旁向重叠度均设置为 80%，ILCE-7R 以 5 个不同角度对测区进行拍摄，共获取测区范围内彩色航空影像 1070 张，影像地面分辨率为 5cm。

（3）像控点测量。根据测区范围，制作像控点布设图，实地采集像控点 12 个，并拍摄像控点实景图片，制作了像控点刺点片。

（4）实景建模。在获取倾斜摄影影像、POS 数据、相机检校文件等基础资料后，选用 Context Capture 实景建模软件进行三维实景建模处理，主要流程包括自动空中三角测量、基于 GPU 的快速三维场景运算、全自动纹理匹配等过程。在自动建模工作开始前，对原始影像进行了预处理工作，包括畸变差纠正、匀光匀色等。

1）自动空中三角测量。本次数据处理，最终共匹配 706067 个像片连接点，单个连接点连接影像数中值为 4 张，单张影像连接点数量中值为 1524 个，像片连接点重投影中误差为 0.65 像素。

2）基于 GPU 的快速三维场景运算。结合空中三角测量的加密成果，采用图像密集匹配技术，基于 GPU 并行加速，进行快速的三维场景运算，得到基于真实影像的超高密度点云的实景数字表面模型（DSM）数据。危岩体超高密度的 TIN 模型及三维实景模型分别见图 3.3-4（a）和图 3.3-4（b）。

(a) 危岩体 TIN 模型　　　　　　　　(b) 危岩体整体三维模型效果

图 3.3-4　危岩体超高密度的 TIN 模型及三维实景模型示意图

（5）成果评价。应用倾斜摄影测量技术获取的危岩体三维精细模型，为红石岩堰塞湖永久性整治工程高边坡的治理提供了强有力的数据支撑，取得了良好的应用效果。除了常规的建筑物建模外，倾斜摄影测量技术特别适合于高危环境，人工无法接触区域的工程勘测设计。通过高精度模型的建立，把工程各部位以准确、精细、可量测的三维实景模型方式展现在工程设计人员面前，可最大限度地满足设计工作的需要，对水电工程相关的勘测设计工作，具有巨大的应用价值。

3.3.4　高分辨率卫星遥感技术的应用

（1）工程简介。根据 Y 江干流水电规划设计阶段成果，拟对规划梯级水电站开展进一步的设计方案比选工作，需对相关区域开展 1∶5000 大比例尺地形图基础资料测绘，以满足阶段设计对测绘基础资料的需求。

Y 江地处我国西藏地区，是世界海拔最高的河流。Y 江下游河道长 496km，落差2725m，平均比降达 5.5‰，下游段河流海拔高程 155～2880m，区间有海拔高度超过7000m 的两座雪峰遥相对峙，并分布有多条雪山支流，形成高山峡谷地带，山高谷深，河道迂回曲折，水流湍急。工程区域内地形地质条件复杂、无公路到达及连接，对外交通极为不便。对野外勘测造成巨大困难，安全风险高。

鉴于上述自然地理条件恶劣，缺乏基础测绘资料的测区状况，为了降低生产安全风险，多快好省、优质高效地完成工作任务，项目技术实施方案采用 IGS 连续运行跟踪站确定测区控制网的起算数据；采用高分辨率卫星遥感技术进行 1∶5000 大比例尺地形图测绘。

（2）高分辨率卫星影像数据采集。采用编程方式向商业卫星影像服务商订购数据，数据类型为法国的 Pleiades 卫星 0.5m 影像数据，影像数据编程采集信息见表 3.3-4。范围共涉及 3 个条带 10 景影像，影像面积约 3600km²。

表 3.3 - 4 影像数据编程采集信息表

卫星	Pleiades
模式	编程
数据类型	1A 四波段捆绑
数据级别	0.5m 分辨率
数据格式	JPEG2000
选择像元大小/m	0.5m 全色立体＋2m 多光谱
数据级别	1A
数据位深	12/16bit 或 8bit
动态范围调整	关
投影方式	UTM
许可类型	单一许可
采集高度角/(°)	65～90
云量要求	订购区域整体云量不大于 10%，沿江两岸 2000m 范围内不大于 2%

（3）外业测量。根据航测成图技术流程，须进行外业像控点测量和现场调绘及补充测量工作。10 景 Pleiades 影像共布设像控点 28 点，像控点采用 GPS RTK 定位方式测量。影像调绘原则及要求与其他常规摄影测量与遥感测绘方式相同。

（4）数据处理。Pleiades 卫星立体影像数据空三处理使用法国信息地球公司（INFO-TERRA）的 Pixel Factory 软件，空中三角测量采用基于 RPC 参数的有理函数模型进行，空三平差解算结果如下：像控点平面位置最大残差为 0.98m，限差±2.5m；高程最大残差为 1.37m，限差±2.5m。测区地形为高山地类型，相关指标小于规范要求的最大限差要求。

（5）测绘产品生产。利用卫星影像空三加密成果数据制作了整个工程区的正射影像图和 1：5000 线划图。正射影像图制作使用 Pixel Factory 软件，空三加密平差后，进行 DSM 提取编辑、影像正射纠正、镶嵌、匀色等处理工序，最终输出分幅的 1：5000 DOM 影像图。

1：5000 线划图测量使用中国航天远景公司的 Mapmatrix 4.1 软件进行全要素的立体影像数字测图，采用 CASS 9.0 图形编辑软件按地形图图式要求进行编辑和整饰。

（6）成果评价。Y 江下游流域的水电规划地形测绘项目，在航飞受限、测区条件极为艰险的高海拔峡谷地区，利用高分辨率卫星遥感影像技术，有效完成了特殊困难地区大面积的地形测绘工作任务，避免了巨大的外业生产投入和安全风险，取得良好的经济及社会效益。对于测区自然条件恶劣、地理位置特殊的工程项目，卫星遥感技术成为首要的地理信息资料获取手段。

3.3.5 机载激光雷达技术的应用

（1）工程简介。宗格鲁（Zungeru）水电站项目位于尼日利亚尼日尔州的卡杜纳（Kaduna）河上，其上游为已建成运行的希罗罗（Shiroro）水电站。水电站距宗格鲁镇东北 17km，距首都阿布贾（Abuja）直线距离约 150km。宗格鲁水电站总装机容量 700MW，正常蓄水位 230m，水库总库容 114.19 亿 m^3。

为了满足宗格鲁项目的设计需要，顺利推进整个 EPC 项目的实施，及时提供满足要求的地形成果，同时相应合同要求，确定采用机载激光 LiDAR 测量的技术方法，进行宗格鲁水电站项目区的 1∶2000 地形图测绘工作。

（2）机载激光雷达扫描数据采集。项目 LiDAR 测量采用 BN2T 型航空载人飞机，激光扫描仪采用徕卡 ALS70 型号，机载相机为佳能 Phase one ixa 型号。

在飞行设计之前对测区概况进行踏勘了解并收集相关资料，如收集测区地形图、GPS 控制点坐标等资料，对收集到的 GPS 基站点进行野外检视，看是否有被移动或破坏的痕迹，以及周围是否有影响 GPS 信号接收的信号发射塔、高压电线等干扰物，并对 GPS 基站进行联测；将设备安装到飞行器上进行地面通电测试，确保设备的正常工作，系统正常后便进行外业航飞数据采集测试。

项目 LiDAR 测量工程区域面积约 673km²，分为 1∶500、1∶2000、1∶5000 三种不同比例尺测图要求。以比例尺 1∶2000 测图要求为例，要求影像数据的地面采样间隔为 7～15cm，激光点云密度为每平方米 4～9 个点，同时综合考虑地形和天气情况进行航线布设。图 3.3-5（a）中红线内为测绘范围，青色标记点为布置的地面 GPS 基站；图 3.3-5（b）图中蓝色线条是根据测区范围布设的东西向航线。

（a）地面 GNSS 站布设示意图　　　　（b）航线布置示意图

图 3.3-5　机载激光扫描地面站及航线布置示意图

（3）LiDAR 数据处理。

1）数据预处理。提前进行地面基准站以及各传感器转换参数的配置。对每一个航带数据，将原始 LiDAR 数据与 GPS、IMU、传感器等参数融合之后提取 LAS 点云格式数据，并同时进行工程坐标系转换。

2）航带平差（激光点云数据检校）。通过相邻航带的叠加，利用不同的地物特征数据，如同名房屋点、区域角点等，对激光点云数据进行航带平差，以消除 LiDAR 点云配准和系统性误差，如飞机的"艏摇、横摇、纵摇"误差。

3）点云分类。点云分类主要通过计算机自动分类和人工分类两个步骤实现。宗格鲁项目测区范围较大，包含各种地类地物点云。首先在 TerraScan 软件中通过"默认"设置进行预分类，之后对地类地物进行人工分类提取，如错误地面点剔除、植被剔除、河床提取、河流水线提取等。

（4）产品生产。点云数据经过分类后进行了数字高程模型（DEM）、正射影像图（DOM）的生产，DEM通过软件自动提取进行编辑制作；利用同步采集的航摄原始像片以及相机参数经过正射纠正和空间配准后生成DOM。DOM影像分辨率为0.15m，并按1000m×1000m进行分幅裁剪。

（5）成果评价。宗格鲁水电站项目利用现场测量的基础控制点、像控点及地形检查点，对生产的DOM、地形图成果进行质量检查，检查计算结果表明1：2000地形图检查点位中误差为±0.349m，高程中误差为±0.156m，完全满足相应地形图比例尺的精度要求。对于自然条件比较差、采用常规测量方法施测困难的地区，采用LiDAR测量技术无疑是一种可靠的选择。尤其在国外水电工程项目实践中，这一技术优势尤为突出。

3.3.6　地面三维激光扫描技术的应用

（1）工程简介。工程案例为西藏帕隆藏布流域10个梯级水电站坝址、厂址区1：2000地形图测绘项目。帕隆藏布位于西藏自治区东南部，是雅鲁藏布江左岸最大的一级支流。河流海拔为1540～4900m，干流全长266km。流域自然条件优越，气候温暖湿润，降水丰富，两岸U形峡谷林木茂密，地势险峻，地质条件复杂。

（2）外业数据获取。本次外业对整个流域规划的10座引水式水电站坝址、厂址区进行了现场扫描，完成19个区域约100km^{2}地形测量数据获取任务。采用Riegl VZ-1000地面三维激光扫描仪，架设150多站，采用无标靶作业方式，仅联测扫描测站点，扫描获得了T数量级的海量点云数据，记录山体表面上离散点的空间坐标和相关的物理参量。

（3）点云数据处理。扫描点云数据处理使用RiSCAN PRO软件与TerraSolid软件相结合进行。主要包括以下两个步骤。

1）数据预处理与点云配准。首先在RiSCAN PRO软件中查看原始点云数据采集的完整性及植被的覆盖情况，预先手动处理各站点明显的噪点。从原始点云数据图3.3-6（a）中可以看出绝大多数山体植被茂密，仅有一小部分山体破碎岩体外露，截取图中红线位置的点云剖面［见图3.3-6（b）］，能够了解山体植被的稀疏度、植被高度以及地表点的采集情况。

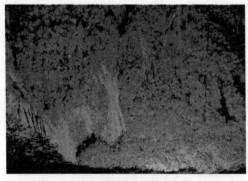 

(a) 原始点云数据图　　　　　　　　　(b) 红线剖面点云图

图3.3-6　地面激光扫描点云成果示意图

点云数据配准以完整的一个区域为单元进行整体全局配准。在站点 SOP 中导入测站点三维坐标（X、Y、Z），然后将需要配准的点云数据置于一个浏览视图里，固定站点平面和高程位置采用旋转办法进行粗拼接。对站点点云数据按 0.1m 的分辨率整体构建 TIN 三角面，手工去除三角面周围明显错误的面，清除扫描盲区构网的面。

基于获取的海量点云数据具有大范围和面状性，用多站大范围的面状未知点集构建三角面，同时辅以不同站点同名特征地形点集构建三角面，用吻合法进行多站调整平差处理。经过平差计算，最终计算出的配准误差最大值为 0.033m，最小值为 0m，配准的中误差为 ±0.006m。平差计算过程总共有 19 万多个三角面参与计算，参与面有效覆盖了所有点云区域，统计三角面重合误差个数，绘制点云配准误差分布图，结果表明，点云配准精度可靠。

2）点云数据分类与抽稀。点云数据分类与抽稀环节需要将 RiSCAN PRO 和 TerraSolid 结合使用，先将配准后的点云数据导入 TerraSolid 软件，运行编写的宏程序命令进行自动分类。未识别的点，需要用手动的办法进行处理分类。

图 3.3 - 7　分类点云剖面图

在地形测量中，地表点和地形关键点是此项工作最为关键的。因此，在自动分类后的点云图上截取一条剖面（见图 3.3 - 7，红色点为地表点，绿色为植被，品红色为剖面线），来判断自动分类对地表点和地形关键点是否完全分离，以及观察剖面线上是否存在地面点缺失。若存在缺失，为保证地形真实，根据剖面地形坡度趋势，进行地表缺失点内插补充。

这样既保证了地表点的完整性，又大大减少了大量的冗余数据，可快速提取地表点关键数据。在 TerraSolid 中将分类后的地表点、关键点导出转入 RiSCAN PRO 中，在用 RiSCAN PRO 植被过滤对数据进行检查过滤，用两种软件检查除地表以外的点的剔除度，

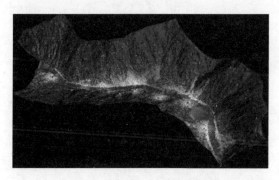

图 3.3 - 8　某坝址三维 DEM 模型图

将数据进行合并构建 TIN，在 TIN 网上设置阈值对点云数据按 1:2000 地形图所需数据量进行曲率重采样，这样既能大大抽稀点云，又能保证特征地形点的保留。

曲率抽样后的点云数据即为制作地形产品的关键数据，用于后期模型的建立。根据此数据生产的 DEM 模型见图 3.3 - 8，在此基础上制作 DLG、DOM 等地形测绘产品。

（4）成果评价。采用 GPT - 3002LN 全站仪实地采集地物点平面位置与高程注记点高程检查数据，检查点覆盖整个测区，经平面、高程中误差数据统计，该 1:2000 地形图精度完全满足测量规范要求。

第 **4** 章

水电工程水库测绘

4.1 水库测绘技术的进展

水电工程水库测绘包括水库区控制测量、纵横断面测绘、地形图测绘、建设征地与移民测绘、水下地形测绘、库容复核与冲淤监测和库岸边坡监测等工作内容，服务于水电工程全生命周期，为水电工程规划、投资和水库调度运行提供重要的基础资料，是整个水电工程测绘的基础工作。面对水库测绘工作面广、量多、周期长的特点，水库测绘技术必将形成"海、陆、空、天"立体发展的综合态势。

1. 水库测绘的主要工作内容

根据《水电工程测量规范》（NB/T 35029—2014）的相关规定，并结合工程实践经验，归纳了水电工程各阶段所需的主要测绘工作内容和要求（见表 4.1-1）。一般而言，库区面积越大、淹没对象越多、泥沙淤积越大时，测绘工作量越大，精度要求越高。

表 4.1-1　　　　　　　　　　水电工程水库测绘的主要工作内容表

水电工程阶段	工 作 内 容	等级、比例尺或精度要求
规划及 预可行性研究	(1) 平面控制测量； (2) 高程控制测量； (3) 地形图测绘； (4) 纵横断面测绘； (5) 重要影响因素测量	(1) 三等、四等、五等； (2) 二等、三等、四等、五等； (3) 1∶5000、1∶10000； (4) 1∶1000、1∶2000、1∶5000； (5) 图根精度
可行性研究	(1) 控制测量； (2) 土地利用现状地形图测绘； (3) 纵横断面测绘； (4) 临时淹没界桩测量	(1) 加密、完善前期控制网； (2) 1∶2000、1∶5000； (3) 1∶500、1∶1000、1∶2000； (4) 高程中误差不大于±0.1～±0.3m
施工详图	(1) 永久淹没界桩测量； (2) 滑坡监测	(1) 高程误差不大于±0.1～±0.3m； (2) 平面误差不大于±5mm，高程误差不大于±3mm
投产运行	(1) 控制测量； (2) 纵横断面测绘； (3) 库区水下地形测绘； (4) 冲淤监测； (5) 滑坡监测； (6) 水库地理信息系统	(1) 控制网复测； (2) 1∶500、1∶1000、1∶2000； (3) 1∶2000、1∶5000； (4) 1∶200（局部）、1∶500； (5) 平面误差不大于±5mm，高程误差不大于±3mm

2. 水库测绘工作的主要特点

（1）水库区控制测量。水库区控制测量包括平面控制测量和高程控制测量。其特点包括以下几点。

1）大型水电工程平面控制网一般采用两级布置，首级网为 GNSS 控制网，加密网为五等导线；高程控制网首级网为水准网，加密网为三角高程网；水库长度较短时，可采用一级布置。

2）高程测量精度相对于平面测量精度要高，例如对于 1m 等高距的 1：2000 地形图平面首级网最弱点位中误差要求一般为 ±10cm，而最弱点位高程中误差要优于 ±5cm。

3）控制网需长期保存和不定期复测，特别是在水库蓄水后，用 GNSS 及局域似大地水准面技术进行复测是可行和先进的测量技术。

（2）纵横断面测量。河流纵断面测量的目的是获得河流的比降、长度、河道沿线重要地物的坐标、高程等成果；河流（水库）横断面测量则是获得河谷横截面的地形地貌地物（包括水下）的测量成果。其特点包括以下几点。

1）河道纵断面成果中不仅包括水位点，还包括沿河特征地物点，如公路纵断面、横断面、洪痕点、水尺、重要环境影响对象等，关联的对象比较多。

2）纵断面上水位点的精度要求比较高，在长距离纵断面测量中，需要设置水尺，用于对水位点测量成果进行同一时刻的改正；横断面上的点高程精度要求较高，其位置一般长期固定。

（3）水库区地形图测绘。库区地形图是确定水库库容、淹没范围和淹没对象、地质调查等设计成果的重要依据。随着航测遥感技术的发展，大比例尺地形图的测绘生产周期和成本大幅度减小，通常在预可行性研究阶段就直接测绘 1：2000 比例尺地形图，为各阶段设计提供一步到位的基础数据。

（4）建设征地与移民测绘。建设征地与移民测绘包含的工作内容较多，本章主要介绍水库区土地利用现状图和永久界桩测量。土地利用现状图是一种土地利用专题图，在地形图的基础上，详细记载了地类、权属等信息。水库区界桩测量是实地标定土地征收线、移民迁移线等建设征地界线的界址点。地类、权属、界桩的测量工作主要通过全野外数字化测绘方法完成；土地利用现状数据的管理大多采用地理信息系统平台进行，使水库实物指标调查更快捷、更精确。

（5）库区水下地形测绘及冲淤监测。库区水下地形测绘和冲淤监测的目的是计算水库库容，分析泥沙淤积及岸坡冲刷对淹没线及水电站安全运行造成的影响，并重点对坝前及坝后等局部区域的泥沙淤积形态和河床冲刷情况进行分析。其特点如下。

1）库区地形条件是影响测量精度的主要因素，两岸地形大多呈 U 形，高坝水库坝前段最深达数百米，河道比较狭窄。

2）对于坝前进水口及坝后水垫塘等位置，采用单波束很难获取细致准确的信息，应采用多波束或侧扫声呐进行扫测。

3）水库泥沙淤积及冲淤监测是长期重复性工作，作业的重点是水深测量及冲淤分析，对数据采集和数据处理的要求均比较高。

（6）水库区库岸边坡变形监测对象通常有滑坡体、变形体、堆积体等，现场观测条件差，通常采用 GNSS、全站仪等测量方法。

（7）水库地理信息系统的建设目前主要是为了满足水库巡查、环境管理、泥沙观测等业务需求，提高水库管理效率。

3. 水库测绘技术的进展

20 世纪 90 年代中期前，地面测量设备主要有 WILD T2/T3 等型号的光学经纬仪和 EOT－2000、DI4L、DI1600、DI2000 等型号的测距仪，WILD N3、ZEISS 004、Koni 007 等型号的光学水准仪。地形图测绘主要采用大平板测图或立体测图仪测制。水下地形测量仪器有测深锤、测深杆、便携式回声测深仪等。该时期的测绘工作主要以野外人工测绘为主，提交各种纸质成果，工作效率极低。

进入 21 世纪后，GPS 技术、数字测图技术、全数字摄影测量技术和数字测深仪的使用改变了传统的水库测绘作业模式。水库测绘进入数字时代，测绘仪器和计算机软件取代手工完成了数据记录、处理和绘图等工作。测绘成果主要为各种数字成果。

随着 3S 技术、多波束测深技术、移动测量技术、导航与自动控制技术、计算机技术和网络技术等先进技术的发展，水库测绘实现了"海、陆、空、天"立体数据采集时代，各种先进的高科技传感器和平台的应用，极大地提升了数据采集效率，数据的集成和综合应用成为新时代面临的主要课题。

在控制测量方面，GNSS 测量技术和现代高程测量技术已在各种水库区控制网测量中发挥了作用，精度和工作效率有了极大的提高。

纵横断面测绘在传统的极坐标、RTK、单波束等数据采集方法之外，更多融合了多波束、机载激光扫描、精密单点定位、影像等采集手段，以提高数据采集效率，同时，开发了相应的数据处理软件，以提高内外业一体化水平。

水库原始地形图测绘主要以遥感测绘技术为主，制作各种比例尺的地形图、土地利用现状图、影像图等地形成果；建立地类图斑数据库等数据库成果。

多波束测深系统作为当前水下地形测量的最先进手段，已得到广泛使用，配合侧扫声呐等设备，对水下地形、水下构筑物、水底底质等开展扫测工作，使冲淤分析和大坝安全检测有了全新的手段和成果。无人测量船、水上水下一体化测量技术等先进技术正在开展研究应用。

水库测绘资料的用户主要是设计和运维管理单位，但是大部分测绘成果其实不能被用户直接使用，而应由测绘单位对测绘成果进行加工处理后，对相关信息进行综合分析得到直观、易懂及信息丰富的成果。如何在传统的测绘产品中融入更多的时空数据，加快数据挖掘和提炼，提升产品形式和价值，提供易于用户使用和理解的、具有更丰富知识和信息的产品和服务，将是未来水库测绘努力和发展的方向。

4.2 水库区控制测量技术

4.2.1 GNSS 控制测量和导线测量

（1）坐标系统的确定。水库区平面控制网的坐标系统应与现行国家坐标系统相一致，并采用 3°分带高斯投影，以靠近水库区中部的子午线作为中央子午线。国外采用 UTM 投影的水电工程，由于按 6°进行分带，在某些区域投影变形要远大于按 3°分带的高斯投影，故对于大比例尺地形测图来说，应减小投影变形。

（2）控制网的布置。GNSS 控制网覆盖区域主要是干流和主要支流淹没线所围的范围，控制点埋设高程需高于正常蓄水位。导线网可作为 GNSS 控制网的加密网，对于峡谷、两岸植被茂密的地区，或中、小型水库，也可直接作为首级网。受导线误差传递较大的影响，导线长度受到严格限制。

GNSS 控制网的等级和控制点布设间距根据水库规模大小及重要性确定。GNSS 控制点一般分布在水库两岸，由 2~4 个点组成一组，二等、三等、四等、五等 GNSS 控制网的平均边长依次不超过 8km、4km、2km、1km。特殊情况下，可根据《全球定位系统（GPS）测量规范》（GB/T 18314—2009）中 B、C 级网的要求，相邻点间平均距离达 50km、20km。

（3）控制网的观测。当前，支持多星座、多频、高精度的 GNSS 接收机已经成为发展趋势，各种类型接收机的性能逐渐趋同，接收机的价格也日趋下降，在水库 GNSS 控制网观测时，选择 8 台及以上 GNSS 接收机同时观测，可以大幅减少迁站次数，大量增加多余观测，对保证外业观测质量和效率具有较大优势。

导线观测采用全站仪方向观测法，边长观测值通过对测量值进行测距仪加乘常数改正、气象改正、改平和投影等计算后使用。

（4）起算点引测。水电工程水库区平面控制网与国家平面控制点引测的方法主要如下。

1）采用 GNSS 或全站仪与水库区附近的至少 2 个国家点组网进行引测。

2）采用连续参考站与水库控制点同步观测数据进行解算获取。

3）采用精密单点定位 GPS 接收机测量已知点的坐标，以求取地心坐标与当地坐标的转换参数。但由于受到已知点数量、精度、分布和观测误差的影响，转换参数的精度具有不确定性。因此，使用本方法时应加强检核。

（5）控制网数据处理。GNSS 控制网数据处理软件和数据处理策略是保证 GNSS 控制网数据处理质量的关键要素。目前，市场上的商业软件有天宝公司的 TBC、徕卡公司的 LGO、南方测绘公司的 STC、中海达公司的 HGO、华测公司的 CGO 和武大的 COSA 等。对于长距离的 GNSS 控制网，通常采用 GAMIT/GLOBK 等。

GNSS 控制网数据处理流程如下。

1）观测数据检查、输入。

2）基线解算。

3）基线解算质量检验，闭合环坐标分量闭合差和全长闭合差检验、复测基线长度较差检核。

4）三维无约束平差，基线向量残差检验。

5）二维、三维约束平差，精度评定。

GNSS 控制网数据处理过程中应注意的质量控制方法如下。

1）首先对外业观测手簿进行仔细检查，检查天线高和天线类型的输入是否正确，特别是当含有不同接收机的观测数据时。

2）基线处理需要反复进行，从重复基线、环闭合差、无约束平差、高程平差、平面平差各个环节进行分析，对反复处理后精度仍太低的基线则应予以剔除。

3）以 TBC 解算软件为例，基线解算质量通常用解类型、水平精度、垂直精度、均方根、基线残差、数据删除率、复测基线长度较差、同步环闭合差、异步环闭合差、无约束平差基线向量残差、约束平差边长相对中误差来检验。其中，水平精度、垂直精度、均方根、基线残差被称为参考指标。数据删除率、复测基线长度较差、同步环闭合差、异步环闭合差、无约束平差基线向量残差、约束平差边长相对中误差被称为控制指标，在工程应用中，控制指标必须满足检核条件。

导线网数据处理流程为：边长化算、外业检验和坐标概算。有约束条件的，按照最小二乘法进行经典平差和精度评定。

4.2.2 水准网和三角高程网

（1）高程系统的确定。水库区高程系统应与现行国家高程系统相一致。高程系统一旦确定后，在水电工程的后续设计阶段不宜更改。

（2）水准网和电磁波测距三角高程网的布置和观测。水准网须沿着公路或小路布置，通常顺河流两岸施测。电磁波测距三角高程网沿导线路线布设。由于 GNSS 控制网需要连测正常高，因此水准点应与 GNSS 控制点就近埋设，或三角高程控制点与 GNSS 控制点同点布置，并且数量越多越好。

（3）起算点连测。通常采用水准、三角高程、GNSS 高程测量方法连测水准控制点。

（4）数据处理流程为：对水准测段高差观测成果加尺长改正、大地水准面不平行改正和闭合差改正，二等及以上还需加重力异常改正；对三角高程测段高差观测成果加入球气差改正；对测段往返高差和符合路线（环）闭合差不符值进行检验；具有约束条件的，按照最小二乘法进行经典平差和精度评定。

4.2.3 GNSS 高程测量

由于三角高程测量工效低，水库蓄水后，两岸山坡非常湿滑陡峭，难以攀爬，而山坡高处植被茂密导致通视困难，使得三角高程很难实施。因此，利用 GNSS 技术的优势，采用 GNSS 高程测量代替四等三角高程测量正逐步成为可能。

GNSS 高程测量的关键步骤是高程异常的求取。目前，在水库 GNSS 控制网高程平差时，采用天宝 TBC 后处理软件，加载全球 $2.5' \times 2.5'$ 或 $1' \times 1'$ 网格 EGM2008 模型，对大地高数据进行高程异常改正，再拟合求取未知点的高程。本方法求取的 GNSS 高程已具有较高的精度，通常作为水库区控制点 GNSS 高程的主要求取方法。但是在应用中存在以下两个主要问题。

（1）三角高程测量与 GNSS 高程测量的成果存在较大差异时，很难确定哪种方法获得的成果准确可靠。这是因为三角高程测量本身可靠性不高，并且包含大地水准面不平行引起的误差，导致粗差较难探测，特别是对于支线高程；而 GNSS 高程包含残余高程异常的影响，以及观测误差和不可靠的起算点引起的误差等。解决此问题的方法是基于水准（三角）高程、GNSS 大地高、EGM2008 模型高程异常等数据，采用"移去-恢复"技术拟合水库局域高精度的似大地水准面，以取代传统的三角高程测量。

章传银等（2009）研究后提出 EGM2008 模型高程异常在我国大陆的总体精度为

20cm，华东地区为 12cm，华北地区为 9cm，西部地区为 24cm。EGM2008 模型高程异常已具有较高的精度，但是不能满足水库测量要求，需要利用拟合二次曲面函数来求取高程异常的残差值，并作为最终的水库局域似大地水准面。

根据武汉大学刘斌等（2016）的研究成果，采用二次曲面函数的 GNSS 高程拟合计算及精度评定式计算为

$$H_Z = H_D - (\xi_{EGM} + \xi_G + \xi_{res}) \qquad (4.2-1)$$

其中
$$\xi_{EGM} = H_D - H_{EGM}$$

式中：H_Z 为水准高程或三角高程；H_D 为参考椭球大地高；H_{EGM} 为基于 EGM2008 大地水准面的高程；ξ_{EGM} 为高程异常的长波部分；ξ_G、ξ_{res} 为残余高程异常。

$$\xi_G + \xi_{res} = a_0 + a_1 x + a_2 y + a_3 xy + a_4 x^2 + a_5 y^2 \qquad (4.2-2)$$

拟合模型的内外符合精度的评定公式为

$$STD = \sqrt{\sum_{i=1}^{n} \varepsilon_i \varepsilon_i / (n-1)} \qquad (4.2-3)$$

$$RMS = \sqrt{\sum_{i=1}^{n} \Delta_i \Delta_i / m} \qquad (4.2-4)$$

式中：STD 为内符合精度；ε 为已知点的高程异常残差；n 为已知点的个数；RMS 为外符合精度；Δ 为检核点的高程异常残差；m 为检核点的个数。

内符合精度反映了利用已知点进行建模的模型质量，外符合精度反映了利用所建模型求解检核点高程异常的整体质量。

将存在粗差的三角高程作为已知点和检核点时，会导致内外符合精度降低，从而可以判断三角高程是否存在粗差。

（2）水库区各高程控制点之间相距较远，起算点的稳定性较难检验。而经过水库区似大地水准面拟合后，各控制点的高程异常、残余高程异常均准确求取。复测时，正常高差已知，利用 GNSS 高程测量获得的高精度大地高差，减去高程异常变化量，与初始高差进行比较，超过一定的限差后，可认为相对高差已发生变化，通过所有相邻边的检验后可找出稳定的起算点。公式推导过程如下。

$$H_{Zi} - H_{Zj} = \Delta H \qquad (4.2-5)$$

式中：H_{Zi}、H_{Zj} 为任意两个已知点的正常高；ΔH 为正常高差。

将式（4.2-1）代入式（4.2-5），得到：

$$H_{Di} - H_{Dj} - [(\xi_{EGMi} + \xi_{Gi} + \xi_{resi}) - (\xi_{EGMj} + \xi_{Gj} + \xi_{resj})] = \Delta H \qquad (4.2-6)$$

简化得到：

$$\Delta H_{Dij} - \Delta \xi_{ij} = \Delta H \qquad (4.2-7)$$

由式（4.2-7）可知，正常高差等于大地高差与残余高程异常差的差值。其中残余高程异常差可作为固定值。由于点位沉降，任意两点的高差与初始差之间存在差异，则可依

据下两式判断是由于测量误差还是由于点位沉降引起的差异：

$$\Delta = \Delta H - \Delta H' = \Delta H - (\Delta H'_{Dij} - \Delta \xi_{ij})\qquad(4.2-8)$$

$$\Delta_{限} = 2\sqrt{m_{i1}^2 + m_{i2}^2 + m_{j1}^2 + m_{j2}^2}\qquad(4.2-9)$$

式中：Δ 为复测后高差不符值；$\Delta H'_{Dij}$ 为复测后的大地高差；m_i、m_j 为任意两点初测和复测的高程中误差。

GNSS 高程测量代替三角高程测量的前提是建立高精度的似大地水准面模型。利用模型推算控制点正常高，验证三角高程测量精度和起算点的稳定性等措施，以保证 GNSS 高程测量的精度。

4.3   水电工程水下地形测绘技术

水下地形测绘在规划设计、库容复核和冲淤监测中是一项重要的工作内容，水下地形测绘主要采用单波束测深系统和多波束测深系统进行测量。

4.3.1   单波束测深系统

单波束测深系统是水电工程中一种主要的水下地形测量手段，由数字回声测深仪、RTK 等组成。随着 RTK 无验潮作业方法和数据处理方法的改进，为获得精密的水深测量成果奠定了基础。

1. 回声测深仪原理及组成

20 世纪 20 年代后，人类研制出了世界上第一台回声测深仪，彻底改变了人类调查、研究、开发水底世界的方式。回声测深仪的工作原理是换能器将电能转换成声能并向水底发射。声能以回波的形式从水底返回，并通过换能器被转换成电能，供给电子线路进行处理、计算后，将结果传送到工控机上并显示出来。声波经水底反射后，接收换能器接收首先返回的测深信号，取发射信号和接收信号之间的时间的一半来计算水深。水深计算式为

$$z = Ct/2\qquad(4.3-1)$$

式中：z 为水深；C 为声波速度；t 为声波从发射至接收的时间。

回声测深仪主要经历了模拟式、模拟与数字结合及全数字化 3 个阶段，仪器的小型化、智能化和数字化趋于成熟。数字回声测深仪主要由两部分组成：计算机控制显示软件和下位机部分。计算机控制显示软件用于控制下位机工作的参数，及显示下位机传输来的水下声图；下位机部分由发射模块、接收模块、电子信号处理模块、电源模块 4 部分组成。

数字回声测深仪与 GNSS 接收机结合后，实现了导航、定位、测深的自动控制和同步数据采集，使水下地形测量摆脱了传统的定位与水深测量分别进行的低效作业模式，进入无验潮三维水深测量阶段。再接入姿态传感器（MRU）、涌浪传感器等设备后，便可获得船体姿态及动吃水数据，在风浪较大，船体摇晃的情况下对水深测量数据进行精密的改正。

数字回声测深仪按工作频率可划分为单频测深仪和双频测深仪。单频测深仪工作频率分为低频和高频，低频一般低于50kHz，高频一般为100kHz～1MHz，部分单频测深仪的工作频率可在低频与高频之间调节，具有较强的适应性。双频测深仪是一种单波束双频测深设备，相对于原来的单频高频测深仪增加了低频工作部分。两个声学通道的模拟前端组件（发射、接收）以及信号的处理运算都相互独立、互不影响。

数字回声测深仪的种类和型号较多，表4.3-1列出国内外几种主要型号回声测深仪的技术指标。水电工程中宜选用测量精度高、波束角较小、轻便灵活的单频高频测深仪。在测量水域有急流、气泡等造成高频信号无回波时，可使用双频测深仪中发射能量大且衰减小的低频声波进行水深测量。

表4.3-1　　　　　当前国内外几种主要型号回声测深仪的技术指标表

测深仪型号	换能器发射频率		测深范围/m	测深精度	波束角	采样率/(次/s)	外接设备
	高频/kHz	低频/kHz					
HD-380	100～750	10～50	高频0.3～600，低频0.3～2000	1cm±0.1%D	高频5°	30	GPS
HDMAX	200	—	0.15～300	1cm±0.1%D	5°	30	GPS
HY1601	208	—	0.3～300	1cm±0.1%D	≤8°	48	GPS，IMU
HY1680	208	24	高频0.5～300，低频0.6～2000	1cm±0.1%D，10cm0.1%D	高频8°，低频22°	48	GPS，IMU
SDE-230	200	—	0.3～300	1cm±0.1%D	5°	30	GPS
ODOM Hydrotrac Ⅱ	200	33	0.5～600	1cm±0.1%D，10cm0.1%D	高频5°，低频23°	—	GPS，IMU，PPS
Kongsberg EA440SP	200～500	10～38	0.2～200m，200kHz；0.5～1500m，3kHz	0.3～9.8cm	高频3°，低频7°	40	GPS，IMU，声剖

注　D为水深。

2. 测量误差及控制措施

单波束测深系统的测量误差主要与测量模式、仪器设备及操作、安装方式和环境因素等有关。RTK无验潮测量模式无需考虑水位升降，是水电工程水下地形测量的主要方式。仪器设备和操作误差主要包括定位及测深设备的系统误差、船速误差，以及两套系统之间时间不同步产生的延时误差。安装误差主要包括安装后仪器设备的相对位置误差。环境因素导致的误差主要包括声速误差、波束角效应、姿态误差，以及因水中气泡或湍流产生的测深误差等。

（1）仪器设备与操作误差及其控制措施。由于目前市面上主要进口或国产GNSS设备的RTK平面和高程测量精度可达到厘米级，测深仪测深精度可达到水深的0.1%，远小于规范规定，故RTK定位及测深仪测深误差可忽略不计，而主要考虑船速误差和延时误差。

1）当施测大比例尺横断面水下地形时，为避免遗漏特征地形，理想条件下是使测深仪发射声波在水底的照射面积叠加能覆盖整条测线。为此，需控制船速在合理的范围内进行工作。在一定采样间隔和船速下，考虑单波束在水底的投影区域，推算船速应满足下式：

$$v \leqslant r\tan\theta / \Delta t \tag{4.3-2}$$

式中：v 为船速；Δt 为数据采集间隔；r 为实测水深；θ 为半波束角。

当水深为 100m 或 10m 时，则船速应分别小于 4.4m/s、0.44m/s。所以，对船速的控制原则就是在水库中部船速可稍快，在靠近岸边处船速稍慢。

2）当定位点与测深点在时间上不同步时，将使水深值产生平移，导致地形发生扭曲，称为延时误差。测深系统的延时误差属于系统误差，从左岸测至右岸，与从右岸测至左岸时，将导致两条测线所测地形存在左右错位。如果在测线上船速不均匀，则将导致地形产生不规则变形。

目前对延迟时间探测的主要方法还是通过对一条测线上的往返测量的特征点比对或对整条测线进行最小二乘拟合来进行计算。但是在水库地形中，很难做到往返测结果中有相同的水深特征点，延迟距离和延迟时间计算结果不可靠。因此，最好的削弱延时误差的措施就是控制船速。如测量 1:2000 水下地形时，平面位置中误差为 ±1.6m，按此中误差的 1/3，即 0.5m 作为延迟距离限差，设延迟时间为 0.25s 时，船速应控制在 2m/s 以内。综合考虑船速误差的影响，水库中部地形平坦区域，延时误差影响较小，可选择较大的船速；靠近两岸时应选择较小的船速。

某水库横断面往返测量成果示意图见图 4.3-1，对船速进行合理控制。从图 4.3-1 上看，往返测断面线大部分基本吻合，底部最大相差 0.36m，测深误差约为 1%，左岸局部存在大于 1m 的偏差，原因是往返测点偏离断面线所致。但往返测线没有明显的系统性偏移，说明对船速进行合理控制后，延时误差影响比较小，对地形测量的精度影响较小。

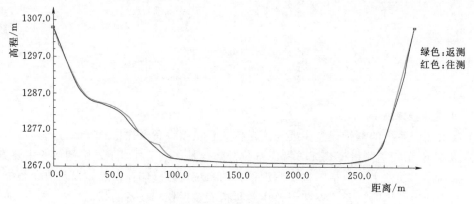

图 4.3-1　某水库横断面往返测量成果示意图

（2）安装误差及其控制措施。安装误差主要是指 RTK 天线、换能器安装的稳固性和它们相对位置关系的测量误差，以及换能器安装杆的垂直性误差。安装误差不容易被发现，并且事后数据很难进行改正，因此，应十分注重安装的质量控制。

水电工程水库或河道地形相对狭窄，风浪较小，故安装平台多选择橡皮船、木船、小型玻璃钢或铁壳船等机动灵活的载具。在这种条件下，通常采取特定的方法来消除或减弱安装误差，即将换能器与 RTK 天线安装在同一根测杆上，均采用螺纹或螺丝固定连接，确保不能晃动，并牢固绑定测杆，使测杆在工作中始终保持垂直。此时 RTK 天线相位中心、换能器中心和水底反射点处于同一垂线上，能够避免复杂的坐标平移转换产生的误差，并且无需安装姿态传感器。

（3）环境因素导致的误差及其处理措施。

1）声速改正。图4.3-2为利用某水库坝前实测温度计算的声速剖面，声速变化值约为2%。可见在深水水库中，声速变幅较大。声速误差与实际声速偏离设计声速的大小及水深有关，设计声速通常采用表面声速或已有声速。当水深$H \leqslant 20\text{m}$时，规范规定测深误差为$1\% H$；当水深$H > 20\text{m}$时，测深误差为$1.5\% H$。因此，当实际声速与设计声速相差超过1/4测深误差时，就应进行声速改正。声速改正公式为

$$\Delta Z_V = Z\left(\frac{C}{C_0} - 1\right) \quad (4.3-3)$$

式中：ΔZ_V为深度改正数；Z为实测深度；C为实际声速；C_0为设计声速。

其中，平均声速计算公式为

$$C = \sum_{i=1}^{n} C_i \quad (4.3-4)$$

深度加权平均声速计算公式：

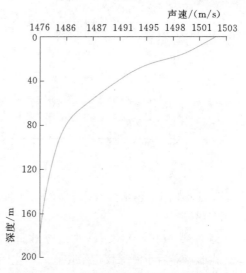

图4.3-2　某水库坝前实测温度计算的声速剖面图

$$C = \sum_{i=1}^{n} d_i C_i \Big/ \sum_{i=1}^{n} d_i \quad (4.3-5)$$

式中：d_i为第i层的水体厚度。

2）波束角效应改正。由于物理上的原因，测深仪波束角总存在一定的宽度，通常换能器以锥形波束向海底发射测深信号，信号到达海底后反射回换能器，由于换能器接收的反射信号并不是换能器至海底的垂直距离（除非海底平坦为一平面），而是测深信号照射区域内海底至换能器的最近距离。这种情况下，测得的海底地形形状将产生变形和失真。这就是波束角效应。波束角效应与波束角、水的深度和水底地形有关。总的来说，波束角效应会导致水下地形产生偏差和失真，对于大、中型水库来说，水深较深，两岸地形坡度较大，波束角效应的影响是不可忽视的，应进行改正。

波束角效应改正分为3类。

a. 线性倾斜地形段。当$|\arcsin D'(x_1)| > \theta$，并且地形向下倾斜时，即$D'(x_1) > 0$时（见图4.3-3中左图），实际地形点滞后于测深仪记录位置，则实际地形点坐标及平移参数的反算公式为

$$\Delta x = D(x_i)\sin\theta \quad (4.3-6)$$

$$\hat{x}_1 = x_1 - \Delta x = x_1 - D(x_1)\sin\theta \quad (4.3-7)$$

$$S(\hat{x}_1) = D(x_1)\cos\theta \quad (4.3-8)$$

$$\Delta y = D(x_1) - S(\hat{x}_1) = D(x_1)(1 - \cos\theta) \quad (4.3-9)$$

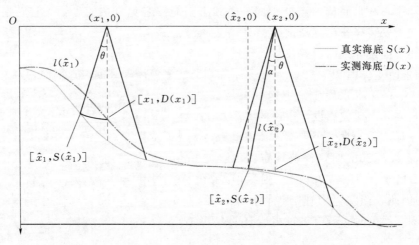

图 4.3-3 倾斜地形改正原理图

当地形向上倾斜时，即 $D(x_1)<0$ 时，实际地形点超前测深仪记录位置，式（4.3-7）中负号取正号。

当 $|\arcsin D(x_1)|<\theta$，并且地形向下倾斜时，即 $D(x_1)>0$ 时，见图 4.3-3 右图，实际地形点滞后于测深仪记录位置，则实际地形点坐标及平移参数的反算公式为

$$\Delta x = D(x_2)\sin x \tag{4.3-10}$$

$$\hat{x}_2 = x_2 - \Delta x = x_2 - D(x_2)\sin\alpha = x_2 - D(x_2)D'(x_2) \tag{4.3-11}$$

$$S(\hat{x}_2) = D(x_2)\cos[\arcsin D'(x_2)] \tag{4.3-12}$$

$$\Delta y = D(x_2) - S(\hat{x}_2) = D(x_2)\{1 - \cos[\arcsin D'(x_2)]\} \tag{4.3-13}$$

当地形向上倾斜时，即 $D'(x_1)<0$ 时，实际地形点超前测深仪记录点，式（4.3-11）中负号取正号。

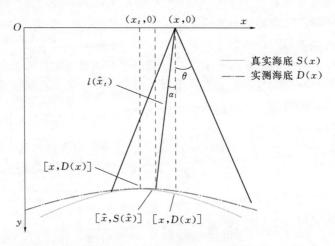

图 4.3-4 凸型地形改正原理图

b. 凸型水底。当 $D'-(x_t)>0$，$D'+(x_t)<0$，此时对应的实际水下地形为凸型水底，

凸点位置为$[x_t, D(x_t)]$，水深失真范围为 $[x_t - W,\ x_t + W]$，则水下失真范围及实际点坐标反算公式为

$$W = D(x_t)\tan\theta \tag{4.3-14}$$

$$\hat{x}_1 = x_1 \pm D(x_1')D'(x_1) \tag{4.3-15}$$

$$S(\hat{x}_1) = D(x_1)\cos[\arcsin D'(x_1)] \tag{4.3-16}$$

当测船沿测线前进位于凸点左侧时，当 $\arcsin D'(x_1) < \theta$ 且 $D'(x_1) > 0$ 时，式（4.3-15）中取正值；当测船沿测线前进位于凸点右侧时，当 $\arcsin D'(x_1) < \theta$ 且 $D'(x_1) < 0$ 时，上式取负值。

同理，当 $\arcsin D'(x_1) > \theta$，测船沿测线位于凸点左右侧时，实际点坐标反算公式为

$$\hat{x}_1 = x_1 \pm D(x_1)\sin\theta \tag{4.3-17}$$

$$S(\hat{x}_1) = D(x_1)\cos\theta \tag{4.3-18}$$

c. 凹型水底。当 $D'^-(x_t) < 0$，$D^+(x_t) > 0$，此时对应的实际水下地形为凹型水底，凹点位置为 $[x_t, D(x_t)]$，水深丢失范围为 $[x_t - W_1, x_t + W_2]$。

当测船沿测线进入凹点水深丢失范围时，丢失范围与凹点两侧地形倾角有关，当 $\arcsin D'(x_1) > \theta$ 且 $\arcsin D'(x_2) > \theta$ 时，计算见式（4.3-19）~式（4.3-23）。

$$W_1 = W_2 = D(x_t)\sin\theta \tag{4.3-19}$$

当 $\arcsin D'(x_1) > \theta$ 且 $\arcsin D'(x_2) < \theta$ 时，

$$W_1 = D(x_t)\sin\theta \tag{4.3-20}$$

$$W_2 = -D(x_t)D'^+(x_t) \tag{4.3-21}$$

当 $\arcsin D'(x_1) < \theta$ 且 $\arcsin D'(x_2) > \theta$ 时，

$$W_1 = -D(x_t)D'^-(x_t) \tag{4.3-22}$$

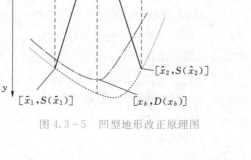

图 4.3-5　凹型地形改正原理图

$$W_2 = D(x_t)\sin\theta \tag{4.3-23}$$

对于水库来说，凹点水深丢失范围一般不会太大，可根据地形凹点边缘地形倾角按下式估计最深点：

$$S(\hat{x}_t) = S(\hat{x}_1) + D'(x_1)W_1 \tag{4.3-24}$$

由于水库两岸山高坡陡、水深较深，声速误差和波束角效应是客观环境因素造成的系统误差，在后期数据处理过程中必须进行改正，否则将会对成果造成影响。如某水库岸坡坡度约 40°，对岸坡横断面测量水下部分进行改正，见表 4.3-2。由表 4.3-2 中可看出声速改正较小，但波束角改正较大，对于累距最大达 1.5m，点位误差已经超过 1:2000 比例尺及更大比例尺横断面的精度要求，故此两项改正不能忽视。

表 4.3-2　　　　　　　　　　单波束测深声速及波束角效应改正表

序号	水深/m	累距/m	改正后水深/m	改正后累距/m
1	7.28	35.881	7.28	35.881
2	12.787	43.125	12.792	42.567
3	23.419	53.5030	23.427	52.480
4	31.498	63.922	31.509	62.546
5	33.487	74.310	33.499	72.848
6	34.668	100.337	34.681	99.660
7	35.040	115.891	35.052	114.782
8	35.320	131.317	35.333	130.480

3）姿态误差处理措施。在风浪较大时，换能器安装杆很难与水面保持垂直，此时声波入射角在垂线上产生一个偏差。由于航行姿态是随机变化的，这种变化会从升沉、横摇、纵摇三个方面对测量结果产生影响，并且与波束角形成耦合关系。当遇大风、大浪时，《水电工程测量规范》（NB/T 35029—2014）规定在这种情况下应停止测量。如果测量过程中横滚角、纵倾角的影响必须考虑时，应采用姿态传感器测量船体的三维姿态。常见姿态传感器产品有 OCTANS、MRU5、I2NS 等，其中 OCTANS 的航向精度可达到 ±0.1°，重复精度为 ±0.025°，纵摇/横摇动态精度可达到 0.01°，升沉精度为 5cm。

a. 升沉的影响及处理措施。对于上下起伏产生的影响，由于在 RTK 无验潮作业模式下通过 GNSS 天线已经获取了精确的换能器瞬时高程，因而升沉数值可作为动态吃水数据应用到求取水面高程，并与人工观测水面高程进行校核。

b. 横摇、纵摇的影响及处理措施。当横滚角 φ、纵倾角 β 小于半波束角 θ 时，对平坦水底的测深结果没有影响。但是对于山区水库复杂地形来说，测船航向垂直或平行于等高线时，横摇、纵摇的影响都是不相同的，要进行改正非常困难。所以在实际测量过程中，应尽量避免在横摇、纵摇的状态下进行测量。

4）水中气泡的影响及处理措施。当水中含有小气泡群时，由于其显著的吸收和散射作用，测深仪要么没有水深值，要么水深值忽大忽小。水中大量气泡会导致高频声波不可用，失去测深作用。

因此，受水中气泡的影响，在大风浪或船舶转向、倒车等情况下，不应进行测深作业。换能器安装位置或方法不正确时，也容易产生气泡。在水流较急情况下进行水深测量时，可使用双频测深仪，来改善测深效果。左训青等（2003）在三峡工程导流明渠截流中，利用双频测深仪中低频信号获得了在水流表面流速 5m/s 情况下的完整的水深资料。但是由于低频声波波束角较大，其波束角效应影响范围相应也较大，使用时须留意水下地形的变化。

3. 单波束测深系统安装

单波束测深系统换能器多采用船舷安装方法。图 4.3-6 是水电工程中单波束典型安装实景图。简易船载平台下单波束测深系统安装基本要求主要有以下 3 条。

（1）换能器安装在距船头 1/2～2/3 处，吃水深度不小于 0.3m，水流较急时应增加吃水深度，换能器应与船身保持平行，整流罩一侧朝向船头。

（2）安装杆可采用一根长度约 2m 的铝合金管，下部固定换能器，上部固定 RTK 接

图 4.3-6　水电工程中单波束典型安装实景图

收机，宜采用螺纹或螺丝方式固定，确保船只在运行中保持稳定。采用不易伸缩的绳索将换能器安装杆垂直绑扎固定在测船一侧船舷上。在没有风浪的水库湖面上测量时，可在安装杆顶部悬挂一个垂球以检验其安装杆在静止和运动过程中的垂直性。

（3）人员乘坐、设备安置要保持船体平衡。

4. RTK 无验潮水下地形测量

RTK 无验潮水下地形测量利用 GNSS-RTK 实时动态差分测量，可以在一个小区域范围内获得厘米级的流动站坐标和高程，通过该技术可准确测量出换能器的瞬时高程和坐标，减去换能器所测水深值，便可得到水下地形点的高程。减少了传统水下测量中的水位测量和动态吃水测量，操作和实施比较方便、快捷。

一般情况下，RTK 无验潮水下地形测量应按照横断面线进行测量。测线数据处理包括声速改正、波束角效应改正、姿态角改正（如有）、延时改正（如有）等，其误差改正流程为：声速改正→波束角效应改正→姿态角改正→延时改正。

单波束测深系统价格便宜，设备安装简单，使用灵活方便，既能在开阔水域中使用，也能在狭窄的河道中使用，得到了广泛使用。但由于单波束测深仪分辨率不足和测量效率较低等问题，使其不能胜任精细的地形测量任务。因此，多波束测深系统成为在要求较高的水下地形测量任务中不可或缺的技术手段。

4.3.2　多波束测深系统

多波束测深系统，又称为多波束测深仪、条带测深仪或多波束测深声呐等，由多种复杂传感器经过一系列组合而成，是当代海洋勘测领域中的一项高新技术。多波束测深系统的应用研究已逐渐在水电工程领域得到重视。

1. 多波束测深系统原理及组成

（1）多波束测深系统工作原理。多波束测深系统是利用发射换能器阵列向水下发射沿航迹方向宽度较窄、垂直于航迹方向宽度较宽的宽扇区覆盖的声波，利用接收换能器阵列对声波进行窄波束接收，通过发射、接收扇区指向的正交性形成对水下地形的照射脚印。照射脚印越小，地形分辨率越高，所获取的水深点密度和精度也越高。对这些脚印进行恰当的处理，一次探测就能给出与航向垂直的垂面内上百个甚至更多的水底被测点的水深值，从而能够精确、快速地测出沿航线一定宽度内水下目标的大小、形状和高低变化，比较可靠地描绘出水下地形的三维特征。

多波束测深系统按波束形成方式主要分为相位型多波束和相干型多波束两种，两者工作原理不尽相同，但两者各有优缺点。

（2）多波束测深系统的组成。典型多波束测深系统应包括 3 个子系统。

1）多波束声学子系统包括多波束发射接收换能器阵（声呐探头）和多波束信号控制处理电子系统。从声呐探头的数量也分为单探头和双探头。

2）波束空间位置传感子系统：用以提供大地坐标的 DGPS 差分卫星定位系统；用以提供测量船横摇、纵摇、艏向、升沉等姿态数据的姿态传感器；用以提供测区声速剖面信息的声速剖面仪等。

3）数据采集与处理子系统：数据采集与后处理软件及相关软件和数据显示、输出、储存设备。

图 4.3－7 为两种典型浅水便携式多波束测深系统组成结构图，R2SONIC2024 测深系统主要由 SONIC2024 发射和接收换能器，数据集线盒 SIM、网线及连接电缆、OCTANS 光纤罗经、具有 1PPS 输出的 RTK 接收机、声速剖面仪、工作站电脑组成。软件包括外业数据采集软件 PDS2000、内业数据处理软件 CARIS HIPS、R2SONIC2024 换能器控制软件、声速断面仪数据提取及设置软件 SEACAST 等。

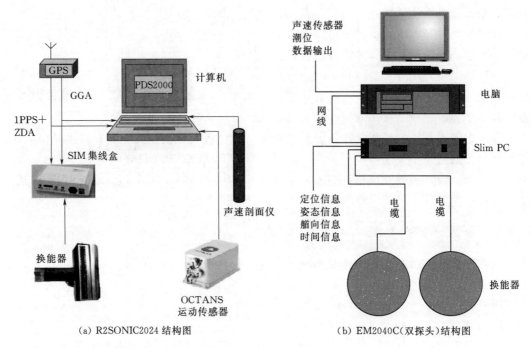

（a）R2SONIC2024 结构图　　　　　　　　（b）EM2040C（双探头）结构图

图 4.3－7　两种典型浅水便携式多波束测深系统组成结构图

EM2040C 系统（双探头）与 R2SONIC2024 的主要区别是装有两个独立的 EM2040C 发射和接收换能器，覆盖宽度和波束数目有所增加，多波束控制软件为 SIS Controler，数据采集处理软件为 QINSy。

（3）主要的多波束测深系统型号。目前国外比较成熟的便携式浅水多波束产品有美国R2SONIC、丹麦 RESON、挪威 Kongsberg Simrad 等公司生产的产品，中海达公司近期推出了一款国产浅水多波束产品。常见便携式浅水多波束的主要性能指标对比见表 4.3 - 3。

表 4.3 - 3　　　　　　　常见便携式浅水多波束主要性能指标对比表

型号	R2SONIC2024	SONIC2022	SEABAT T50 - P	ODOM MB2	EM2040C （双探头）	ibeam8120
产家	R2SONIC	R2SONIC	RESON	TELETYNE	Kongsberg Simrad	中海达
工作频率/kHz	170~450，可选 700	170~450，可选 700	200~400	200~460	200~400	200
垂直航迹方向的波束大小	0.45°@400kHz	0.9°@400kHz	0.5°@400kHz	0.5°@400kHz	1°@400kHz	1.5°
沿着航迹方向的波束大小	0.9°@400kHz	0.9°@400kHz	1°@400kHz	1°@400kHz	1°@400kHz	2°
波束数目	1024	1024	512	512	800	256
覆盖宽度/(°)	160	160	165	165	200	130
最大测深量程/m	400	400	300	300	490	300

2. 测量误差影响分析

（1）多波束安装校正误差分析。安装校正的准确度直接关系到测深点的精度，安装校正误差属于系统误差，在三维点云中显示为条带与条带之间产生错位现象，校正前后条带拼接效果见图 4.3 - 8。

（a）校正前　　　　　　　　　　　　　　　　（b）校正后

图 4.3 - 8　校正前后条带拼接效果图

不同的校正参数引起的测深误差具有不同的特点，当横摇偏差过大时，平缓地区的横剖面会呈折线状，三维水深图沿着条带方向会出现一条一条的隆起和沟壑相间的现象。

（2）实时姿态误差分析。姿态传感器的测量精度受搭载平台的稳定性影响十分明显。通常风浪、设备连接的稳固程度等因素均会造成传感器的剧烈震动或摇摆，从而带来实时姿态测量的误差。风浪越大，平台震动越剧烈，姿态测量的精度越低，测深定位的误差越大，见图 4.3 - 9，且该项误差难以通过后处理消除。

（3）声速误差分析。由于声速误差引起的测深定位误差具有独特的现象，容易察觉和改正。声速过大时，数据剖面呈"哭脸"，条带中间深两边浅（见图 4.3 - 10）；声速过小时正好相反，数据剖面呈"笑脸"，见图 4.3 - 11。

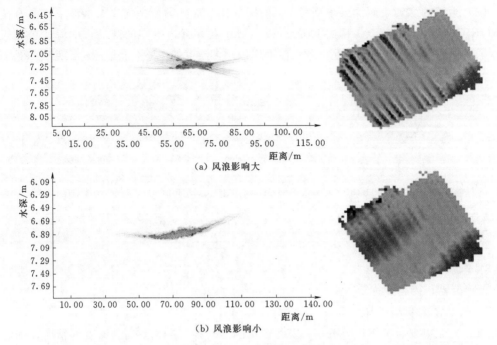

（a）风浪影响大

（b）风浪影响小

图 4.3-9 风浪影响示意图

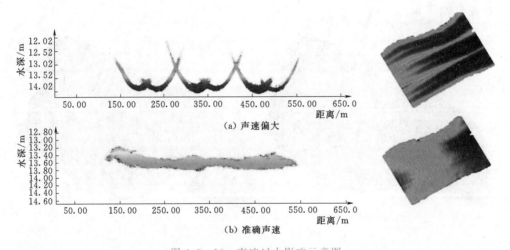

（a）声速偏大

（b）准确声速

图 4.3-10 声速过大影响示意图

3. 多波束测深系统安装

多波束测深系统由多种传感器经复杂组合而成，最终测量成果的质量不仅取决于各传感器自身的测量精度，还取决于各传感器之间的相互几何位置精度。因此，系统安装完成后必须精确测量各传感器之间的相互关系，使空间位置传感能为发射接收换能器提供横摇、纵摇、升沉和船舶向变化的实时补偿，最终测量成果才能精确归算为水下地形点的三维坐标。

（1）设备安装测量。多波束测深系统，理想的安装状态是多波束换能器基阵中心的三轴坐标与测量船重心的三轴坐标完全重合。但这种理想安装方式基本无法实现，因此两个坐标系之间存在坐标平移和坐标旋转。要保证坐标平移和坐标旋转精度，系统对换能器轴向的安

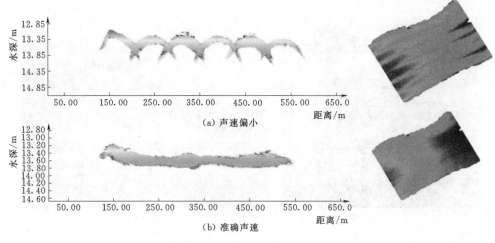

图 4.3-11　声速过小影响示意图

装以及换能器、姿态传感器和 GNSS 三者的相对位置关系要求比较高，安装要求如下。

1）换能器、姿态传感器及 GNSS 接收机天线必须牢固固定在船体（刚性船体）或安装支架上，相对位置及运动状态应保持一致。

2）换能器接收端在前，发射端在后，三轴尽可能与船重心坐标系三轴平行，且换能器发射和接收无遮挡。

3）姿态传感器固定在船重心位置上方，安装时保持水平，且与船纵轴保持平行。

在水库和河道测量时，可采用不同的方法安装，图 4.3-12、图 4.3-13 为常见多波束安装方式。舷侧安装时，换能器应处在测船重心位置附近的侧舷上；船底安装通常将换能器、姿态传感器和 GNSS 固定安装在固定支架上。

（a）舷侧安装

（b）船底安装

图 4.3-12　R2SONIC2024/2022 安装示意图

设备安装完成后，为获得设备的相对几何位置关系，通常在船体选择一个参考点（船的重心）作为坐标原点，船头方向指向 Y 轴，右舷方向为 X 轴，向下方向为 Z 轴，建立船体测量坐标系，精确测量换能器基阵中心、姿态传感器中心和 GNSS 天线相位中心的三维坐标。

（2）设备安装调试。设备硬件安装接线完成后，需进行通电测试，检验设备运行是否正常，信号是否同步输入。若信号输入异常，检查接线是否正确，软件设置参数是否合理。

（a）船艏安装　　　　　　　　　　（b）舷侧安装

图 4.3-13　EM2040C 安装示意图

（3）设备安装注意事项。

1）换能器安装：必须装在船上稳固的部位；安装位置远离噪声源；尽量在安装杆靠近水线的地方设置固定点；声呐头超出船底；做必要的试验以检查回收和放下声呐头后声呐头校准是否有改变。

2）姿态传感器安装：安装时姿态传感器的箭头指向船前进的方向；姿态传感器必须安装在船上稳固的部位，与船体牢固连接，且与声呐探头保持稳定的位置关系；安装位置远离噪声源和振动源。

3）GNSS 接收天线安装：GNSS 天线必须安装在船上稳固的部位，与声呐探头和姿态传感器保持相对稳定的位置关系；GNSS 天线上方必须无遮挡，确保差分信号接收良好。

4. 多波束测深系统校准

GNSS 定位导航系统、姿态传感器、换能器是多波束测深系统的三个重要组成部分，只有三个部分相对稳定才能保证测量数据准确。从理论上来讲，在船体平衡状态下，换能器的中央波束、GNSS 天线的竖轴和姿态传感器的竖轴必须保证在同一条铅垂线上，但是实际上由于材质、工艺等客观因素，基本不可能实现"三者同轴"的设计和安装，因此，任何一套测深系统（测深船）的建立，都会存在一套系统差参数，见图 4.3-14。

多波束系统安装误差主要包含时间同步误差和声呐探头安装误差两个方面。时间不同步误差造成了测点前后位移，相邻航带前后错位拼接，存在时延必须先进行延时校正。船体姿态的参数校正是声呐探头安装误差的校正，安装误差包含艏摇、横摇、纵摇 3 个分量。艏摇偏差造成了波束横向排列角度旋转，横摇偏差造成了测点左右位移、纵摇偏差造成了测点前后位移。只有通过理想的计算模型进行校正，才能得出波束脚印实际位置。

（1）延时误差校正。目前大部分多波束系统采用时间同步法处理各单元之间同步问题，纠正延时误差，故通常不进行延时误差校正。时间同步法的原理是利用 GPS 的时间与 1PPS，不停地调整多波束处理单元的时间，使多波束处理单元的时间始终与 GPS 的时间保持同步。

（2）横摇偏差校正。换能器的实际安装与理论设计存在横向角度的偏差，在不考虑该

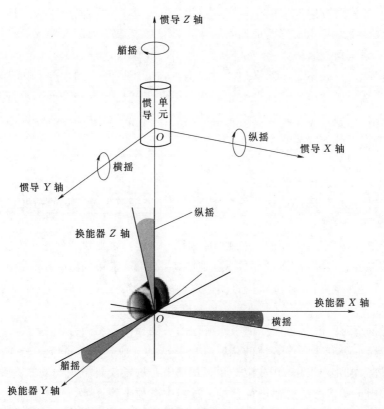

图 4.3 - 14　多波束测深系统安装误差

偏差角的状态下，测量数据反映出的是
倾斜的水下地形，多个波束带的数据叠
加起来水下地形将受到严重的弯曲，见
图 4.3 - 15。假设各波束实际测量的方
向与理论设计的方向存在一个偏差角 γ
可以求出，则可准确计算出各波束的真
实脚印位置。

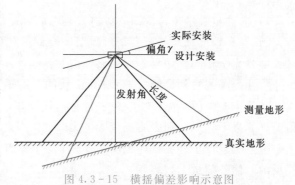

图 4.3 - 15　横摇偏差影响示意图

横摇偏差校正的主要目的就是测量
出换能器的横摇偏差角，使多波束在实
施水深点计算的处理中加上换能器安装
横向角偏差引起的波束入射角偏差改正，从而得到水底真实地形。

将实际安装的设备测出的水底地形点加入横摇偏差校正，可表达为

$$\begin{bmatrix} x \\ y \\ h \end{bmatrix}_{船体系} = \begin{bmatrix} 0 \\ R\sin(\theta+\gamma) \\ R\cos(\theta+\gamma) \end{bmatrix} \qquad (4.3-25)$$

式中：θ 为换能器自身的波束入射角；R 为波束长度；γ 为横摇偏差角。

假设在一个平坦的水底进行一条测线的数据采集，对换能器同发射方向波束的测深数

据进行统计，各发射方向波束的平均深度值组成了一个连续的测量水底，这个测量的水底地形的平均坡度正好等于换能器横偏安装角，计算各波束平均深度构成的平均坡度就可求得换能器安装偏差角。

水底的实际地形并不是绝对平坦的，总会存在着不同程度的坡度，在进行横摇偏差校正的过程中，必须考虑将水底地形坡度和横摇偏差引起的"水底坡度"进行分离。由于横摇偏差值的存在，当对某个地势相对平缓的水底区域进行往返测线的数据采集时，往返的两个测深数据波束断面会呈现出"X"交叉状或"＜"状，这种方法可以有效地将水底地形坡度和测量坡度分离。换能器波束两个方向测量坡度的均值就是水底地形坡度，测量坡度与水底地形坡度的差值即为横摇偏差引起的"水底坡度"，通过横摇偏差引起的"水底坡度"求出该偏差角，即完成横摇偏差校正。为保证横摇偏差校正的精度，在数据采集过程中应满足如下基本要求。

1）选择作为横摇偏差校正的水底地形应规则、平坦，否则就不具备沿航迹深度平均以减小误差的基本条件。同时，选择平坦的水底地形具备使每个波束的深度方差足够小的条件。

2）在同区域内，应设计 2 条平行的往返测线进行静态横摇偏差校正，应保证不同测线的相邻测幅有 50％～70％ 的重叠度，重叠度越高越好。

3）数据采集时，应尽可能保证来回航迹的长度相同、覆盖范围一致。

4）应选择水深有测区代表性的位置采集数据，一般选择水深在 10～100m 之间，原则上应选择较深水处，采用 60° 波束开角，保证有足够的统计数据。

5）应采用正常状态的船速进行测量，过程中必须平稳连续。

6）必须精确测量姿态传感器、换能器及 GNSS 天线相对位置，在采集平台中建立船体坐标系。

7）应同步测量声速剖面，以有代表性的声速剖面参与数据改正。

8）在参数计算之前，必须对数据进行编辑和处理，保证航迹为直线，一组来回的航迹长度要完全相同，如果不同的话，需对数据尽量裁剪以使航迹长度相同。

将往返测线的测量数据导入 Caris 软件，用参数校正功能可计算出横摇偏差值。计算方法是输入先验值，以最小二分法进行迭代计算，当结果收敛，则收敛的角度值就是横摇偏差，如果不收敛，则表明测量数据无效。

横摇偏差校正外业操作见图 4.3－16。在平坦地形的同一条测线上以相同船速、互相相反的航向各测量 1 次。

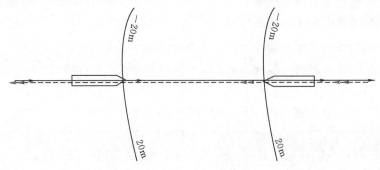

图 4.3－16　横摇（ROLL）偏差校正外业操作示意图

（3）纵摇偏差校正。纵摇偏差主要表现为实际波束测量断面与理论波束断面形成二面角（见图 4.3 - 17），只要能准确获得该二面角就能有效地对测点位置进行补偿改正，船体坐标系下可按下式计算：

$$\begin{bmatrix} x \\ y \\ h \end{bmatrix}_{船体系} = \begin{bmatrix} \cos p & 0 & \sin p \\ 0 & 1 & 1 \\ -\sin p & 0 & \cos p \end{bmatrix} \begin{bmatrix} 0 \\ R\sin(\theta+r) \\ R\cos(\theta+r) \end{bmatrix} \tag{4.3-26}$$

式中：p 为波束断面二面角；R 为波束长度；θ 为波束发射角。

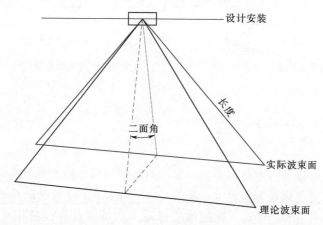

图 4.3 - 17　纵摇示意图

纵摇偏差校正应选择在特征地形的同一条测线上分别以相同船速、互相相反的航向各测量一次或多次，在数据采集过程中应满足如下基本要求。

1）应尽可能选在水深较大和特征地物目标明显的测区进行，以减小导航延迟效应，增加角度分辨率。

2）尽可能保持平稳的低速，以减小导航延迟效应，增加位置分辨率。

3）测线布设时应考虑使中央波束穿过特征地物目标顶部，以减小姿态传感器偏差效应。

4）选择 60°波束开角，以增加波束发射更新率。

纵摇偏差的常规计算方法是：叠加两个方向的所有测线，标出两个不同方向测线测出的特征目标，量取两目标之间的距离 l，若目标物的水深为 d，则纵摇角偏差 p 用下式计算：

$$p = \tan^{-1}\left(\frac{l}{2d}\right) \tag{4.3-27}$$

如果分离目标出现在实际位置的后面，则换能器纵向安装角度前倾，纵摇偏差符号为正，否则符号为负。在完成了成功校止并输入参数之后，来回的测线将会把原先分开的两个目标合并为一个目标。同样，Caris 软件自带的参数校正功能可以自动计算。

纵摇校正外业操作要求见图 4.3 - 18。在特征地形的同一条测线上分别以相同船速、互相相反的航向各测量 1 次。

（4）艏摇偏差校正。姿态仪、换能器的安装误差存在，还形成了艏摇偏差。艏摇偏差

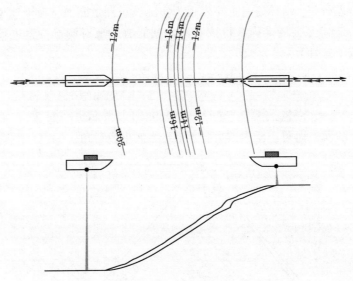

图 4.3-18　纵摇（PITCH）校正外业操作

表现为波束测点横向排列与航迹不垂直，以中央波束为原点向左或向右旋转形成夹角，测点离中央波束的位置越远偏差值越大，见图 4.3-19。设多波束测深系统中换能器波束横向排列与航行方向存在偏角 A_0，在船体坐标系下的波束脚印位置则可按式（4.3-28）计算。

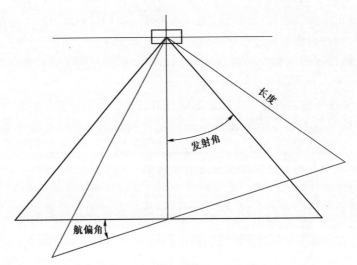

图 4.3-19　艏摇偏差示意图

$$\begin{bmatrix} x \\ y \\ h \end{bmatrix}_{\text{船体系}} = \begin{bmatrix} \cos A_0 & \sin A_0 & 0 \\ -\sin A_0 & \cos A_0 & 0 \\ 0 & 0 & 1 \end{bmatrix} \begin{bmatrix} \cos p & 0 & \sin p \\ 0 & 1 & 1 \\ -\sin p & 0 & \cos p \end{bmatrix} \begin{bmatrix} 0 \\ R\sin(\theta+r) \\ R\cos(\theta+r) \end{bmatrix} \quad (4.3-28)$$

式中：A_0 为实际航偏角；R 为波束长度；θ 为波束发射角。

　　艏摇偏差校正时，选择有线性目标特征地形布设横穿线性地物的往返两条测线，分别以相同船速，互相相反的航向各测量 1 次。如果多波束系统确实存在艏摇偏差，则艏摇偏差角将使线性目标以中央波束为原点旋转相同的一个角度。由于往返测线航向相反，从而造成线性目标在两次线性数据叠加后成为交叉的两条线而不是单独的一条线。艏摇偏差角就等于这两条线之间夹角的一半。在数据采集过程中应满足如下基本要求。

1) 在校正目标选择上，应以线性目标如管道线或线性陡坎等为宜。如果测区没有线性目标，也可选择两个孤立的突出目标，如位于港口出口处的防波堤头，并用它们之间的假想连线作为线性校正目标。水库区还可以选择特征地形（如斜坡）进行校正。

2) 尽量降低船速，并以 $10°\sim45°$ 的角度穿越这种类型的目标，以获得较高的位置分辨率，同时将延迟效应减至最小。

3) 对于两个孤立目标的情况而言，应尽可能减小扇区开角，以增加测深数据更新率。

在完成测量后，对所有测线进行叠加处理，确定线性目标是否是一条单一线或者两个孤立目标是否仍以单点出现。如是，则罗经偏差为零。否则应读取两个交叉的线性目标之间的夹角，或连接两个孤立目标的交叉假想线之间的角度，该角度即为罗经偏差。如果罗经偏差校正值正确，则两交叉线性目标应变成一条单一的线性目标。

艏摇偏差校正外业操作见图 4.3-20。在特征地形两旁的 2 条测线上以相同船速，沿同一航向各测量 1 次，2 条测线的间隔应等于最大条带宽。

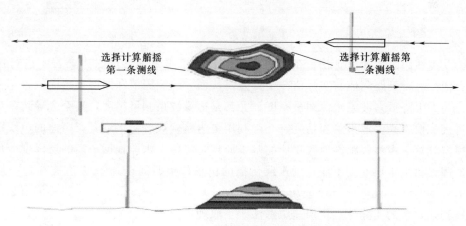

图 4.3-20　艏摇（YAW）偏差校正外业操作示意图

(5) 多波束安装校正顺序。多波束系统误差相互影响相互制约，校正顺序非常关键，通常校正顺序为 GNSS 时延→横摇→纵摇→艏摇。校准项不同，波束选择也不同：

1) 时延和纵摇皆选择中心波束，即顺航线选择波束。

2) 横摇选择整个条带的波束，即垂直航线选择波束。

3) 艏摇选择 2 条测线中间的重合波束，顺航线选择波束。

多波束校正主要目的是消除时延误差、横摇误差、纵摇误差及艏摇误差，实现各条带数据合理拼接。随着计算机技术的发展，误差校正主要采用模拟计算方法进行，通过计算机迭代计算出各误差角度值。

5. 声速剖面改正

(1) 水中声速传播特性。水库中水的声速主要受温度和压力两个因素的影响。采用声速剖面仪采集某水库坝前声速剖面，从图4.3-21中可以看出表层水温变化较大，随深度的增加，水温快速降低，声速随之减小，而且在某一深度产生突变；深层水温变化较小，声速主要受压力影响，随压力的增大而增大。

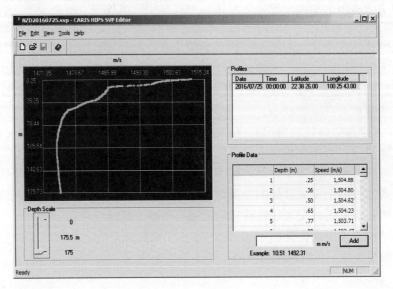

图4.3-21　某水电站坝前声速剖面图

（2）声线跟踪声速改正法。在水库或河道多波束水下地形测量中，若不进行声速改正，会使计算得到距离值与实际值产生偏差，从而导致测深值和测深点平面位置存在较大误差，会大大降低多波束水深测量精度，尤其是边缘波束测量精度，甚至会导致条带之间无法拼接。要提高多波束测深精度，必须利用更为精确或者更接近真实声速的声线跟踪法进行模拟计算。声线跟踪声速改正法的基本原理是将整个水体根据一定的层厚度分成多个水层，假设每个水层速度不变，用声线传播的单程传播时间 $T/2$ 减去声波在每一层中传播所消耗的时间，直至剩余时间为零。将各层计算得到的深度值和水平位移值求和便可得到声线到达水底的实际位置。声速跟踪法改正原理见图4.3-22。

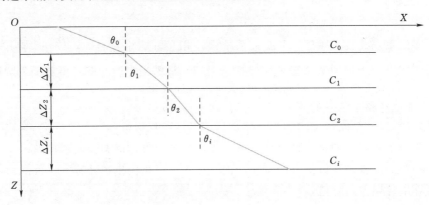

图4.3-22　声速跟踪法改正原理示意图

根据斯涅耳定律：

$$\sin\theta_i = PC_i \tag{4.3-29}$$

设分层厚度为 ΔZ_i（$\Delta Z_i = Z_i - Z_{i-1}$），则波束在 i 层内的水平位移 x_i 和传播时间 t_i 为

$$\begin{cases} x_i = \Delta Z_i \tan\theta_i = \dfrac{\sin\theta_i \Delta Z_i}{\cos\theta_i} = \dfrac{PC_i \Delta Z_i}{[1-(PC_i)^2]^{1/2}} \\[3mm] t_i = \dfrac{x_i/\sin\theta_i}{C_i} = \dfrac{x_i}{PC_i C_i} = \dfrac{\Delta Z_i}{C_i[1-(PC_i)^2]^{1/2}} \end{cases} \tag{4.3-30}$$

根据式（4.3-30），波束历经整个水柱的水平距离和传播时间可通过累加求和得到：

$$\begin{cases} x = \displaystyle\sum_{i=1}^{N} \dfrac{PC_i \Delta Z_i}{[1-(PC_i)^2]^{1/2}} \\[4mm] t = \displaystyle\sum_{i=1}^{N} \dfrac{\Delta Z_i}{C_i[1-(PC_i)^2]^{1/2}} \end{cases} \tag{4.3-31}$$

利用已测得的声波到达海底测量点的单程传播时间 $t/2$，由上朝下逐次扣除在各层中声线传播时间，直至差值为零，便可得到海底对应点的真实深度，以及和测量船的水平偏移距离。

多波束测深系统采集数据时，为保证发射波束指向特定的方向，会根据表层声速值对所发射的波束进行波束导向。表层声速误差对中央波束的波束指向角影响很小，随着波束指向角增大造成的波束指向角误差并不平均。随着波束指向角的增加，由表层声速误差造成的波束指向角误差迅速增大。波束指向角误差在波束脚印归算时，会直接导致测深点水深误差和平面位置误差。微小的表层声速误差会对测深点归算产生较大影响，因此多波束开始采集前必须精确测定测量区域表层声速值。例如 R2SONIC2024 外业数据开始采集前，需要在声呐控制器中设置准确表层声速值，若表层声速值设置错误，后续采集数据无法通过内业处理进行补救。

（3）声速改正误差的检验。由于声速误差对中央波束影响较小，对边缘波束影响较大，因此声速改正是否正确可以通过下面方法进行验证。在平坦区域布设一对或多对相互垂直的测线，测线经过横摇、纵摇、艏摇和潮位改正，若声速剖面改正正确，相互垂直的测线中央波束水深应该与边缘波束水深一致。加入正确的声速改正后，条带与条带拼接合理，构建的 CUBE 面比较光滑，符合实际水下地形；加入错误的声速改正后，条带边缘误差未得到修正，存在边缘波束上翘（笑脸）或下沉（哭脸），导致条带与条带之间拼接不合理，存在隆起或沟壑，构建的 CUBE 不光滑。

（4）声速剖面测量方法。在多波束测量过程中，测量声速剖面有直接测量法和间接测量法两种。声速剖面直接测量法能快速、准确、方便地为多波束测量提供声速剖面，已成为目前多波束测深系统中必不可少的一项设备。表 4.3-4 为两种典型声速剖面仪的性能指标。

测量声速剖面时，先将声速剖面仪浸入水中，待声速剖面仪温度与表层水温趋于一致时，缓慢放入水中直至水底，再缓慢拉出水面，完成剖面测量。声速剖面仪往下放和往上拉的过程中，深度每隔固定间距测量一个声速数据。测量声速剖面时，记录观测日期、时间和剖面位置的经纬度坐标（精确到1s）。

表 4.3-4   典型声速剖面仪的性能指标表

性能指标	SVP1500	AML MinosX
声速测量范围/(m/s)	1400~1600	1375~1625
声速测量分辨率/(m/s)	0.001	0.001
声速测量精度/(m/s)	±0.1	±0.025
工作深度/m	≤200	≤1000
温度测量分辨率/℃	0.001	0.001
温度测量精度/℃	±0.05	±0.005
深度精度	±0.15m	±0.003%FS
深度分辨率	0.01m	0.002%FS

6. 多波束测深系统测量

多波束测深系统在测量定位上一般采用 DGPS 或 RTK 的方式，DGPS 定位精度可达到亚米级，RTK 定位精度可达到厘米级。水库水下地形测量中通常采用 RTK 定位。

（1）设备安装调试。多波束数据采集设备安装主要包括换能器、姿态传感器和 GNSS 三部分，设备安装完毕后精确测量三者几何位置关系，并换算成船体坐标系三维坐标。将设备连接好，进行通电测试，验证各设备信号输入是否正常，能否进行数据采集及存储等。

（2）RTK 基站架设。在水库岸边通视条件较好的地方上设置参考站，连续接收可见 GNSS 卫星信号，并通过数据链电台实时地将测站坐标及观测数据传送到流动站。

（3）声速剖面测量。开展作业前，使用声速剖面仪精确测量声速剖面，测量过程中每隔 2~3d 测量 1 次声速剖面，若温差较大，应在早、中、晚各测量 1 次。

（4）水深值比对。多波束测深系统在正式开展水深数据采集之前必须进行水深值的比对工作。主要采用测深竿、测深绳、单波束等进行比对。较差满足规范精度要求，方可开展作业。

（5）系统校正。进行横摇、纵摇和艏摇偏差校正，在数据后处理中进行系统偏差改正，而数据外业采集过程中一般不进行实时改正。

（6）外业数据采集。

1）测线布置。多波束外业数据采集前，为保证水下地形全覆盖测量，需要对测线布设和船速进行技术设计。水下全覆盖测量要求波束横向重叠率（即条带重叠率）和纵向重叠率达到项目技术设计要求。若波束重叠率过小，将产生测量遗漏；若重叠率多大，势必影响测量效率。因此，只有选择适当的测线间距和船速，才能在兼顾全覆盖探测的同时，有效提高多波束测量效率。通常主测深线沿平行等深线方向分段布设，检查时要求测深线沿垂直等深线方向布设且与主测深线相交。

2）测线间距设计。多波束探测脚印是发射波束与接收波束在海底的交叉重叠区域，由纵横两条波束交叉形成，假设用矩形概略表示，见图 4.3-23。从图 4.3-23 中可以直观看出，单个波束矩形长宽与斜距 D_i、垂直航迹波束角 θ_i（横向）和沿航迹波束角 α（纵向）有关。多个波束矩形长度累加即得到条带横向覆盖宽度，矩形宽度即为波束纵向覆盖宽度。为保证水下地形全覆盖测量，必须保证条带之间横向覆盖和纵向覆盖有一定的重叠度。

条带重叠率是相邻测线间条带重叠部分与测线间距的百分比。全覆盖测量中，相邻主测深线间距应不大于条带有效测量宽度的 80%，测线间条带重叠率应大于 10%，条带重叠率按照下式计算：

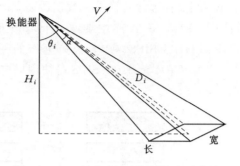

图 4.3-23　单个多波束探测脚印示意图

$$\gamma = \frac{L}{D} \times 100\% \qquad (4.3-32)$$

式中：γ 为条带重叠率；L 为相邻测线间条带重叠的宽度；D 为相邻测线间距。

3）船速设计。为保证波束纵向重叠率满足规范要求，在测量过程中，需要对测量船的速度实行实时监控，测量作业中最大船速按下式计算：

$$v = 2\tan\frac{\alpha}{2}(H-D)N \qquad (4.3-33)$$

式中：v 为最大船速，m/s；α 为纵向波束角，(°)；H 为测区内最浅水深，m；D 为换能器吃水，m；N 为多波束的实际数据更新率，Hz。

从式（4.3-33）可以看出，最大船速主要与测区内最浅水深有关，而在水库测量中，一般按照测线在水库中的位置的平均水深计算最大船速，分区选择航行速度。

4）风浪影响的控制。船只在航行过程中产生摇晃，测量船和换能器的姿态将不断发生改变，摆动幅度较大时，导致发射和接收波束的覆盖区分离，边缘波束无法被换能器接收到或者接收到回波信号杂乱无章。因此，为保证多波束全覆盖测量，应综合考虑安装偏差、声线弯曲、风浪以及水下地形的综合影响，合理布设测线，选择合适船速。作业过程中，若条带之间存在遗漏缝隙，忌急转方向，应直线行驶进行补测。

5）测船航行控制。在水库或河流测量时，主测线通常沿平行水边线布设，船的航向主要分为逆流行驶和顺流行驶。顺流行驶过程中，行驶速度较快，不易控制航向；逆流行驶过程中，行驶速度较慢，易于控制航向，因此最好逆流行驶。但水流过大，会导致声呐探头抖动，波束发散，无法接受反射波束，测量时探头必须固定牢靠。

6）其他应注意事项。在外业采集前，需先设置表层声速值，表层声速值直接影响多波束外业采集的质量，且后期数据处理难以修正。测量过程要随时对声呐进行控制，主要有波束张角大小、中央波束方向、声呐功率、最小水深值、最大水深值。控制张角大小，既保证足够的条带覆盖率，又尽量避免采集边缘离散度较大的点。中央波束方向通常指向船底正下方，根据水下地形变化，适当向左向右进行细微调整，保证数据采集覆盖不重不漏。浅水区降低波束发射功率，深水区增大波束发射功率，防止浅水区功率过大，产生噪声点；而深水区功率过小，导致采集质量不高。根据实际地形设置最小和最大水深值，剔除该范围之外的噪声点。

7. 多波束数据处理

外业数据采集完成后，需要进行规范化和标准化的数据处理，主要包括剔除噪声点、数据平滑、声速改正、水位改正、姿态改正、测深点坐标位置归算、成图以及各种格式的成图文件输出。目前主要采用的多波束数据处理软件有：TELEDYNE 公司生产的 CARIS HIPS/SIPS、QPS 公司生产的 QINSy、Kongsberg Simrad 公司生产的 Neptune 等。其中 CARIS HIPS/SIPS 是使用最广泛的多波束数据处理软件，其数据处理总流程见图 4.3 – 24。

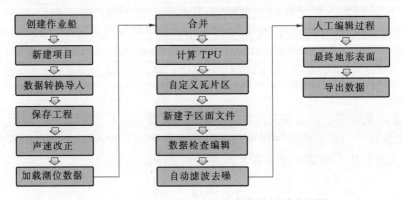

图 4.3 – 24　CARIS HIPS 7.0 数据处理总流程图

4.3.3　其他测量技术

1. 水上水下一体化测量技术

水上水下一体化测量技术是近几年发展起来的水下测量新技术，主要原理是利用船载移动测量系统，以实现同步采集近岸区域的陆地地形和水下地形数据的目的。在河道及水库管理、河流堤岸监测、海岛礁测量等方面具有较大的应用价值。在水库测量中，由于坡陡路滑，水位以上数十米甚至几百米高程范围内往往很难由人员达到，采用人工测量方法难度较大、安全风险高，而水上水下一体化测量技术能够无接触、快速测量此部分的地形，减少岸边传统测量工作。

水上水下一体化测量技术集成了高精度的水下测深技术、移动三维激光扫描技术、数字传感器技术、动态定位定姿技术、近景摄影测量等技术，其相关的设备和软件，经过多年的研究和探索，正逐步在水电工程水库测绘中得到应用。

2. 无人测量船

无人测量船是一种新型的水上勘测平台，其以小型船舶为基础，集成定位、导航与控制设备，可搭载多种传感器，以遥控/自主的工作方式，完成相关勘测任务。无人测量船根据搭载的传感器类型可完成不同的勘测任务。

在智能无人水下地形测量船研究方面，目前国内有多个厂家开发了相关产品，如中海达公司生产的 iBoat 系列、云洲智能公司生产的 ME 系列等。智能无人测量船大多具有自主航行、自动避障、高精度 GNSS 定位、视频实时传输等功能，续航能力可达到 10h，具备了较强的实用性。但无人测量船的发展历史比较短，最早是为军事、水声定位、水环境监测、水文测量、应急等需要进行研发的，单纯进行水下地形测量的应用案例较少。但无人测量船相比有人测量船来说，未来将具有较强的发展能力和使用价值，在水下地形测绘中发挥重要作用。

3. 侧扫声呐系统

侧扫声呐是目前海底地形地貌主要的探测技术手段之一，其分辨率远远高于多波束测深系统。自从 20 世纪 70 年代起，侧扫声呐已在海洋测绘方面得到了广泛的使用。

侧扫声呐基本工作原理见图 4.3 - 25。左、右两条换能器具有扇形指向性。在航线的垂直平面内开角为 θ_V，水平面内开角为 θ_H。当换能器发射一个声脉冲时，可在换能器左右侧照射一窄梯形海底，见图 4.3 - 25（a）中梯形 $ABCD$，可看出梯形的近换能器底边 AB 小于远换能器底边 CD。当声脉冲发出之后，声波以球面波方式向远方传播，碰到水底后反射波或反向散射波沿原路线返回到换能器，距离近的回波先到达换能器，距离远的回波后到达换能器。一般情况下，正下方水底的回波先返回，倾斜方向的回波后到达。这样，发出一个很窄的脉冲之后，收到的回波是一个时间很长的脉冲串。硬的、粗糙的、凸起的海底回波强，软的、平坦的、下凹的水底回波弱。被突起水底遮挡部分的水底没有回波，这一部分叫声影区。这样回波脉冲串各处的幅度就大小不一，回波幅度的高低就包含了水底起伏软硬的信息。一次发射可获得换能器两侧一窄条水底的信息，设备显示成一条线。在工作船向前航行，设备按一定时间间隔进行发射/接收操作，设备将每次接收到的一线线数据显示出来，就得到了二维水底地形地貌的声图。声图以不同颜色（伪彩色）或不同的黑白程度表示水底的特征，操作人员就可以知道水底的地形地貌。

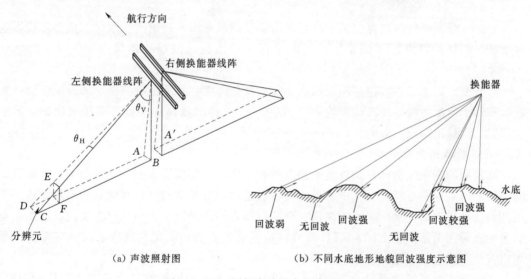

（a）声波照射图　　　　　　　　（b）不同水底地形地貌回波强度度示意图

图 4.3 - 25　侧扫声呐基本工作原理图

侧扫声呐系统的基本组成一般包括工作站、绞车、拖鱼、热敏记录器或打印机（可选件）、GPS 接收机（可选件）及其他外部设备等。

侧扫声呐的声图依据扫描线像素的灰度变化显示目标轮廓和结构以及地貌起伏形态。目标成像灰度有两种基本变化特征。

（1）隆起形态的灰度特征。海底隆起形态在扫描线上的灰度特征是前黑后白，亦即黑色反映目标实体形态，白色为阴影。

（2）凹陷形态的灰度特征。海底凹洼形态在扫描线上的灰度特征是前白后黑，亦即白色是凹洼前壁无反射回声波信号，黑色是凹洼后壁迎声波面反射回波声信号加强。

海底表面起伏形态和目标起伏形态，在声图上反映为灰度变化，就是以上两种基本特征的组合排列变化。

侧扫声呐的脉冲宽度比多波束小了 1～2 个数量级，因此，其分辨率远远高于多波束。侧扫声呐的分辨率分为垂直于航迹方向分辨率和沿航迹方向分辨率。以 EdgeTech4200 侧扫声呐为例，垂直于航迹方向分辨率分别为 3cm/300kHz 和 1.5cm/600kHz，沿航迹方向分辨率分别为 1.0m/300kHz 和 0.45m/600kHz。

侧扫声呐可以显示微地貌形态和分布，可以得到连续的、有一定宽度的二维水底声图，而且还可能做到全覆盖不漏测。所以，在水电工程中，侧扫声呐可以广泛应用于水下地形测量、水下构筑物探测、水底地质构造和底质分析等。

4.4 水电工程水库专项测量技术

水库测绘的专项测量工作主要包括河流（水库）纵横断面测量、建设征地与移民安置测量、库容复核及冲淤监测等，其测量方法、测量手段是各种综合测绘技术的反映。

4.4.1 纵横断面测量

河流纵断面测量的内容包括水位点、沿河公路纵断面、洪痕点、水尺、重要环境影响对象等，在长距离纵断面测量中，还需进行水位测量，测量比例尺一般为 1∶2000～1∶5000。

河流横断面测量内容包括断面端点、陆地部分测量、水下部分测量。河流横断面布置近似垂直于河流走向，断面间距约 200～2000m，两岸测量高程不低于拟建大坝正常蓄水位高程，测量比例尺一般为 1∶500～1∶2000。

1. 纵断面测量方法

纵断面的测量比例尺只是规定了测点的相应密度，与精度无关。纵断面上的点测量精度一般要达到地物点精度，其中水尺的高程需达到四等水准精度，水位点的高程需达到图根高程精度。因此，水尺采用水准仪、全站仪等直接测量方法；水位点和其他纵断面上点的测量宜采用全站仪极坐标、RTK 等直接测量方法。有时为了快速获取河流落差，也采用精密单点定位技术进行测量。

纵断面点数据采集规定：①水位点、洪痕点、重要环境影响对象采用全站仪观测时，水平角、边长、天顶距各观测半测回，两次读数和一测回；采用 GNSS RTK 时不少于 2 次对中测量，每次至少观测 10 个历元；②水尺采用四等水准连测；③水位点采用精密单点定位测量时，每点测量时间不少于 30min；④沿河公路纵断面可采用极坐标、RTK 法实测，或在已有地形图或遥感影像上进行图解获得。

2. 横断面测量方法

横断面代表了该位置的特征地形，其测点精度和分辨率要高于相同比例尺的地形图。其中，端点的测量精度要达到图根级，断面点的测量精度和点间距不低于地物点和高程注记点的要求。因此，横断面陆地部分数据采集采用极坐标、RTK 和遥感测绘等方法；水下部分数据采集采用测深杆、单波束、多波束等。

（1）横断面陆地数据采集规定：①端点采用 GNSS RTK 测量时，不少于 2 次对中测量，每次至少观测 10 个历元；采用全站仪观测时水平角、边长、天顶距分别观测一个测回、一个测回和两个测回；②极坐标、RTK 可采用参考线测量方法；③采用机载 LiDAR 或地面三维激光扫描仪扫描后，从三维激光点云中直接提取横断面坐标数据和属性数据；④在植被覆盖稀疏的高山峡谷区，航测法可达到的理想测量精度为 1∶2000，但在植被覆盖茂密、地形复杂的区域，航测法高程误差较大。因此，航测法宜作为特殊困难地区的补充测量手段。

（2）水下地形数据采集规定：①采用单波束测量时，每条断面进行往返测量；②采用多波束测深系统获取高密度水下点云数据后，利用软件提取横断面上的点。

3．成果自动调制方法

（1）河流横断面的自动调制方法。为提高横断面测量内外业一体化水平，目前主要采用软件将横断面端点、水上和水下部分三维坐标点，调制成以间距、累积、高程等信息表示的横断面成果数据，并绘制横断面图，以提供直观的地形特征显示，方便设计人员使用。

横断面自动调制方法和步骤如下。

1）建立独立坐标系，以横断面方向线为 x 轴，指向右岸为正；y 轴垂直 x 轴指向下游为正。通过坐标变换，把横断面测点平面直角坐标转换为独立坐标系。

2）剔除测点中相邻点间距小于阈值的点，可认为是重复点；剔除测点中偏离 x 轴距离大于阈值的点，可认为不是本断面上的点。阈值的选取应根据横断面测量比例尺确定，一般取 0.2m 或 1m。

3）以左端点为起点，或以最左边的点为起点，对所有测点进行排序，计算横断面成果。横断面调制后的成果表内容包括：点号、间距、累距、高程、测点的属性等。

4）再以高程为 x 轴，横断面方向线为 y 轴，建立横断面坐标系，在 CAD 中绘制横断面图，包括断面线、端点、水面线、水边高程、图廓注记等。

（2）河流纵断面的自动调制方法。首先将水位点测量成果换算为同时水位或工作水位；以天然河流水位点测量成果或水库正常蓄水位高程为依据，绘制天然河流或水库淹没线和中心线，将各水位点、公路纵断面点、河流横剖面交点、地物点（如洪痕点、桥、重要支流、险滩、环境影响点等）投影到中心线上，并计算各投影点的里程，里程的零点设于下游某一明显地物点，即里程由下游向上游递增。

纵断面自动调制的方法和步骤如下。

1）首先对水位点数据文件进行预处理，根据水尺水位观测成果进行同时水位换算及高程倒流处理，并根据测量顺序编辑展点位和点号。其他地物点文件也根据测量顺序编辑展点位和点号。

2）使用三维多段线，按照流向连接所有水位点，形成河流水边线。如水库正常蓄水位已知，则采用水库正常蓄水位高程线作为水库水边线代替河流水边线。

3）以河流第一条边线上的端点到第二条边的映射点连接的中点作为河流中心线上端

点，以此类推得到河流中心线。

4）将所有地物点数据文件中的点逐点投影到指定的河流中心线上，计算出每个投影点到最下游投影点的中心线上距离及相邻点的间距。

5）当所有的数据点处理完成后，将结果输出为纵断面成果表。纵断面调制后的成果表内容包括：序号、点号、间距、累距、高程、测点的属性和测量日期等。通过图面标注功能在纵剖面图上自动标注水位点点号、高程、施测日期及公路纵剖面点、河流横剖面交点、地物点的点号、高程、施测日期等。纵断面图图幅大小和同等比例尺地形图图幅一致，里程的零点在图纸左边。

4.4.2 建设征地与移民测绘

建设征地与移民测绘的主要工作内容包括：土地利用现状地形图测绘及数据建库、永久淹没界桩测量、移民安置区地形图测绘、移民附属工程测量等。

（1）土地利用现状地形图测绘。土地利用现状地形图在表示地形图基本地理要素的基础上，详细反映了耕地类型、园地类型、林地类型及草地类型等共 12 个一级地类的土地利用专题，是一种图面载负量大、信息十分丰富的图种。土地利用现状地形图测绘的主要工作内容包括地形图测绘、土地利用现状图斑界线测绘、权属界线调查、土地利用现状地形图编绘及建库等。

目前，水库区地形图主要采用航测遥感方法测制，权属界线则主要采用人工数字化测绘方法；地形图编绘及数据建库则主要基于 CASS＋MAPGIS/ARCGIS 等软件平台上制作处理。

水电工程土地利用现状地形图编绘的目的一是为了解决土地利用的复杂性、多样性同有限的地图幅面之间的矛盾，主要表现为要正确处理地图的详细性、完整性、清晰易读性、各类用地的地块轮廓面积的几何精确性和地理真实性之间的矛盾；二是为建设征地区土地勘测定界提供工作底图。土地利用现状图编绘的编制原则主要有：定位原则、闭合原则、取舍原则、归并原则及编码原则。

（2）土地利用现状数据建库。土地利用现状数据库的建立，是为了便于采用地理信息系统平台管理土地利用现状数据，使土地调查更快捷、更精确，实现调查和评价成果数字化与信息化。当前，水库移民实物指标调查中，基于 3S 技术的水库移民调查系统，已利用数字化土地利用现状地形图和土地利用现状数据库等空间数据，现场采录土地面积、权属、坡度、地类等信息，可以实时复核或更新已有数据，并与其他实物指标调查信息同时展布于三维可视化系统，极大地提高了移民工作的信息化和科学化水平。

某水电站水库区土地利用现状地形图分层图斑见图 4.4－1，利用图斑数据库输出土地利用属性表，结合地形图、影像等数据，为水电工程水库移民调查系统提供翔实的数据。

（3）永久界桩测量。永久淹没界桩按照界定对象的不同区分为"正"字桩、"土"字桩、"人"字桩和"影响区"界桩 4 类，其高程中误差分别对应 0.3m、0.2m、0.1m、0.3m，平面中误差均为 0.2mm（图 4.4－1）。永久界桩测量的工作内容包括：界桩制作、界桩点方案、界桩埋设、界桩测量及成果编制等。

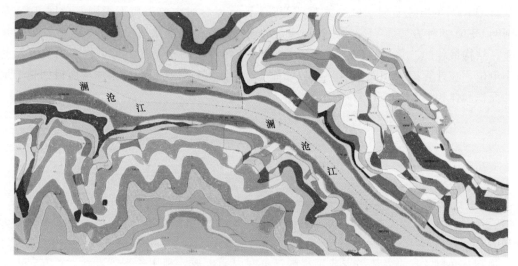

图 4.4 - 1　某水电站库区土地利用现状地形图分层图斑

目前，永久界桩测量主要采用全站仪、GNSS RTK 等测量方法，采用全站仪测定界桩成果时，水平角、边长、天顶距各观测一测回；采用 GNSS RTK 进行对中测量不少于 2 次。

4.4.3　库容及冲刷淤积量的计算

库容计算的目的是获得库容曲线和库容成果，进而对水库特征水位下库容或分段库容进行对比，以分析库容变化规律。冲刷淤积量计算的目的是获得冲淤量成果、横断面叠加图、深泓线叠加图、DEM 叠加图等，以分析冲刷和淤积的变化规律，以及冲坑的发展趋势等。

（1）库容计算。库容计算方法主要以断面法、等高线法、不规则三角网（TIN）或规则网（DEM）法为主。库容计算精度与测量方法和计算方法密切相关。在相同的测量比例尺下，水下测量误差要大于原始地形的测量误差。因此，水下地形测量宜采用先进的多波束测深系统进行，配合 TIN/DEM 方法或等高线法进行库容计算，以提高库容计算的精度。

1）断面法和等高线法计算库容常用梯形公式和截锥公式。

当 $(A-B) \div A \leqslant 0.4$ 时，　　　　$V_1 = (A+B)L/2$　　　　　　　　（4.4 - 1）

当 $(A-B) \div A > 0.4$ 时，　　　　$V_2 = (A+B+\sqrt{AB})L/3$　　　　　　（4.4 - 2）

式中：A、B 为相邻两断面或相邻两封闭高程面的面积，假设 $A > B$；L 为相邻断面间距或等高距；V_1、V_2 为库容。

可证明，当相邻两断面或相邻两封闭高程面的面积相差 40％时，采用式（4.4 - 1）代替式（4.4 - 2）计算的库容误差约为 1.4％；相差 10％时，其误差约为 0.5‰。由于大部分相邻等高线层的面积相差不大，因此，在大多数情况下，仅采用式（4.4 - 1）进行库容计算，对总库容的误差影响不会超过 1％。但仅采用式（4.4 - 1）容易忽略部分水库的复杂地形造成的计算误差，故在编制程序时需从严考虑。

对于复杂地形水库，采用断面法计算库容的精度较低。而采用等高线法计算精度相对较高。

2）TIN/DEM 法计算公式。常见的 DEM 计算库容时主要采用不规则三角网 TIN 及规则网 DEM 两种方法。TIN 法是按照一定的规则将离散点连接成覆盖整个区域且不相互重叠、结构最佳的三角形（Delaunay 三角网），三角网中的每个三角形可作为描绘地形的最小单位。在计算库容和面积的时候，对每个三角形进行计算，然后累加从而得到整个地形的面积和体积。TIN 法计算库容公式为

$$V_k = S(h_1 + h_2 + h_3)/3 \qquad (4.4-3)$$

$$V = \sum_{k=1}^{n} V_k \qquad (4.4-4)$$

其中　　　　　$S = \sqrt{l(l-a_{12})(l-a_{23})(l-a_{31})}$；$a_{ij} = \sqrt{(x_i - x_j)^2 + (y_i - y_j)^2}$

$$l = (a_{12} + a_{23} + a_{31})/2$$

式中：x、y 为三角点坐标；a_{ij} 为三角形边长；S 为三角形面积；h_i 为各点水深；V 为体积。

规则三角网 DEM 由离散点或不规则三角网内插生成，利用一系列在 x、y 方向上都按等间隔排列的地形点高程值 z 表示地形，形成由一系列平面片构成的 DEM 矩阵网格。利用规则格网 DEM 计算的库容公式就是正立方体的体积公式。

对于水下地形较为平缓的部分，无论是规则网还是不规则三角网，库容计算结果的差异都较小。对于水下地形复杂的部分，利用高密度多波束点云数据时，无论是规则网还是不规则三角网，库容计算结果的差异较小；而利用常规单波束数据时，规则 DEM 的计算方法要优于不规则三角网的计算结果。

ArcGIS 等软件平台中提供了 3D Analyst 基于 TIN 模型计算库容的模块。首先对原始地形点数据进行预处理，主要包括删除噪声点、构建 TIN 模型、编辑 TIN 模型、输出三角网点数据，再基于 ArcGIS 软件精确计算库容。

（2）冲刷淤积量计算。冲刷淤积量计算方法主要采用断面法和 DEM 叠加法。断面法根据两条横断面的冲刷和淤积面积，采用式（4.4-1）和式（4.4-2）计算冲刷量和淤积量。DEM 叠加法是基于两次测量数据建立的 DEM 模型，进行叠加计算得到冲刷量和淤积量，并输出叠加栅格图。

在水电工程中，水库淤积横断面作为泥沙测验的主要方法，测量频次较高，因此冲淤量常用横断面法计算。但对于坝前进水口局部地形和下游水垫塘及泄洪洞冲坑等局部地形来说，横断面的测点密度无法准确表示冲淤部位的地形地貌，只有采用先进的多波束测深系统进行水下测量，配合 DEM 叠加方法，才能获得准确的冲淤地形和冲淤量。

4.5　水库测绘新技术应用案例

4.5.1　精密单点定位技术的应用

1. 精密单点定位技术在河流落差测量中的应用

滚弄水电站、瑙帕水电站、塔桑水电站拟建坝址位于缅甸丹伦江干流上，其中瑙帕水电站距上游滚弄坝址约 80km，距下游塔桑水电站坝址约 380km。丹伦江上游滚弄河段至中缅

边境河道长约 100km，河段落差约 70m。由于缺乏瑙帕水电站拟建坝址与下游塔桑水电站回水及瑙帕水电站回水与上游滚弄水电站坝址之间的水位关系，无法确定瑙帕水电站坝址及正常蓄水位。因此需要测量 3 个水电站之间的纵断面数据。但是整个测区植被覆盖厚，沿江交通条件极差，政治敏感，水准测量或三角高程测量难以实施，导致河流纵断面测量无法进行。为此，采用精密单点定位技术测量沿河敏感区域的关键点，以获得河流落差数据。

（1）现场实施。外业测量投入美国 NAVCOM 公司生产的 SF2040G 单点定位 GPS 接收机。观测时，以 GPS 接收机控制面板显示的平面和高程精度来判断数据是否达到精度要求，当平面精度小于 0.1m，高程精度小于 0.15m 时进行数据采集。共采集了 17 个敏感区域的关键点。利用转换参数将测量成果转换成 Myanmar Datum 2000 坐标系坐标成果。高程方面，通过联测周边已有的高程控制点，借助 EGM2008 模型和残差拟合模型，获得高程异常及残余高程异常的参考改正数，对测量成果高程进行改正，得到了滚弄水电站、瑙帕水电站和塔桑水电站之间的水位落差，解决了在 GOOGLE EARTH 中量算存在粗差的问题，为 3 个水电站的规划布置提供了及时、准确的服务，为水电站项目的顺利开展发挥了关键作用。

（2）工效对比分析。如按常规测量方法完成控制测量和纵断面测量，据估算约需要 4 个月时间，而采用精密单点定位测量技术，只需 12 个工日，效率提高约 10 倍。因此，采用精密单点定位技术进行河流落差测量具有良好的性价比，可为缺乏信息的勘测设计提供关键的基础数据。

2. 精密单点定位的精度验证

为验证精密单点定位 GPS 接收机在水电项目中的测量精度，对老挝、缅甸、尼日利亚等国家中的部分实测数据进行对比分析，根据单点定位实测成果与已知点成果的差值，删除异常点数据后计算得到平面外符合精度均值约为 ±0.4m，高程外符合精度均值约为 ±0.3m。此测量精度已满足大比例尺像控点的测量要求，其相对高差测量精度也满足了河流落差的测量要求。因此，在现场环境条件非常困难的水电工程前期规划测量中，利用精密单点定位 GPS 接收机可满足河流落差测量、像控点测量、控制点联测等工作需要，可为水电工程前期规划提供非常重要的基础测绘资料。

但是，精密单点定位的测量精度除了接收机误差外，主要还受到系统转换误差的影响，而这种误差与已知点的数量、精度，以及坐标和高程系统转换参数和模型的计算有很大关系。使用精密单点定位进行测量前，应尽可能收集相关测绘资料，以便数据处理时能够获得较可靠的转换参数。

精密单点定位技术在国外水电工程前期规划测量中发挥了重要作用，成果是可靠的，精度也较高，可以大幅提高作业效率，大大降低外业安全风险。但单点观测时间较长，各测量点的成果之间是相对独立的，在工作中需要特别注意进行校核使用。

4.5.2　水库区似大地水准面拟合模型的应用

1. 水库区似大地水准面拟合成果的精度分析

采用式（4.2-2）～式（4.2-4）对部分水电工程水库区似大地水准面进行拟合，见表 4.5-1。其中，龙开口、功果桥、糯扎渡水库采用三角高程点作为拟合点，采用 GNSS

高程点作为验证点进行外符合精度检验；其余项目均采用三角高程点作为拟合点和验证点。

根据计算结果进行分析，结论如下。

（1）表 4.5-1 中内符合中误差和外符合中误差差异不大，以差异最大的景洪水电站为例，采用 F 检验来判断内符合中误差和外符合中误差是否同精度。检验过程为

$$F=\frac{S_1^2}{S_2^2}=\frac{9}{2.25}=4<F_{0.025}(18,8)=4.02$$

故认为内符合中误差和外符合中误差是同精度。说明拟合点和验证点的精度相同，拟合点的选取有效覆盖了测区，拟合模型精度较高。同时，也说明了龙开口、功果桥等水库 GNSS 高程的精度与三角高程测量的精度一致。

表 4.5-1　　　　　　　　　　水库区似大地水准面拟合精度统计表　　　　　　　　单位：cm

精度指标	景洪水电站	观音岩水电站	龙开口水电站	戈兰滩水电站	功果桥水电站	黄登水电站	糯扎渡水电站
内符合中误差	±1.5	±1.3	±1.7	±0.4	±0.1	±2.0	±5.1
最大不符值	2.8	−2.2	2.5	−0.7	0.3	−5.1	10.4
最小不符值	0.1	0.1	0.3	0.0	0.0	0.0	−8.6
平均值	0.0	0.0	0.0	0.0	0.0	0.0	0.0
外符合中误差	±3.0	±1.2	±2.4	±0.5	0.2	2.5	
最大不符值	−5.5	−1.6	−4.7	0.7	0.5	3.3	
最小不符值	−0.1	0.0	−0.4	−0.1	0.0	−1.2	
平均值	−0.9	0.4	−1.8	−0.3	0.0	−0.7	

（2）各项目的内符合中误差小于±2cm，外符合中误差小于等于±3cm。符合《水电工程测量规范》（NB/T 35029—2014）的要求。说明二次多项式拟合方法适合于水电工程水库区域的似大地水准面拟合。

（3）糯扎渡水库区似大地水准面拟合采用的三角高程控制点是在十多年前完成的，受点位沉降和测量误差的影响，原有三角高程控制点的成果在应用时存在较大的误差，影响了拟合精度。虽然剔除了部分残差较大的控制点，但拟合精度仍然超过了规范规定的要求，说明模型精度较低。故在今后控制网复测后重新进行拟合。

2. 拟合模型成果的应用

水库区似大地水准面模型建立后，对于检核三角高程的测量精度、检核控制点的稳定性及检验 GNSS 高程测量的精度等方面发挥了重要作用，对于促进 GNSS 高程测量的应用、提高水库区 GNSS 高程测量的精度和可靠性方面具有积极的作用，应作为今后水库控制测量的一项重要成果加以保存和利用。

（1）检核三角高程的测量精度。由于水库区三角高程测量路线一般为附合路线、闭合路线，甚至支线，检核条件少，测量粗差不容易探测。而在拟合计算过程中，带有粗差的三角高程点拟合残差较大，能够较准确地发现有问题的控制点。

　　某水库长约 9km，其 GNSS 控制网和三角高程路线观测示意图见图 4.5-1，三角高程为支线。各控制点的高程测量值见表 4.5-2。拟合后残差中误差达到 ±3.64cm，其拟合后残差见表 4.5-3。采用逐步剔除法剔除残差较大的 Ⅳ04、Ⅳ03 后，残差中误差为 ±0.57cm，精度显著提高，其拟合后残差见表 4.5-4。如采用 Ⅳ03、Ⅳ04 的 GNSS 平差高程值进行拟合，残差中误差为 ±1.94cm，精度优于采用三角高程的拟合成果。据此说明，Ⅳ03、Ⅳ04 的三角高程测量含有较大的观测误差，但此两点的 GNSS 高程精度优于三角高程测量精度。

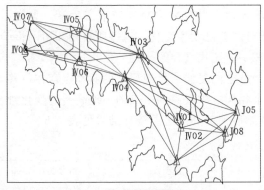

(a) GNSS 控制网观测图　　　　　　　　(b) 三角高程路线图

图 4.5-1　某水库 GNSS 控制网和三角高程路线观测示意图

表 4.5-2　　　　　　　　　　　某水库各控制点高程测量值　　　　　　　　　　单位：m

点号	纵坐标	横坐标	大地高	高程异常	三角高程
Ⅳ01	28625	8177	846.627	−29.132	877.3736
Ⅳ02	28110	8059	840.571	−29.136	871.3206
Ⅳ06	29633	5417	860.215	−29.129	890.9994
Ⅳ07	30267	4102	867.496	−29.134	898.2948
Ⅳ08	29801	3943	847.861	−29.135	878.6948
J05	28864	9661	840.95	−29.128	871.6515
J08	28547	9357	846.1	−29.132	876.802
Ⅳ05	30139	5413	866.407	−29.127	897.1927
Ⅳ03	29748	7052	841.188	−29.125	871.883
Ⅳ04	29394	6647	847.955	−29.127	878.653

表 4.5-3　　　　　　　某水库似大地水准面拟合后残差表（采用全部点）　　　　　单位：cm

点号	Ⅳ01	Ⅳ02	Ⅳ03	Ⅳ04	Ⅳ05
残差	3.53	−0.88	−2.91	−5.78	5.17

点号	J05	J08	Ⅳ06	Ⅳ07	Ⅳ08
残差	1.66	−1.81	4.47	−3.34	−0.11

表 4.5 - 4　　　　某水库似大地水准面拟合后残差表（剔除粗差点）　　　　单位：cm

点号	Ⅳ01	Ⅳ02	Ⅳ06	Ⅳ07	Ⅳ08
残差	0.82	-0.25	-0.96	-0.28	0.49
点号	J05	J08	Ⅳ05		
残差	-0.15	-0.15	0.50		

（2）由于水库区控制点分布较广、复测周期较长，起算点的稳定性较难复核。而经过水库区似大地水准面拟合后，各控制点的高程异常、残余高程异常均准确求取。复测时，正常高差已知，利用 GNSS 测量获得的高精度大地高差，减去高程异常变化量，与初始高差进行比较，超过一定的限差后，可认为相对高差已发生变化，通过所有相邻边的检验后可找出稳定的起算点。计算公式详见式（4.2-5）～式（4.2-9）。

某工程水库区控制网共有 34 个控制点，经过全网复测后发现原来的起算点存在位移，采用上述方法确定新的起算点。计算网中 29 个相同点中任意两个点的大地高差的变化量，共有 130 个高差之差超过限差或接近限差，复测后大地高差之差统计结果见表 4.5-5。

表 4.5 - 5　　　　　　　复测后大地高差之差统计结果表

点名	超限高差数	最大高差变化值/cm	限差/cm	相对点名
Ⅱ11	5	11.2	11.6	Ⅳ26
Ⅳ01	17	18.9	11.2	Ⅳ26
Ⅳ02	7	-16.8	10.2	Ⅳ17
Ⅳ03	10	-17.7	10.3	Ⅳ17
Ⅳ04	8	-17.0	10.3	Ⅳ17
Ⅳ05	7	14.3	14.9	Ⅳ26
Ⅳ06	6	-15.8	14.4	Ⅳ17
Ⅳ09	7	14.4	16.0	Ⅳ26
Ⅳ11	4	-14.4	15.1	Ⅳ17
Ⅳ14	6	-11.2	14.1	Ⅳ17
Ⅳ16	5	11.5	14.6	Ⅳ26
Ⅳ17	22	21.7	13.2	Ⅳ26
Ⅳ18	6	13.0	13.2	Ⅳ26
Ⅳ19	5	13.0	13.0	Ⅳ26
Ⅳ20	7	13.2	13.0	Ⅳ26
Ⅳ22	13	17.5	11.1	Ⅳ26
Ⅳ23	11	15.4	11.3	Ⅳ26
Ⅳ24	12	16.5	11.4	Ⅳ26
Ⅳ25	3	9.0	11.4	Ⅳ26
Ⅳ26	16	21.7	13.2	Ⅳ17
Ⅳ27	14	20.7	13.4	Ⅳ17
Ⅳ28	14	21.0	13.4	Ⅳ17
Ⅳ29	5	11.6	13.6	Ⅳ17

根据计算成果，准确地确定ⅣV 01、ⅣV 05、ⅣV 17、ⅣV 24、ⅣV 26 等控制点存在位移。为验证平差后的精度，以首次建网时建立的拟合模型，采用本次复测后平差成果作为验证点，经拟合后残差中误差为±3.2cm，精度较好，说明起算点选择是正确的。

（3）检验 GNSS 高程平差的可靠性。功果桥水电站正常蓄水位 1307m，相应库容为 3.16 亿 m^3。装机容量为 900MW。水库正常蓄水位时，水库干流回水长度约 40km，支流毗江河道回水长度约 8.5km。

水库区控制网首次建网以四等 GNSS 控制网作为库区平面控制网，共布设 32 点。两组 GNSS 控制点之间布设五等导线。以四等电磁波测距三角高程导线作为水库区高程控制网。采用 4 台 V8 双频 GNSS 接收机和 LeicaTC402 全站仪进行观测。四等 GNSS 控制网平差精度统计见表 4.5－6。

表 4.5－6　　　　　　　　　　四等 GNSS 控制网平差精度统计表

中误差	点位中误差/cm	方向中误差/(″)	边长相对中误差	高程中误差/cm
最大值	±2.9	±3.6	1∶34487	±0.9
最小值	±0.6	±0.2	1∶1237813	±0.1
平均值	±1.4	±0.8	1∶421337	±0.6

水库区 GNSS 控制网随后进行了两次复测，采用 GNSS 平差结果作为验证点进行外符合精度检验，2016 年复测外符合中误差为±1.6cm，2017 年复测外符合中误差为±3.0cm，均满足规范要求。复测结果说明 GNSS 高程平差的结果是可靠的。

4.5.3　多波束测深系统在水下地形测绘中的应用

1. 在水电站冲沙监测中的应用

漫湾水电站是澜沧江干流上已建的第一个大（1）型工程。该水电站拦河坝为混凝土重力坝，最大坝高 132.0m，水库库容 3.72 亿 m^3，总装机容量 1655MW。

随着上游小湾电厂投产，漫湾水电站开始常年维持高水位运行。由于水库运行方式的转变，坝前泥沙淤积的情况也有所改变，如何快速及时掌握水库及坝前泥沙淤积，确保水库运行安全，是漫湾水电站水库管理中遇到的新课题。为了平衡发电与泥沙淤积危害的矛盾，确保水库安全运行，及时合理安排冲沙，同时为了及时有效评估冲沙的实际效果，2012 年漫湾水电站在汛前冲沙过程中引进了多波束测深技术，分别在冲沙前后对坝前水库进行了测量，为冲沙前决策及冲沙后效果的评估提供了有效的依据，实现了对冲沙工作的科学评估，做到了决策过程科学、效果分析可信，实现了冲沙工作的精细化管理。随后，在 2015 年和 2017 年连续进行了多次测量，证明了多波束测深技术在水库坝前冲沙效果测量的准确性和先进性。

坝前测量河道长度约 2km，采用 R2SONIC2024 浅水高分辨率多波束测深系统按照全覆盖测量方式进行数据采集，见图 4.5－2。

（1）泥沙淤积形态监测。图 4.5－3 为漫湾水电站坝前段水下三维模型，由图中可清晰地看到坝前泥沙的淤积形态。冲沙后沿主河床有明显的 S 形冲槽，直到坝前原围堰缺口处。说明冲沙时，原主河道上的水流的流速是最快的，泥沙也主要沿着原主河道流出。

图 4.5-2　漫湾水电站坝前段水下数据采集　　图 4.5-3　漫湾水电站坝前段水下三维模型图

（2）冲沙前后监测成果分析。

1）坝前地形横向分析。采用多波束数据截取坝前典型横断面进行叠加，见图 4.5-4，左、右冲沙底孔前的地形是倾斜的，并且自 2009 年以来，库底没有发生明显的淤积。这说明冲沙时，坝前泥沙能够顺利排出，实现"门前清"。

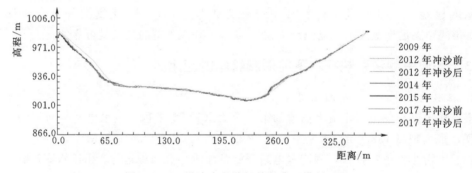

图 4.5-4　漫湾水电站坝前段典型横断面图

2）冲沙前后坝前漏斗容量变化。坝前漏斗地形在 2015 年冲沙前淤积量为 13396.7m³，2015 年 8 月冲刷了 19630.9m³；2017 年冲沙前淤积 27346.34m³，2017 年 8 月冲刷了 28300.645m³。冲沙量逐年增大与冲沙水量的增大有很大关系，并且冲沙量大于淤积量，冲沙效果明显。

3）最深点比较。各冲沙周期最深点统计见表 4.5-7，说明冲沙后，左、右冲沙底孔前泥沙淤积高程始终保持在合理的范围内，确保了水电站的安全运行。

2. 在下游河道冲刷监测中的应用

漫湾水电站水垫塘是在大坝下游人工浇筑形成的一个水泥底板，平均高程约 900m，最宽处约 120m。经过长年的泄洪冲刷和水下修补浇筑后，水垫塘底板分布着不规则的冲坑和突起。为了解和确定水垫塘底板凹陷或突起程度，采用多波束测深技术对水垫塘及下游泄洪洞出口冲坑进行详细测量，其测量成果见图 4.5-5～图 4.5-7。

表 4.5 - 7　　　　　　　　　　　各冲沙周期最深点统计表

特征部位	日　期	冲沙活动	H/m	冲沙孔底板高程/m
右岸冲沙底孔	2012 年冲沙前	冲沙 1 次	897.74	896.0
	2012 年冲沙后		895.55	
	2014 年冲沙前	冲沙 1 次	897.72	
	2015 年冲沙后		896.55	
	2017 年冲沙前	冲沙 1 次	896.98	
	2017 年冲沙后		896.21	
左岸冲沙底孔	2012 年冲沙前	冲沙 1 次	916.02	916.0
	2012 年冲沙后		914.67	
	2014 年冲沙前	冲沙 1 次	915.78	
	2015 年冲沙后		915.75	
	2017 年冲沙前	冲沙 1 次	915.67	
	2017 年冲沙后		915.15	

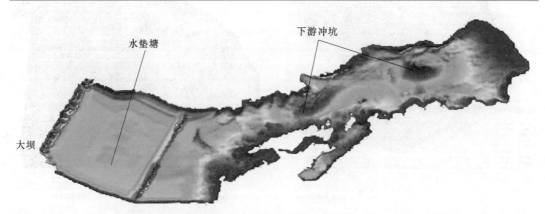

图 4.5 - 5　漫湾水电站坝后水垫塘及泄洪洞出口冲坑水下三维模型图

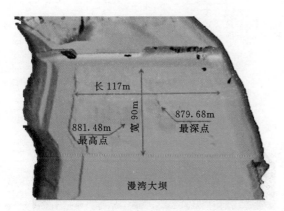

图 4.5 - 6　水垫塘水下地形三维模型图

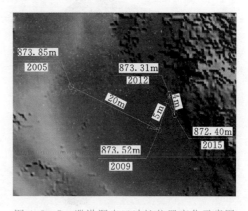

图 4.5 - 7　泄洪洞出口冲坑位置变化示意图

从图中可以直观看出，水垫塘及泄洪洞出口冲坑水下地形地貌能够一目了然，从图 4.5-6 中能够详细量测出水垫塘表面堆积物形状、高度及变化过程；从图 4.5-7 中则可量测出冲坑最深点及冲坑范围的变化过程。

3. 在水库水下地形测量中的应用

目前，中国电力建设集团昆明勘测设计研究院有限公司采用 R2SONIC2024/SONIC2022 多波束测深系统，完成了我国漫湾、景洪、功果桥、龙开口、鲁布革、戈兰滩、观音岩、糯扎渡、大朝山、及老挝南俄 5、海南 MLW 码头等水库的全库段或部分库段及近海的水下地形测量工作，部分测量成果见图 4.5-8~图 4.5-11。通过应用多波束测深技术，极大地提高了水库淤积测量的质量和效率，增强了水下地形测量可视化的效果，使水下地形成果更加逼真、准确，易于使用。

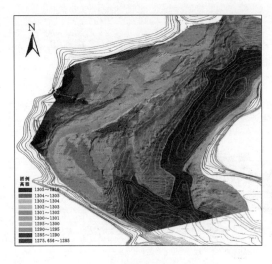

图 4.5-8　旧州码头水下三维地形图

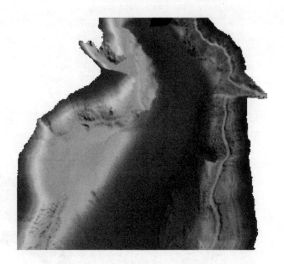

图 4.5-9　景洪水库水下三维地形图

图 4.5-10　糯扎渡大坝坝前三维地形图

图 4.5-11　戈兰滩大坝坝前三维地形图

4.5.4 水库淤积测量的数据处理

1. 纵横断面的调制

（1）横断面调制的内容和方法。横断面调制的内容首先是将外业采集的横断面线上及周围的三维坐标点进行筛选，将符合偏距和密度要求的各测点按顺序排列成横断面数据，其次是对水深数据进行声速改正、波束角改正等，并绘制横断面图，形成最终的横断面调制成果。

1）横断面数据准备。横断面原始数据包括断面测点坐标和断面端点坐标、水深数据及声速剖面等。断面测点坐标包含了整个水库项目中使用不同测量方法和测绘仪器获取的所有横断面的三维坐标，保存在一个文件中。断面端点坐标包含了所有横断面的端点坐标，保存在一个文件中。

2）水深数据改正。水深一般进行声速改正和波束角效应改正，其计算软件界面如图4.5-12 所示。

3）横断面调制。首先对测点偏离断面线的纵向和横向距离进行控制；需要设置往返测识别符及测点间距；需要设置横断面起算点、横断面图绘制比例尺及横断面保存路径等。

横断面调制软件界面如图 4.5-13 所示。

横断面调制原理虽然简单，但数据处理过程曲折，数据量大，采用标准化的软件后，所有数据按照统一的过程和标准进行处理，避免人为计算误差。

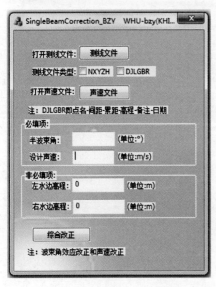

图 4.5-12 水深数据改正计算软件界面
示意图

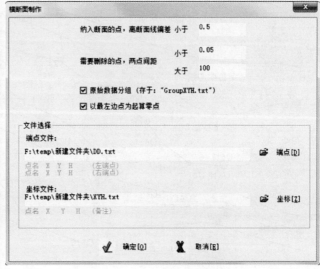

图 4.5-13 横断面调制软件界面示意图

（2）河道纵断面调制的内容和方法。纵断面调制的内容首先是将水尺每天定时测得的水位数据调制为参考某一天的水位涨落数据，用于将多天测量的水位点数据换算成同时水位。其中某个水尺（SW1）归算成果见表 4.5-8，多个水尺就可以形成多个区段的水位改正参数。

表 4.5 - 8　　　　　　　　　　　　　水尺 SW1 归算成果表

序号	观测日期	涨落/m	实测高程/归算高程	备注
1	2013 年 4 月 27 日	0.02	1998.68m/1998.66m	
2	2013 年 4 月 28 日	0.01	1998.67m/1998.66m	
3	2013 年 4 月 29 日	0.00	1998.66m/1998.66m	统一时点
4	2013 年 4 月 30 日	−0.02	1998.64m/1998.66m	

将水边点、横断面端点、公路纵断面点、其他测点的三维坐标分别保存成各自的文本文件，启动纵断面自动调制软件，输入相关文本文件，输出调制后的纵断面成果。河道纵断面成果图及纵断面调制成果见图 4.5 - 14 和表 4.5 - 9。

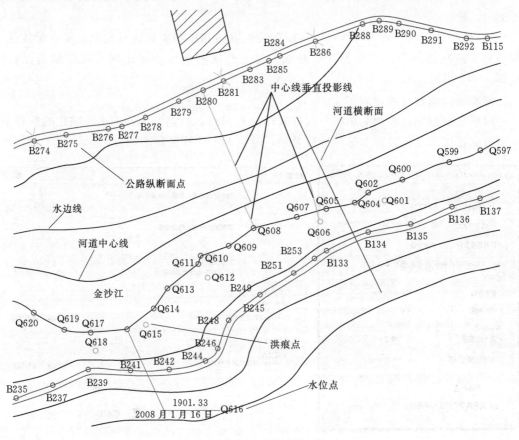

图 4.5 - 14　河道纵剖面成果图

（3）深泓线纵断面的自动调制。深泓线原始数据为水下地形点的三维坐标数据及河道中心线，将数据导入 CASS 或 CAD 后，调用该程序，输入搜索步长，搜索宽度，程序会自动提取出深泓线，并输出深泓线成果，绘制深泓线的断面图。以某水电站水库测量点云数据为例，运行后生产了三期测量深泓线图，见图 4.5 - 15。

表 4.5 - 9　　　　　　　　纵断面调制成果表

点号	间距/m	累距/m	高程/m	备注	日期
Q600	10.31	14119.55	1901.10		2008 - 01 - 16
B135	7.28	14126.83	1925.83	公路 GL14	
Q601	26.41	14153.24	1908.85	常水位	
Q602	10.86	14164.10	1901.10		2008 - 01 - 16
B286	0.02	14164.11	1928.71	涵洞	
B134	16.08	14180.19	1927.25	公路 GL14	
Q603	3.25	14183.44	1901.10		2008 - 01 - 16
JQ8	18.64	14202.08	1901.10	横剖面	2008 - 01 - 16

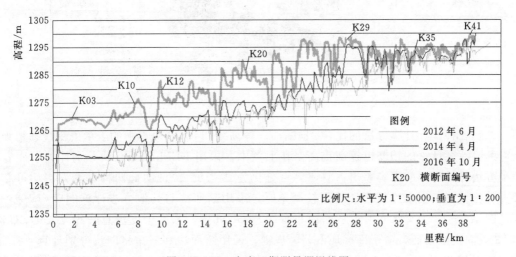

图 4.5 - 15　水库三期测量深泓线图

2. 水库库容的计算

（1）等高线法与断面法计算库容。等高线法计算库容的数据文件包含序号、高程、面积。断面法计算库容的数据文件包含横断面调制成果文件和断面间距文件。运行库容计算程序后，输入计算高程区间段和高程间隔，输出库容计算成果。库容曲线见图 4.5 - 16。

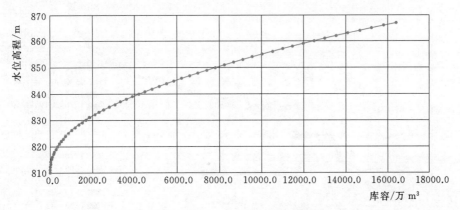

图 4.5 - 16　库容曲线示意图

（2）DEM 模型法计算库容。DEM 法计算水库库容步骤如下：①利用原始数据点云构建不规则三角网；②在构建不规则三角网的基础上内插生成 1m 格网 DEM，见图 4.5－17；③使用 ArcGIS 工具箱中表面体积计算工具计算水库库容。

图 4.5－17　利用 ArcGIS 生成 DEM 计算库容示意图

（3）三种库容计算方法的比较。横断面、等高线和 DEM 对地形的表示由粗浅到精细，相应的，库容计算的精度也逐渐提高。在上例中，采用 DEM 和等高线分别计算了库容，两种方法计算得到的库容差值占总库容百分比为 0.078%。证明此两种计算方法均可靠，计算较为精确。当水库较小、地形较简单时，采用断面法与其他方法计算的库容误差不大。图 4.5－18 为某水库河道横断面布置图及 DEM 图，水库干支流总长约 49km，布置了 53 条固定横断面，由于库区地形较为规则，采用断面法和三角格网法分别计算水库库容，两者相差 0.244%。计算说明断面法在规则库区精度较高。

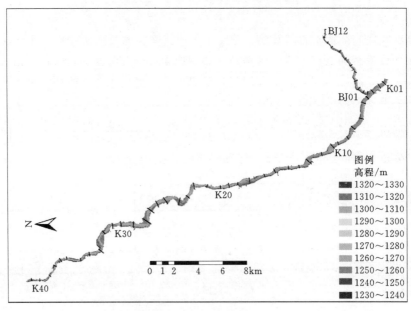

图 4.5－18　某水库河道横断面布置及 DEM 图

3. 冲刷淤积量的计算

（1）横断面法计算冲刷淤积量。横断面法计算冲刷淤积量的数据文件包含两期横断面调制成果文件（包含相同的横断面）和间距文件。运行冲刷淤积量计算程序后，输入计算高程区间段和高程间隔，输出冲刷淤积量计算成果，其计算成果见表 4.5-10。

表 4.5-10　　　　　高程段（1250～1307m）冲刷淤积计算成果表（干流）

剖面号	间距/m	累距/m	冲刷面积/m²	冲刷量/m³	淤积面积/m²	淤积量/m³
大坝	0.000	0.000	81.618	0.000	1987.174	0.000
K01	410.84	410.87	81.618	33531.810	1987.174	816405.3
K02	467.23	878.07	364.443	96331.820	2149.685	966433.4

（2）DEM 法计算冲刷淤积量。采用 DEM 法计算冲刷淤积量的过程如下：①在 ArcGIS 中生成 TIN；②将 TIN 构成 DEM；③裁剪比较范围；④将两期范围内 DEM 相减，对结果进行适当整饰，得到最终 DEM 叠加冲淤量效果图，见图 4.5-19。

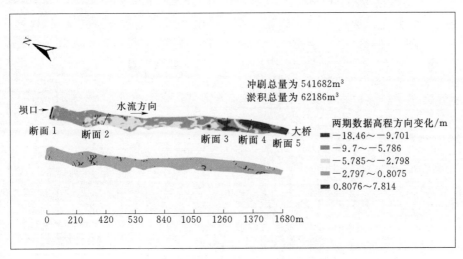

图 4.5-19　最终 DEM 叠加冲淤效果图

（3）两种方法的应用比较。与库容计算情况类似，横断面法计算精度相比 DEM 法要低。固定横断面法通常作为水库定期泥沙淤积与冲刷监测的主要方法，而 DEM 法适用于开展水下地形测量后进行高精度分析。从冲刷淤积分析的角度来看，淤积横断面叠加是直观显示水库区特征断面上横向淤积、冲刷的主要方法；深泓线叠加是直观显示水库区横向最深点纵向淤积的主要方式；而 DEM 叠加后的栅格图是直观显示测量区域整体俯视冲淤变化的主要方法。三者应该配合使用。

第 5 章

水电工程施工测量

5.1 施工测量技术的进展

水电工程施工测量包括施工控制测量、施工放样测量、工程量计量测量和竣工测量等内容。作为指导施工的依据，施工测量的精度和速度，直接影响到整个水电工程建设的质量和进度，是水电工程施工的基础工作。随着水电工程施工机械化、数字化建造技术的发展，施工测量技术向着高精度、（准）实时、信息化的方向发展。

1. 施工测量的主要工作内容

（1）施工控制网测量。为了统一工程项目的平面及高程系统，施工前需要进行施工控制网的建设。施工控制网包括平面控制网和高程控制网，一般要经过资料准备、技术设计、控制点建造、外业施测及数据处理、控制网复测等过程。施工控制网按照用途可分为公用控制网和专用控制网，按照观测方法可分为 GNSS 控制网、边角网、导线网、CORS网、水准网等。

（2）施工放样测量。施工放样是施工的先导，包括水电项目开工前的三通一平（通水、通电、通路和场地平整）、建（构）筑物的定位、基础放线、各工序的细部测设、构件与设备的安装测设、施工过程动态测量等。

施工放样工作主要有平面位置的放样、高程放样、竖直轴线放样以及施工过程监控等。建（构）筑物的特征点的平面放样通常采用极坐标法、直角坐标法或交会法等；高程放样常用水准法、电磁波测距三角高程法或钢带尺法等；竖直轴线放样可用吊锤、光学投点仪或激光铅垂仪等。

（3）工程量计量测量。工程量计量常用断面法、方格网法、等高线法和DTM法。断面法操作简单、直观，但是因为断面密度和位置取舍不同，会造成工程量相差较大；方格网法多用于建筑场地方量计算；等高线法和DTM法多用于计算精度要求较高、地形比较复杂的施工场地。工程计量过程中，往往需要根据不同工程特点选择不同的工程量计算方法。

（4）竣工测量。竣工测量包括下列主要内容：主体建筑物基础开挖建基面的1：200～1：500竣工图；主体建筑物关键部位与设计图同位置的开挖竣工纵、横断面图；地下工程开挖、衬砌或喷锚竣工断面图；建筑物过流部位或隐蔽工程的形体；建筑物各种主要孔、洞的形体；监测设备埋设、安装竣工图；金属结构、机电设备埋件安装竣工图；施工区竣工平面图；其他需要竣工测量的项目。

（5）施工期变形监测。施工期变形监测主要包括高边坡和滑坡体变形监测、水工建筑物及临时设施变形监测等内容。

2. 施工测量的主要特点

（1）精度要求较高。施工测量工作遵循"先整体后局部、先控制后细部"的原则，施工控制网是工程建设最基本的测量框架，是在实地准确放样设计成果的唯一依据，对测量精度有较高的要求。水电工程主体建（构）筑物内部有关联的轴线放线、混凝土立模浇筑放样、金属结构与机电设备安装测量等施工测量过程中，测量精度要求较高。施工期变形监测，关系着施工的质量与安全，测量精度要求较高。

（2）施工测量与施工进度关系密切。施工测量直接为工程施工服务，一般每道工序施工前都要进行放样测量。施工现场，不同施工单位、部门之间的各工序往往经常交叉作业，使测量作业的场地条件受到影响，视线被遮挡、测量桩点被破坏等现象经常发生。测量工作有时对作业环境要求较高，测量工作进行时，对应工程面需要停止施工作业，等待测量工作完成。现代水电工程施工机械化程度高、施工进度快、各工序衔接紧凑、施工周期短，对施工测量速度与准确度的要求较高。

（3）施工测量错误会造成巨大损失。施工测量是所有施工工作的先导，如果测量工作出现错误，施工自然就会按照错误的指向进行，如不能及时发现并纠正错误，则会对工程造成无可挽回的巨大损失。

3. 施工测量技术的进展

随着测绘科技的飞速发展，施工测量的技术面貌也发生了深刻的变化，主要表现在以下几个方面：一是测绘科学技术与装备的发展与应用，为水电工程施工测量技术的进步提供了新的方法和手段；二是各种大型水电建（构）筑物对施工测量不断提出新任务、新课题和新要求，使施工测量的服务能力不断提升，有力地促进了水电工程施工测量技术的进步和发展。

（1）高程测量技术的发展。除传统几何水准测量外，目前常用高程测量方法还有电磁波测距三角高程测量、GNSS 高程测量等。

1）几何水准测量。光学水准仪需要观测员具有较高的操作技巧，使用难度较大。电子水准仪除了具有自动安平功能外，还具有自动观测、自动记录、自动检查是否需要重测等功能，不但具有极高的测量精度，而且简化了测量程序，提高了效率，使水准测量变得易学易用。

2）电磁波测距三角高程测量。全站仪的出现，是施工测量中高程测量技术的一次重大变革。全站仪集成了电子经纬仪和电磁波测距仪的功能，可实时显示测量点的高程和高差，并且测量距离远、单测站可测量高差大，深受广大施工测量人员的喜爱。

3）GNSS 高程测量。GNSS 高程测量包括 GNSS 静态高程测量和 GNSS - RTK 动态高程测量。GNSS 静态高程测量主要用于施工期变形监测，而 GNSS - RTK 动态高程测量在土石方施工放样测量、工程计量、竣工测量中得到广泛使用。

（2）平面测量技术的发展。平面测量可分为水平角测量、距离测量与 GNSS 平面测量。

1）水平角测量。20 世纪 90 年代中期，电子经纬仪的出现，通过电子扫描，代替了人工读数，消除了人工读数误差，极大地提高了测量效率。现代全站仪水平角测量方式，与当初电子经纬仪相同。

2）距离测量。距离测量技术的发展变化较大，各种技术交替使用的情况较多，根本性变化是电磁波测距仪的出现。电磁波测距是光电、微波、激光、红外等测距方法的总称。电磁波测距具有操作简单、精度高、测量距离远等特点，随着近年来设备造价的不断降低，其应用范围更加广泛，目前是水电工程施工距离测量的最主要手段。

3）GNSS 平面测量包括了静态测量和动态测量。GNSS 静态测量可获取高精度的空间基线长度及方位角信息，测量距离远，不受通视条件的限制，在施工控制测量、变形监测中得到广泛使用。GNSS 动态测量则广泛应用在土石方放样测量、工程计量、竣工测量等方面。

（3）最新测量仪器和技术的发展。在施工技术的不断发展进程中，测量仪器和技术也在向着精度更高、自动化程度更高、信息化水平更高的方向发展。

1）自动测量型全站仪（又称"测量机器人"），如 Leica MS60/TS60 等。测量机器人具有极高的测量精度，最高精度的测量机器人的测角精度可达 $\pm 0.5''$，测距精度可达 $\pm 0.6\text{mm}+1\text{ppm}$；同时，也具有非常强大的功能，装载各种机载测量程序后，可完成高精度的施工控制网测量、变形监测、高精度三维施工放样、地下洞室断面和收敛测量等工作。测量机器人具有倾斜传感器，能自动进行横轴误差、竖轴误差、视准轴误差的补偿；具有动态测角装置，能克服度盘刻画不均匀误差的影响；具有自动照准和寻标功能，能够自动追踪移动的棱镜并进行测量，实现单人施工测量。

相比于传统的经纬仪或全站仪，测量机器人最大的优点是可装载各种测量模块，如多测回测角、自由设站、徕卡 Captivate 三维软件等模块，使平常繁琐的观测和计算工作变得简单。多测回测角主要应用于控制网观测。自由设站模块以其自动寻标功能，采用后方交会的方法自动搜寻洞室侧壁的固定棱镜进行施工放样，该方法避免了设站对中误差，减少了人工瞄准棱镜的瞄准误差，同时由于测站以相邻 3 个以上的相邻控制点为基准进行后方交会，将各控制点间存在的误差平差融合，使放样的点位能达到较高的精度。徕卡 Captivate 三维软件突破了传统的二维图形界面显示，进入到全新的 3D 测量新模式。

2）三维激光扫描仪。三维激光扫描仪通过高速激光扫描测量，大面积、高分辨率获取被测对象表面的三维坐标数据，大量的采集空间点位信息。三维激光扫描仪的最大优点就是突破了传统的单点测量方法，能够快速获取物体表面海量的三维坐标数据，这些三维坐标数据又被称为"点云"。目前，三维激光扫描仪在水电工程施工测量中，主要应用于工程量计量测量、洞室体型测量、岸坡变形监测、竣工图测量等方面。

3）数字化施工中的动态监控技术。在施工机械上安装 GNSS 接收机，将 GNSS 接收机接收到的实时三维坐标通过无线传输设备发送至监控平台，监控平台将施工机械运行轨迹按设定时间间隔绘制成运行轨迹图并计算出施工机械的运行速度和轨迹偏差，以实现施工过程中的动态实时监控。

4）施工控制测量技术的提升。如今，施工控制网可利用边角网、GNSS 控制网、导线网、水准网、电磁波测距三角高程网等不同技术方法中的最佳组合方法，从而互相补充、互相验证，不但提高了测量精度，也促进了总体的作业效率。此外，在一些专用控制网或加密控制测量中，需要根据现场情况制定特殊的观测方法和仪器对中方法等。随着陀螺定向技术的不断发展，定向精度和作业效率不断提升，有效地补充了常规导线测量在地下洞室工程中应用方面的不足。

5）信息化测量技术的发展。水电工程传统的施工放样手段是计算器＋全站仪（或

GNSS RTK 接收机），随着移动终端（手机或平板电脑）中应用程序的开发，有力地促进了施工测量技术的发展。移动终端凭借其强大的图形化显示、计算能力和联机控制功能，极大地方便了施工现场测量工作及后期施工测量数据信息化管理。同时，信息化建设在施工测量中还有非常大的发展空间，未来建筑信息化模型（BIM）及其周边环境信息的集成交付将会极大地推动施工测量信息化建设。

5.2　施工控制网

水电工程施工控制网是为水电工程建设的施工而布设的测量控制网，针对不同的服务目的，可分为平面控制网、高程控制网、施工 CORS 网、专用控制网等不同的布设类别。

水电工程首级施工控制网应覆盖整个工程建设区域，既要覆盖大坝、厂房和引水隧洞等主要永久性水工建筑物区域，也要兼顾场内道路、施工营地、渣场料场等附属工程区域。专用控制网在首级控制网的基础上进行扩展，主要针对局部施工区域建立相对精度较高的独立施工控制网，如厂房、隧道、闸门等处。

5.2.1　技术设计

施工控制网的技术设计是进行精密工程控制网建网的基础性工作，它依据水电工程规模和施工总布置，结合有关测量规范的规定，经过现场踏勘，对施工控制网的平面和高程基准、点位布置等方面进行具体设计，并根据所设计的控制网图形和所选择的测量设备进行精度、可靠性及效率等指标的估算。在各种设计方案中选择既可满足精度、可靠性要求，又能使整个建网时间短、费用少，以达到控制网优化设计的目的。

1. 技术设计的内容和步骤

（1）资料搜集和分析。需要搜集的主要资料有施工总布置图、测区的交通、地形、地质信息，已有控制点成果，并现场踏勘已有控制标志的保存情况。基于以上信息的分析，确定投影面的选择、控制网的布设形式、起始数据连测、网的加密扩展形式等问题。

（2）图上设计。根据工程设计意图及其对控制网的精度要求，拟定合理布网方案。设计步骤主要有：①展绘已有控制点；②按照方便施工放样的原则布设施工测量控制网点；③检查点间通视情况；④估算控制网中各推算元素的精度；⑤拟定坐标和高程联测方案；⑥根据设计结果写出文字说明，并拟定作业计划。

（3）点位选择。施工测量平面控制网中工作基点选择首要考虑的是方便施工，其次考虑稳定和便于观测、便于扩展和加密，又高又远的工作基点增加了不必要的施工加密工作量；基准点则要求远离施工干扰区域，主要考虑点位稳定性、加密。其次，对于边角网点或 GNSS 网点，还应考虑图形条件、观测环境等因素的影响。

水准网点的点位选择相对要灵活得多，主要应选在基础稳固，便于长期保存，也便于联测平面网点的地方；水准路线应沿施工道路布设，并尽可能布设成闭合环、结点网等。

（4）精度设计。施工控制网在方案设计伊始，就应充分考虑控制网精度对工程施工放样精度所造成的影响，进而合理确定施工控制网精度指标。施工控制网的精度设计依据为：①建筑物轮廓点或者放样目标位置的精度要求；②所采用的精度设计原则。

建筑物轮廓点位置误差包含控制点起始位置误差和轮廓点放样的测量误差。

假定建筑物轮廓点要求的平面位置误差为M，控制点起始数据的平面误差为$m_{控}$，轮廓点放样的平面测量误差为$m_{测}$，则有

$$M=\pm\sqrt{m_{控}^2+m_{测}^2} \tag{5.2-1}$$

当$m_{控}=0.5M$时，即控制点起始误差为建筑物轮廓点位置误差的一半，对轮廓点位置误差影响仅增加了15%，说明控制点起始误差对轮廓点放样不产生显著性影响，可以忽略不计。

《水电水利工程施工测量规范》（DL/T 5173—2012）中规定：混凝土水工建筑物轮廓点放样的平面点位中误差相对于临近控制点应满足$\pm(20\sim30\text{mm})$，以上限要求作为轮廓点放样精度M，即$M=\pm20\text{mm}$。

当施工控制网采用一次布网时，最弱点点位精度指标应满足$m_{控1}\leqslant0.5M=\pm10\text{mm}$；当采用两级布网时，加密网的最弱点点位中误差$m_{控2}\leqslant0.5M=\pm10\text{mm}$，首级网的最弱点点位中误差$m_{控2}\leqslant0.5m_{控1}=\pm5\text{mm}$。

若首级网和加密网具有相同的点位精度，即$m_{控1}=m_{控2}$，若仍忽略控制点起始误差影响$\sqrt{m_{控1}^2+m_{控2}^2}=\sqrt{2m_{控1}^2}\leqslant0.5M=\pm10\text{mm}$，则可计算得出$m_{控1}=m_{控2}=\pm7\text{mm}$。

值得注意的是，为保障施工控制网设计精度指标得到全面实现，在技术设计阶段应对理论状态下估算的最弱点点位精度留有一定的设计裕度，以应对建网实施过程中可能存在的各种不利因素影响。

（5）控制网质量准则。控制网质量准则包括精度准则、可靠性准则和效率（经济性）准则。

1）精度准则。精度准则一般由控制点坐标估值的协因数矩阵出发，定义一些纯量精度标准。在优化设计时按照网的精度要求构造一个准则矩阵，用于精度的评估。

2）可靠性准则。可靠性是指控制网探测出观测值中存在的粗差，以及抵抗观测数据中残存的粗差对平差成果影响的能力。控制网的可靠性是通过增加网中多余观测来体现的，多余观测分量越大，检验粗差的能力就越强，可靠性就越高。反之，多余观测分量越小，检验粗差的能力就越差，可靠性就越低。

3）效率准则。控制网的效率准则用于构造反映建网经费的目标函数。当按照某个具体的布网方式和观测作业方式进行作业时，要按要求完成整网的测设，所需的观测量与理论上的最少观测量会有所差异，理论最少观测量与设计的观测量的比值，称之为效率指标。

2. 优化设计

施工控制网的优化设计，是在限定精度、可靠性和费用等指标下，获得最合理、满意的设计。控制网的优化设计可分为零、一、二、三类。

（1）零类设计（基准设计）。基准设计就是在施工控制网的网形和观测值的先验精度已定的情况下，选择合适的坐标系和基准（已知点、已知方位角）。

基准的优化设计：在给定网形矩阵A与观测权阵P的情况下，确定最优的未知参数矩阵X和协因数阵。一般方法是按给定的网形，用秩亏自由网平差判断网本身的精

度——内符合精度，然后选择不同参考系，在其间进行相似变换，选择一个已知数据和未知参数的最佳配置，使协方差阵最优。

（2）一类设计（图形设计）。图形设计就是在观测值先验精度和未知参数的准则矩阵已定的情况下，选择最佳的点位布设和最合理的观测值数目。

（3）二类设计（权设计）。权设计就是在施工控制网的网形和网的精度要求已定的情况下，进行观测工作量的最佳分配（权分配），决定各观测值的精度（权），使各种观测手段得到合理组合。

（4）三类设计（加密设计）。加密设计是对现有网和现有设计进行改进，引入附加点或附加观测值，导致点位增删或移动，观测值的增删或精度改变。

工程施工控制网的优化设计是在满足质量准则的前提下，提出多种布网方案进行选择，然后根据点位布设的合理性、精度和可靠性指标、观测工作量等综合因素确定布网方案。

5.2.2　平面控制网测量与数据处理

1. 平面控制网测量方法

（1）边角网测量。边角网是建立工程平面控制网的基本方法之一，由三角形、大地四边形、中点多边形等组成。通过观测边长和水平角，再根据已知控制点的坐标、起始边的边长和坐标方位角，进而推算出各待定点的平面坐标。

按观测元素的不同，边角网测量可分为三角测量、三边测量和边角测量，目前较先进的是采用测量机器人进行自动观测。

（2）GNSS 控制网（GNSS 网）测量。GNSS 静态测量技术是对导航卫星的载波相位进行观测，相对于常规测量方法来说，GNSS 测量主要有以下特点。

1）测站间无需通视。测站间相互通视一直是测量学的难题。GNSS 这一特点，使得选点更加灵活方便。

2）定位精度高。一般双频测量型 GNSS 接收机静态测量精度为（$5+1ppm \times D$）mm，而高精度电磁波测距仪标称精度为（$1+1ppm \times D$）mm，GNSS 测量精度在短距离上暂时稍逊于精密测距，但随着距离的增长，GNSS 测量优越性更加突出。

3）多台仪器同时观测。GNSS 网测量可在所有观测站上安装仪器同时测量，既可以大大缩短作业时间，又可以显著提高控制网的精度和可靠性。

4）操作简便。GNSS 接收机的自动化程度很高，现场测量员的操作过程非常简单。

2. 平面控制网测量数据处理

（1）边角网测量数据处理工作内容。

1）角度测量数据的检验。包括测站观测限差检验、测站平差、三角形闭合差及测角中误差检验等。

2）边长测量数据的检验。边长观测值加入仪器加乘常数改正、周期误差改正和气象改正，改平和投影后进行观测值检验，包括往返测限差检验、一次测量观测值中误差、对向观测中误差等。

3）边角网图形条件的验算。包括测角网极条件、边角网边条件、边角网角条件、测边网角条件的验算等。

4）边角网平差计算及精度评定。边角网平差一般是根据最小二乘法原理，采用附有条件的间接观测平差法进行严密平差计算。平差中边、角观测权的确定采用方差分量估计原理定权。精度评定指标有单位权中误差、点位中误差、相对点位中误差、边长相对中误差等。

（2）GNSS 网测量数据处理工作内容。

1）相对定位中的误差分析。

a. 气象改正对 GNSS 数据处理的影响特性。无论是考虑气象改正模型对流层延迟中的气象参数，还是不考虑气象改正（取某一标准气象参数值），对 GNSS 平面控制网点位坐标的影响存在几毫米，这可能是对流层延迟残差估计引起的。对 GNSS 高程的影响较大，最大可达十几厘米。对于只计算平面坐标的 GNSS 控制网数据处理，可采用 MSIS 气象模型或同标准气象模型来改正对流层中的气象参数。

b. 天线相位中心变化双差残余项的影响特性。对于相距不远的测站（35km 以内），天线相位中心变化双差残余项的影响可以忽略。在天线定向标志指北的情况下，使用同类型接收机天线，相位中心变化影响很小，在短基线处理中大多数情况下是可以忽略的；使用不同类型的天线，相位中心变化残余项的影响不可以忽略。虽然常用基线处理软件提供了多种相位中心模型选项，但建议使用 IGS 的绝对相位中心改正模型。

c. 多路径和衍射抑制方法。消除多路径影响主要有站址选择、接收机选择、软件方法及延长观测时间等措施。如果条件许可，可选择采用扼流圈天线和延长观测时长。如果测站的环境条件不变，多路径效应就会重复出现。因此，对重复卫星星座观测值求差就可减弱多路径效应影响。

2）GNSS 网短基线解算方法。

a. 单基线解和多基线组合解。工程测量控制网 GNSS 基线解算大致可分为两类，即单基线解和多基线组合解。单基线解是假定控制网内任意两点，其基线分量仅与其组成基线的两个点位相关，处理方法简单，易于理解，目前被大多数 GNSS 接收机厂商采用。我国《水电水利工程施工测量规范》（DL/T 5173—2012）中各项指标，均是以单基线解为背景提出的。单基线解能够满足常见的高精度控制网要求，而多基线组合解则认为整网单一基线均与网内其他基线相关，在基线解算过程中，组合网内所有基线统一解算。在解算过程中，已经将相关的误差进行加权分配，因此其解算过程也含有平差的成分。多基线组合解模式的基线处理过程，数据运算量大，时间长，对计算机硬件要求较高。该方法多用于科研类导航数据处理软件，如 GAMIT/GLOBK 软件。

b. GNSS 基线解算的数学模型。在 GNSS 相对定位中，GNSS 基线向量的解算常用双差观测值，利用最小二乘原理进行基线向量的求解。

c. 精密星历使用及精度分析。采用精密星历，可使基线解算精度提高约 0.1ppm，对于施工控制网来说，使用精密星历和广播星历得到的结果基本一致。

3）GNSS 网平差方法、精度评估。GNSS 网平差分为三维平差和二维平差。根据平差时所采用的观测值和起算数据的数量和类型，可分为无约束平差、约束平差和联合平差等。

GNSS 网平差按以下几个步骤来进行：①提取基线向量，构建 GNSS 基线向量网；②三维无约束平差；③约束平差/联合平差；④质量分析与控制。

GNSS 网三维平差中首先应进行三维无约束平差，平差后通过观测值改正数检验，发现基线向量中是否存在粗差，并剔除含有粗差的基线向量，再重新进行平差，直至确定网中没有粗差后，再对单位权方差因子进行 χ^2 检验，判断平差的基线向量随机模型是否存在误差，并对随机模型进行改正，以提供较为合适的平差随机模型。在对 GNSS 网进行约束平差后，还应对平差中加入的转换参数进行显著性检验，对于不显著的参数应剔除，以免破坏平差方程的性态。GNSS 网平差流程见图 5.2 - 1。

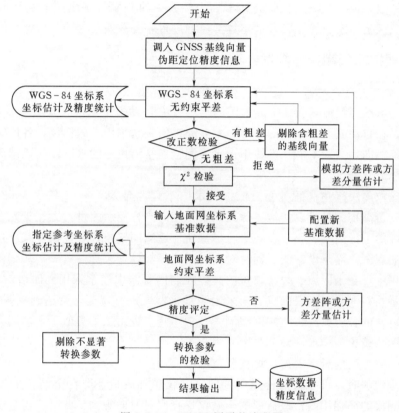

图 5.2 - 1　GNSS 网平差流程图

4) GNSS 网联合平差。GNSS 网联合平差是指平差时所采用的观测值除了 GNSS 观测值以外，还采用了地面常规观测值，这些地面常规观测值包括边长、方向、角度等。

GNSS 网的联合平差常在二维坐标系中。当在高斯平面直角坐标系中进行平差时，为将 GNSS 基线向量转换到该坐标系中，一般采用两种方法：一种是将 GNSS 基线向量及其随机模型按照数学关系式进行直接转换；另一种是先将 GNSS 网观测量进行预平差，再将预平差结果（包括三维坐标及其随机特性）一起转换到平面坐标系中。这两种方法都能得到理想的平差结果。此外，还有一种方法是把 GNSS 基线向量直接转化为与地面观测值对应的直角坐标系中的距离观测值，并顾及尺度变换因子，这样就可以方便地把 GNSS 基线向量和地面观测值进行联合平差，但是，这样做舍弃了基线的方向属性，会导致精度的损失。

第一种方法的基本思路如下。首先根据 GNSS 网固定点坐标及 GNSS 观测得到的基线向量 $(\Delta X, \Delta Y, \Delta Z)_{GNSS}$，求得各点的空间直角坐标 $(X, Y, Z)_{GNSS}$，然后利用空间直角坐标转化为大地坐标的方法，将其转换成大地坐标 $(B, L, H)_{GNSS}$，然后舍去大地高 H，利用 $(B, L)_{GNSS}$，通过高斯投影正算公式计算高斯平面直角坐标 $(x, y)_{gs}$，最后再按取坐标差的方法，得到平面直角坐标系中的 GNSS 基线向量 ΔX_{ij} 及 ΔY_{ij}，再利用它们按数学关系式列立误差方程式及约束条件方程。对 GNSS 基线向量的随机信息，按照 $D_{\Delta X\Delta Y\Delta Z} \rightarrow D_{BLH} \rightarrow D_{xy} \rightarrow D_{\Delta x\Delta y}$ 的顺序，也进行方差—协方差的传播，并转换到二维平面直角坐标系中。最后，将归算到高斯平面坐标系中的 GNSS 基线向量及地面观测量这两类观测值在该坐标系中建立联合平差数学模型进行联合平差。

5.2.3 高程控制网测量与数据处理

1. 高程控制网测量方法

（1）几何水准高程测量。目前最常用的水准仪有自动安平水准仪及数字水准仪两种。数字水准仪是在自动安平水准仪的基础上发展起来的，它采用条码标尺，各厂家标尺编码的条码图案不相同，一般不能互换使用。水准测量通常沿选定的水准路线逐站测定各点的高程。

（2）电磁波测距三角高程测量。依据《水电工程测量规范》（NB/T 35029—2014），电磁波测距三角高程测量可以实施三等及以下精度的高程控制测量。大气折光系数是三角高程测量精度的关键因素，要求在观测时尽量使往返测的气象代表性误差减至最小，如采取同时段对向观测、隔点设站法、同时对向观测法等。

水电工程中，在小区域、边长较短的高程控制网观测中经常采用同时段对向观测法。对向观测尽量在相同的时间段内完成，采用测量机器人进行观测，可达到三等水准精度。在引水式水电站的长距离高程控制网观测中，常用隔点设站法，类似于水准测量，全站仪安置在前后两个棱镜的中部，前后视距基本相等，测站数为偶数。这种作业方法进一步消除了仪器高和觇标高的量取误差，可代替三等水准测量。

更进一步观测时，可以将两台同精度的全站仪稍加改造，即在全站仪上加个固定棱镜，然后在测段的两端用两台改造后的全站仪进行同时对向观测，此时不需量仪高，避免仪器高对高差测量产生影响，只需在首尾两点用强制对中杆对中。这种方法称为同时对向三角高程观测法。这种方法所求的高差与仪器高和目标高无关，可以消除仪器高和目标高对测量高差的影响。测量的成果精度只与距离和竖直角有关。采用全站仪同时对向观测，观测条件基本是一致的，因此可以大大削弱或基本消除大气垂直折光的影响。为了提高测量的精度，同测段间还可以进行多测回观测。

2. 高程控制网测量数据处理

（1）观测数据归算及检验。水准测量需要整理测段的高差，对前后尺视距（累积）差、往返测段闭合差、环线闭合差等项目进行限差检验。对测段成果加入尺长改正、水准面不平行性改正、闭合差改正等项后，根据测段往返测高差不符值和环闭合差分别计算每千米高差中数的偶然中误差和全中误差。

三角高程测量是根据由测站向照准点所观测的垂直角（或天顶距）和它们之间的水平距离，计算测站点与照准点之间的高差。根据测段往返测高差不符值和环闭合差分别计算每千米高差中数的偶然中误差和全中误差。在工程施工控制网测量中，以实测边长来推导三角高程测量的基本公式为

$$h_{1,2} = s_0 \tan\alpha_{1,2} + \frac{1-K}{2R} s_0^2 + i_1 - v_2 \qquad (5.2-2)$$

式中：K 为大气折光系数；s_0 为实测水平距离；i_1 为仪器高度；v_2 为照准点的觇标高度；R 为测区的平均曲率半径；$\alpha_{1,2}$ 为垂直角。

式（5.2-2）是单向观测计算高差的基本公式。一般要求三角高程测量进行对向观测，以消除或减弱大气折光系数的影响。对向观测高差公式为

$$h = \frac{1}{2}\left(s_0 \tan\alpha_{1,2} - s_0 \tan\alpha_{2,1} + (i_1 - v_2) - (i_2 - v_1) - \frac{K_{1,2} - K_{2,1}}{2R} s_0^2 \right) \qquad (5.2-3)$$

（2）平差计算及精度评定。水准网的平差计算一般按最小二乘法原理，采用间接观测平差法进行严密平差计算，观测量权的确定按距离的倒数定权。三角高程网平差原理相同，观测量权的确定按距离平方的倒数定权。精度评定指标有单位权中误差、点位高程中误差和相对点位高程中误差等。

5.2.4　施工 CORS 网的建立

1. CORS 基本原理与组成

CORS 基本工作原理是利用 GNSS 导航定位技术，根据需求按一定距离建立连续运行的一个或若干个固定 GNSS 参考站，利用计算机、数据通信和互联网络（LAN/WAN）技术将各个参考站与数据中心组成网络，由数据中心从参考站采集数据，利用参考站网络软件进行处理，然后向各种用户自动地发布不同类型的 GNSS 原始数据、各类 RTK 改正数据等。用户只需 1 台 GNSS 接收机，进行野外作业时，即可进行毫米级至米级的、准时的、实时的、快速定位、事后定位或导航定位。

CORS 技术在用途上可以分成单基站 CORS、多基站 CORS 和网络 CORS。CORS 由数据中心、参考站子系统、数据通信子系统、用户应用子系统组成。其中，数据中心又分为用户管理中心和系统数据中心。

（1）数据中心。数据中心由服务器、工作站、网络传输设备、电源设备（包括 UPS）、数据记录设备、系统安全设备等设备组成。它负责卫星定位数据分析、处理、计算和储存，VRS 系统建模，VRS 差分改正数据生成、传输、记录、数据管理、维护与分发，同时向用户提供服务并对用户进行有效管理。

（2）参考站子系统。参考站子系统由接收机、天线、电源（包括 UPS）、网络设备、机柜、天线墩标和避雷设施组成，主要负责卫星定位跟踪、采集、记录和将数据传输到数据中心。

（3）数据通信子系统。由于目前有 GPRS 和 CDMA 无线上网技术支持，因此只需要将数据中心连接万维网，即可实现客户端采用 GPRS 或 CDMA 无线网络访问数据中心。参考站与数据中心通信系统采用有线传输与 VPN 网络。

（4）用户应用子系统。用户通过天线接收 GNSS 卫星数据，并用接收机进行数据存储和处理，通过通信模块把数据发送到数据中心，并最终接收数据中心差分解算数据。

与单参考站 RTK 相比，单站 CORS 具有长时间连续运行的基准站，静态数据全天候采集，点位精度高、数据稳定；采用固定的通信数据链（GPRS/CDMA），减少了无线电噪声干扰，作业半径远大于 RTK，能够实现较大范围厘米级实时定位及事后差分。

2. 施工 CORS 网的建立方法

考虑到水电工程施工测量范围一般较小，主要以单基站 CORS 为主，因此在此处主要阐述单基站 CORS 的建立过程。

（1）CORS 站选点注意事项如下：①周围应便于安置接收设备和操作，视野开阔，视场内障碍物的高度角不宜超过 10°（应验证大于 10°的有效数据有 90% 以上）；②远离周边的高大建筑物、树、水体和易积水地带，其距离不小于 200m；③远离大功率无线电发射源（如电视台、电台、微波站等），其距离不小于 200m；远离高压输电线和微波无线电信号传送通道，其距离不得小于 50m；远离雷击区；④避开铁路公路等易产生震动的地点；⑤基准站应该避开地质构造不稳定区域，断层破碎带，易于发生滑坡、沉陷等局部变形的地点，易受水淹或者地下水位变化较大的区域；⑥附近不应有强烈反射卫星信号的物件（如大型建筑物等）；⑦交通方便，并有利于其他测量手段扩展和联测；⑧地面基础稳定，易于点的保存；⑨应选在能长期保存的地点；⑩充分利用符合要求的旧有控制点；⑪有稳定可靠交流电供应；⑫网络接入方便。

（2）基站建设。基准站由观测墩和仪器室（机房）两部分组成。

1）观测墩。观测墩可建于基岩上或屋顶上。观测墩柱体内预埋 PVC 管道，用于敷设天线电缆。仪器墩外部进行保温和防风处理，顶部安装强制对中装置，并用透波材料的天线罩覆盖，以避免自然环境如强风、雨雪、日照、盐蚀等对天线的损坏。天线观测墩结构见图 5.2-2。

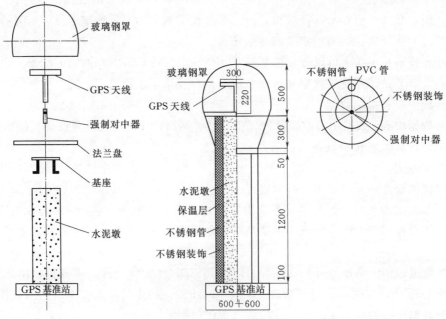

图 5.2-2 天线观测墩结构图（单位：cm）

2）仪器室。用于安置基准站设备。要求距离观测墩的距离不超过天线电缆的许可长度，并可提供可靠的电力供应和网络接入，此外需根据条件安装防盗设施并注意通风散热。基准站设备以模块化方式集成在仪器室的机柜内，由 GNSS 接收机、工业计算机、网络设备、UPS 电源系统、防护系统、机柜等组成。

3）室外观测墩防雷设备有避雷针和接地网。

（3）施工 CORS 网的数据处理方法。施工 CORS 网的数据处理主要有静态测量和动态测量。

1）静态测量方法主要是利用系统基准站的原始观测数据和用户所观测的数据联合处理完成的。

2）动态测量的使用方法如下：①GPRS 或 CDMA 拨号，拨叫基准站的网络系统接入号码；②流动站 GNSS 天线保持稳定，进行初始化工作，得到 RTK 固定解；③在待测点上得到固定解且稳定 2～5s 后，开始记录数据，连续记录 10 次结果（5s 采样间隔），取平均值作为该点的精确坐标。

5.2.5　专用控制网测量

1. 隧洞控制测量

水电工程中地下洞室工程较为普遍，一般有导流洞、泄洪洞、交通洞、输水隧洞、地下厂房等，大部分的隧洞地面控制主要采用枢纽区的公用施工测量控制网，少部分在枢纽区外的隧洞需要建立专用的地面控制网。长距离、大高差引水隧洞的地面控制测量已发展到新的高精度测量模式（GNSS、电子水准、电磁波测距三角高程等），洞外控制点的数量大大减少，测量误差引起的贯通误差也大大降低。

洞内控制测量建立在洞外控制测量的基础之上，洞内控制测量精度的高低直接影响到隧洞贯通的精度。

（1）洞外平面控制测量。目前在洞外平面控制网建造中主要采用 GNSS 法、边角网法和精密导线法等。在布网设计阶段要保证每个洞口至少有一个稳定可靠的进洞控制点及两个后视方向，洞外网的精度要高于洞内控制网的精度，这样可以为洞内控制留下更多的余地。

（2）洞外高程控制测量。隧道洞口附近水准点的高程，作为高程引测进洞的依据，一般采用三等、四等水准测量，也可采用电磁波测距三角高程测量。三角高程测量中，电磁波测距的最大边长不应超过 600m，每条边均应进行对向观测。

（3）洞外控制测量横向贯通误差估算。横向贯通误差是评价隧洞工程施工的重要质量指标。如果横向贯通误差过大，就可能使相向开挖的隧洞偏离设计轴线，造成巨大的经济损失。实际工作中，采用下式进行横向贯通误差估算：

$$M_{贯}^2 = M_{进}^2 + M_{出}^2 \tag{5.2-4}$$

$$M_{进}^2 = M_1^2 + S_1^2 \left(\frac{m_{a1}}{\rho} \right)^2 \tag{5.2-5}$$

$$M_{出}^2 = M_2^2 + S_2^2 \left(\frac{m_{a2}}{\rho} \right)^2 \tag{5.2-6}$$

式中：$M_进$、$M_出$分别为由两开挖口计算的影响；M_1、M_2分别为两开挖口控制点点位横向中误差；S_1、S_2分别为两开挖口掘进长度；m_{a1}、m_{a2}分别为两开挖口控制点定向边的方向中误差；ρ为常数206265。

水电工程输水隧洞施工由两端洞口相向掘进，其长度一般不超过5km（含施工支洞），假定贯通面在洞身中部，则取$S_1=S_2$。经过计算，地面控制测量对隧洞贯通横向中误差的影响列于表5.2-1。可见地面控制产生的横向贯通误差小于规范规定的1/2。

表5.2-1　　　　　　　　　　地面控制测量对隧洞横向贯通中误差估算表

近洞点	后视点	方向中误差/(″)	掘进长度/m	近洞点横向中误差/mm	贯通面横向中误差/mm
Ⅱ01	Ⅱ04	±0.4	1449.1	±5.2	±9.8
Ⅱ06	Ⅱ05	±0.8	1449.1	±5.4	
Ⅱ06	Ⅱ05	±0.8	2603.3	±5.4	±14.7
Ⅱ11	Ⅱ12	±0.6	2603.3	±5.2	

（4）洞内控制测量。洞内平面控制测量一般采用长边直伸导线或导线网，高程控制测量一般采用水准测量或电磁波测距三角高程测量。导线分为基本导线和施工导线。洞内导线通常需要进行至少2次独立观测。

洞内测量误差的主要来源有：①仪器测角误差和测距误差，随着先进的高精度全自动全站仪的普及，仪器误差对测量精度的影响已较小；②外界环境条件影响，洞内环境条件较差，温度、湿度、灰尘、振动等不利条件均会对测量精度造成较大影响，是洞内测量需要克服的主要误差来源；③对中误差，由于隧洞内很难埋设强制对中盘，大多数是埋设地面标，地面标易产生较大的棱镜和仪器对中误差，也容易被破坏或混淆，是洞内测量需要克服的主要误差来源。

2. 闸门底孔、深孔平面专用控制网

水电工程中，闸门底孔、深孔平面专用控制网较为常见，具有一定的代表性。下边以某个工程项目为例，建立满足精度要求且可靠的底孔专用控制网点作为底、深孔反钩检修门安装的测量基准。

当底孔上游检修门（封堵门）牛腿达到高程56m（坝两端两孔为高程57m）时，经过实地踏勘和技术设计建立深孔专用控制网，见图5.2-3。

由于深孔和底孔反钩检修门的共轨共面的关系，因此深孔的平面专用控制网应以底孔的专用控制网点为基准进行施测。常用的传点方法有天顶仪投点和悬挂钢丝传点。但无顶仪投点对观测条件要求较高，仪器架设观测和做点很困难，还需要焊接投点钢板，

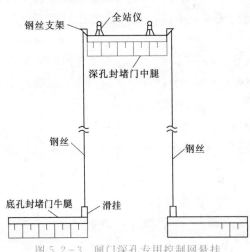

图5.2-3　闸门深孔专用控制网悬挂钢丝传点方法示意图

（图中标注：全站仪、钢丝支架、深孔封堵门中腿、钢丝、底孔封堵门牛腿、滑挂）

施工人员干扰大，高处流水掉物现象严重，因此常采用悬挂钢丝传点方法。首先量测两钢丝距离与底孔测定的两钢丝坐标计算的距离较差，较差应小于±1mm。在牛腿两侧分别架设仪器、选择测站时，应尽量使 S_1、S_2 较短（见图 5.2 - 4），原因如下。

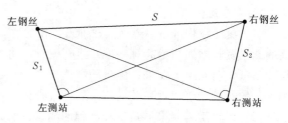

图 5.2 - 4　深孔专用控制点测量

若设 $K = S/S_1$，当仪器标称精度及已知边 S 确定时，观测角接近 $0°$ 或 $180°$，且 K 值越大时，更有利于提高测站点的精度，见式（5.2 - 7）。在每个三角形中分别按边角交会的方法至少观测夹角及边长两测回。

$$M_P = \pm \sqrt{\left(1 + \frac{\sin^2\beta}{K^2 - \sin^2\beta}\right)m_s^2 + \left(1 + \frac{\cos\beta}{\sqrt{K^2 - \sin^2\beta}}\right)^2 \frac{S^2 m_\beta^2}{\rho^2}} \qquad (5.2 - 7)$$

当两测站的坐标计算完毕后，量测距离 S_3 与计算值比较，也不应大于±1mm。分量取两三角形长边边长进行比较，较差应小于 $\pm\sqrt{2mm}$，最后可将 S_3 的较差值平均分配两测站，再次计算，从而最终确定出测站点的坐标成果。

控制轴线的建立、检查、安装控制点的放样及埋件验收方法与底孔采用的方法相同，不再赘述。

5.2.6　施工控制网的复测

施工控制网复测的周期或时机依据工程特点和施工进度计划进行确定。施工难度越大，精度要求越高，复测周期越短。边坡开挖施工过渡至大坝和厂房土建施工或隧洞贯通时，应进行复测；施工测量过程中，发现点位位移影响施工时，应进行复测；大坝施工期较长时，应定期进行复测。

施工控制网的复测一般采用全网同精度观测，观测仪器和方法与初次观测相同。施工测量控制网复测后，需要对控制网基准点稳定性进行准确的分析，选择稳定的基准进行平差计算，以获得可靠的坐标数据。

5.3　施工放样测量

把设计图纸上建（构）筑物的平面位置和高程，用一定的测量仪器和方法测设到实地上去的测量工作称为施工放样（也称施工放线）。精确测量放样能准确控制施工质量，节约工程成本。因此，施工放样是工程施工过程中的重要一环，它贯穿于工程施工全过程。

5.3.1　施工放样方法和精度

施工放样的实质就是将图纸上建筑物的一些轮廓点标定于实地上。为了标定这些特征点的空间位置，把已知的水平角度、水平距离和高程 3 个基本要素测设到实地上去。测设 3 个基本要素以确定点的空间位置，就是施工放样的基本工作。

1. 施工放样方法

（1）施工放样准备。施工放样准备工作的主要内容包括：收集测量相关资料，并对收集的测量资料（如测量起算基准）进行复核，将测量控制点坐标转换到施工坐标系；熟悉设计图纸，明确施工要求；施工图纸读审，放样数据的准备，测量方案的编制，测量仪器和工具的检验校正；对相关的测量软件进行使用前验证。

（2）水平距离、水平角度和高程的测设方法。

1）测设已知长度的水平距离。测量方法有钢尺量距、电磁波测距等。

2）测设已知角值的水平角。水平角观测方法有测回法、方向观测法、左右角观测法。

3）测设已知高程的点。测量方法有水准或三角高程法。

（3）点的平面位置（坐标）测设方法。

1）直角坐标法。当建筑物已设有主轴线或在施工场地上已布置了建筑方格网时，可用直角坐标法来测设点位。但是过程中设站较多，只适用于便于量边的情况。

2）极坐标法。全站仪、GNSS 手簿等大多具有极坐标放样功能，输入待测设点坐标，仪器会自动计算测站至该点的设计方位角和水平距离等信息。

3）前方或后方交会法。为了提高放样精度和可靠性，通常在 3 个控制点上进行交会。

（4）已知坡度的测设。在道路、渠道、给排水工程中经常要测设指定的坡度线，又称放坡，见图 5.3-1。要求由 A 点沿山坡测设一条坡度为 -2.5% 的坡度线，可先算出该坡度线的倾斜角：$\alpha = -0.025 \times \dfrac{180^\circ}{\pi} = -1°25'57''$。

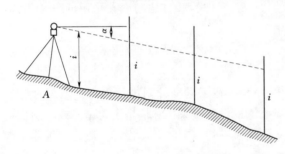

图 5.3-1　坡度线放样示意图

然后安置全站仪于 A 点，设置倾斜角 α，此时视线轴为要测设的坡度线。在视线方向上，按一定间距钉出 1、2、3 等点，使各点桩顶立标尺或标杆的读数恰为仪器高 i 时，则各桩顶即为设计的坡度线。

（5）曲线的测设。曲线的测设相对比较复杂，需要根据曲线方程计算曲线上各桩号对应的施工坐标，然后按照点的平面位置测设方法进行放样。

2. 施工放样精度

（1）工程施工放样的误差传播律。施工放样工作中的各级过程，均受误差影响，最终的施工放样成果精度，遵循误差传播定律。因此，有必要在放样操作前，对放样方案是否满足施工要求作定性评估，以明确各类误差因素对放样成果的影响及规避各类不利因素。

与其他测量工作一样，施工放样过程中的误差包含偶然误差、系统误差和粗差三大类。粗差一般是明显的错误，可以通过对比及重复测量发现。当系统误差占总误差的30％时，即可认为整个施工放样全部由偶然误差组成。偶然误差具有随机性、抵偿性、对称性和有限性，其分布特征呈正态分布。

（2）工程施工放样精度要求。一般情况下，设计方案只对施工限差设定一个总体要求，并未对施工放样限差提出明确限制。施工限差由放样、施工等多种工序共同影响。

《工程测量规范》（GB 50026—2007）规定采用 0.4 倍施工限差（40% 施工精度限额）作为测量限差。原理如下。

误差有两个独立的单因素误差组成，由中误差的关系为

$$m_{总}^2 = m_1^2 + m_2^2 = m_2^2 \left(1 + \frac{m_1^2}{m_2^2}\right) \tag{5.3-1}$$

令：$k = \dfrac{m_1^2}{m_2^2}$，则：$m_2 = \dfrac{1}{\sqrt{1+k}} m_{总} = B m_{总}$，$m_1 = \dfrac{k}{\sqrt{1+k}} m_{总} = A m_{总}$

当 k 取不同的值时，计算得到相应的 A、B 值，见表 5.3-1。

表 5.3-1　　　　　　　　　　　k 与 A、B 值关系表

k	0	0.2	0.4	0.6	0.8	1	2	5	10	∞
A	0	0.41	0.53	0.61	0.67	0.71	0.81	0.91	0.95	1
B	1	0.91	0.85	0.79	0.75	0.71	0.58	0.41	0.30	0

按施工测量的习惯做法，采用 $k=0.2$ 时误差的比例关系即能满足总体施工限差要求又具有可行性，即

$$m_{测} \approx 0.4 m_{总} \tag{5.3-2}$$

（3）施工测量各指标限差计算。水电工程施工放样工具多采用全站仪＋棱镜组合，下面主要以全站仪使用过程中可能出现的误差进行相关讨论与推算。为选择适合工程，需要仪器设备及估算放样精度做好理论准备。目前市场上，常见的全站仪以一测回水平方向的标准偏差 $m_{仪}$ 表示仪器精度。

1）对中误差及照准误差计算公式。

a. 对中误差公式。含有对中误差的来源，见图 5.3-2，欲测角度 $\beta = \angle ACB$，设觇标 B 与仪器 C 均无对中误差，仅由于觇标没有与测点中心 A 重合而偏离到 A_1，故使所测得的角值变为 β_1，真误差 $\delta_A = \beta_1 - \beta$。根据误差传播率，可推得由于镜站对中误差导致的最大方位角偏差中误差公式为式（5.3-3）。

$$m_{\delta A} = \pm \frac{e_A \rho}{\sqrt{2} b} \tag{5.3-3}$$

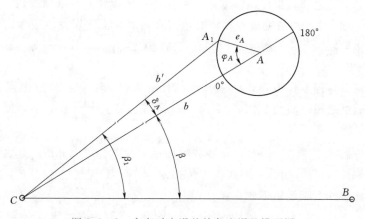

图 5.3-2　含有对中误差的角度误差模型图

同理，在定向点上存在对中误差时，起始方位角就会存在偏差。因此，在存在对中误差的施工放样过程中，适当增加测站点与定向点之间的距离，有利于降低由对中误差引起的方位偏差。

b. 二次照准目标读数差限差。二次照准目标读数之差的中误差为 $\sqrt{2}\,m_{方}$，取 2 倍中误差为限差，并顾及 $m_{仪}=m_{方}/\sqrt{2}$，则

$$\Delta_{照}=2\sqrt{2}\,m_{方}=4m_{仪} \tag{5.3-4}$$

c. 半测回归零差限值。半测回归零差的中误差，不仅有偶然误差的影响 $\sqrt{2}\,m_{方}$，还有仪器基座扭转、外界条件变化等误差影响，取上述这些误差为偶然误差的 $\sqrt{2}$ 倍，仍以 2 倍中误差为限值，则

$$\Delta_{归零}=2\times\sqrt{2}\times\sqrt{2}\,m_{方}=4\sqrt{2}\,m_{仪} \tag{5.3-5}$$

d. 一测回 2C 互差限值。一测回 2C 互差之中误差，其偶然误差中误差为 $2m_{方}$，但在 2C 互差中还含有基座扭转、仪器视准轴和水平轴倾斜等误差的影响，设这些误差影响为偶然误差的 $\sqrt{3}$ 倍，仍以 2 倍中误差为限值，则

$$\Delta_{2C}=2\times2\times\sqrt{3}\,m_{方}=4\sqrt{3}\,m_{角} \tag{5.3-6}$$

e. 同一方向各测回互差限值计算。同一方向各测回互差之中误差，不仅有偶然误差 $\sqrt{2}\,m_{方}$，在测回互差中尚包括仪器水平度盘分划和测微器的系统误差、以旁折光为主的外界条件变化等误差影响，设这些误差影响为偶然的 $\sqrt{2}$ 倍，仍以 2 倍中误差为限值，则

$$\Delta_{测回}=2\times\sqrt{2}\times\sqrt{2}\,m_{方}=4\sqrt{2}\,m_{仪} \tag{5.3-7}$$

2) 边长误差估算。全站仪测距边长一般有两种误差计算方法。较为简单的一种方法是根据仪器出厂标称精度（$m_D=a+b\times10^{-6}D$，D 以千米为单位）计算；另一种方法则是根据大量重复测量，通过回归方法计算。两种方法各有长处，但均能反应全站仪测边精度。边长误差估算一般取 2 倍中误差为误差限值。

3. 放样精度估算

(1) 高程放样精度估算。《水电水利工程施工测量规范》（DL/T 5173—2012）对一般水准点最弱高程中误差规定为 10mm（混凝土坝）和 20mm（土石坝）。以三等水准为例，若考虑测量过程中的全部高程传递误差，可由误差传播律知其水准路线最大距离不应超过 2.7km 和 11km。同时，高精度高程放样时，起算点的高程中误差也应考虑在内。水电工程施工高程放样常以二等、三等水准控制点作为起算点，以二等、三等、四等水准测量控制高程传递精度。

现有水电施工高程放样工作，已知基准高程点等级为二等，高程中误差 ±1mm，放样目标点与基准点之间距离约 200m，目标点放样精度要求 ±3mm。推算使用二等水准传递高程是否满足施工要求。

根据误差传播律 $\sigma_{总}^2=\sigma_{起}^2+\sigma_{传}^2$，允许高程传递中误差为 $2\sqrt{2}$ mm，由二等水准测量全中误差 ±2mm 知，附合（闭合）路线高程传递水准距离不应超过 1.4km，由此判断使用二等水准放样该目标点满足施工要求。

(2) 坐标放样精度估算。一般情况下，全站仪一次测距精度与多次测距精度基本一

致，但测角精度在半测回和多测回条件下则有较大不同。在半测回测角精度无法满足施工放样精度要求情况下，此时常使用正倒镜分中法以提高放样精度。

使用正倒镜分中法放样，最终放样夹角 $\beta = \dfrac{\beta_1 + \beta_2}{2}$，由误差传播律知 $\sigma_\beta^2 = \dfrac{1}{2}\sigma_{\beta 1}^2$。假定测距 L 精度无误差条件下，放样精度完全受放样夹角精度影响。则

$$\sigma_P^2 = \sigma_x^2 + \sigma_y^2 = \frac{1}{2}L^2\frac{\sigma_\beta^2}{\rho^2} \tag{5.3-8}$$

即放样点点位中误差为 $\dfrac{L\sigma_\beta}{\sqrt{2}\,\rho}$。

5.3.2　施工放样测量新技术

1. 大坝填筑 GNSS 实时监控技术

根据水电站大坝填筑施工管理和质量要求，采用 GNSS 监控技术对大坝填筑施工全过程进行精细化、全天候的实时监控。监控系统分为监测硬件、监测软件和监测指标体系。

监测硬件主要由 GNSS 基准站、监控中心、流动监测点、无线通信网络系统组成，是完成监测数据的采集、传输、处理和可视化的硬件装置。GNSS 基准站是为差分 GNSS 技术的应用而建立的，将其差分数据传递给流动监测点，实现对流动监测点监测数据的修正，从而提高 GNSS 系统的监测精度。

监控中心是系统的核心，一般由总控中心和现场分控站组成，总控中心的系统服务器负责流动监测点数据管理和用户管理，同时提供网络服务功能。总控中心通过计算机实时显示大坝各施工面上运输车辆和碾压机械的精确位置、速度和运行方位等信息，同时可以查看整个大坝各施工单元的压实厚度和碾压遍数，并做好实时记录，为施工质量控制和研究技术措施提供了宝贵依据。现场分控站是总控中心的延伸，是对不同施工面分别进行现场监控的场所，监理工程师通过分控站掌握现场施工状态和质量，以便及时进行偏差处理、纠正，保证工程质量的全方位事中控制，避免了传统的旁站监理、发现缺陷却无事实依据等现象。

GNSS 流动监测点主要由安装在运输车辆及碾压机械等设备上的 GNSS 流动站系统组成，负责实时采集车辆运输信息和大坝碾压全过程的碾压参数。

无线通信网络系统是整个大坝施工监控平台构建的通信基础。由于大坝填筑是全天候 24h 不间断施工的，需要监控多台车辆和碾压机械，选择无线通信为核心来构建通信网络系统，可实时利用系统监控中心的软件平台进行质量管理和分析。

监测软件包括大坝填筑质量 GNSS 实时监控软件、料场料源及上坝 GNSS 实时监控软件和监控分析软件，是数据记录、分析和评价的自动化系统。大坝填筑质量 GNSS 实时监控软件和料场料源及上坝 GNSS 实时监控软件为车辆驾驶员和碾压机械操作员提供辅助导航，引导辅助其正确按照施工要求作业；监控分析软件则负责对监测数据进行分析，对监测效果进行评价。通过监测软件，管理者可以方便查看车辆及碾压机械的现场信息。在运输车辆发生卸料错误、碾压机超速行驶、激振力不达标等情况时，系统会发出警报，也会利用不同的颜色进行标示，直观明晰地反应大坝填筑情况，处理后的最终结果按

要求输出。

监测指标体系包括车辆行驶位置、行驶速度和路段行车密度，碾压机械行驶位置、行驶速度、行驶方向、碾压轨迹、碾压遍数、碾压厚度、碾压高程等几个方面，这些是整个系统提供的主要监测数据。

2. 磁悬浮陀螺全站仪定向技术

GAT 磁悬浮陀螺全站仪是我国研制成功具有独立知识产权的高精度磁悬浮自动陀螺全站仪。该仪器利用磁悬浮替代传统吊带技术、自动回转技术及其力矩反馈技术，可以无依托、全自动、快速测定真北及坐标方位角，具有较强的稳定性和耐用性，可应用于地下工程贯通测量。其定向精度优于 5s，定向时间为 8min。

GAT 磁悬浮陀螺全站仪采用陀螺寻北本体与全站仪共同配合来测定任意测线的陀螺

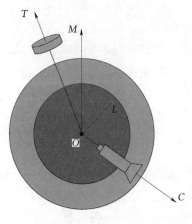

图 5.3-3　磁悬浮
定向示意图

方位角。图 5.3-3 为其定向示意图，OT 是陀螺寻北方向，OM 是陀螺马达轴方向，OL 是全站仪水平度盘零位方向，OC 为全站仪望远镜照准目标的测线方向。利用 GAT 陀螺全站仪进行定向的方法如下。

以洞外已知坐标方位角的测线作为基准进行标定，假设 OC 的真北方位角为 $\angle A_{OC}$，坐标方位角为 $\angle \alpha_{OC}$，O 点的子午线收敛角为 γ_0，陀螺仪测量得到 $\angle TOM$，全站仪水平度盘值设为 $\angle \alpha_{OC} - \angle TOM$，此时，在洞内任意测线上陀螺仪测量得到的 $\angle TOM'$ 与全站仪测量得到的 $\angle LOC'$ 之和等于与洞内测线的真北方位角相差 γ_0 的角度值（γ_0 为洞外设置度盘测站点处的子午线收敛角）$\angle A' - \gamma_0$，即

$$\angle TOM' + \angle LOC' = \angle A' - \gamma_0 \qquad (5.3-9)$$

洞内测线的真北方位角为

$$\angle A' = \angle TOM' + \angle LOC' + \gamma_0 \qquad (5.3-10)$$

由于 $\angle A' = \angle \alpha'_{坐标} + \gamma'$，洞内测线的坐标方位角为 $\angle \alpha'_{坐标} = \angle A' - \gamma'$，即

$$\angle \alpha'_{坐标} = \angle TOM' + \angle LOC' + \gamma_0 - \gamma' \qquad (5.3-11)$$

其中 $\gamma_0 - \gamma'$ 为洞内外两点的子午线收敛角之差 δ_r，即洞外测站点与洞内测站点的子午线收敛角之差。如果依据坐标北向基准进行洞外全站仪度盘标定，那么洞内测线定向测量的成果计算式为式（5.3-12）。

$$\angle \alpha'_{坐标} = \angle TOM' + \angle LOC' + \delta_r \qquad (5.3-12)$$

3. 超站仪放样技术

超站仪集成了 GNSS 功能与全站仪功能，克服了 RTK 作业及全站仪作业的操作限制，具有高精度、及时性、高效率、不间断的优势。超站仪所集成的 GNSS 实时提供设站点的控制坐标，集成的全站仪可以直接利用该成果而无需提前布设控制点即可进行快速测量，这种自由设站法解决了固定点被压盖或视线被遮挡等现场施工条件复杂性引起的各种不利因素，在施工放样、地形测图等工作中将表现出极大的优越性。超站仪提供的无控制外业测量的基本原理见图 5.3-4。

以两未知点设站作业为例，超站仪在 P_1 点设站，通过 GPS 获取测站点的平面坐标和高程，将仪器照准另一个待设站点 P_2 进行后视定向，P_2 点坐标未知，因此在 P_1 站所测量数据与实际数据相差一个旋转角 θ，该旋转角可由仪器在 P_1 点设站时的后视定向数据及 P_1、P_2 点的坐标计算求得。若在 P_1 点设站并用未知点后视定向时的定向角为 α'，当在 P_2 点设站后，P_1、P_2 点坐标均为已知，可以计算出 P_1 至 P_2 的实际方位角 α，则旋转角 θ 可以由式（5.3-13）解算出来。

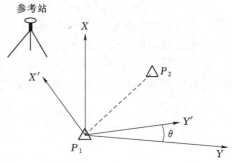

图 5.3-4　超站仪作业示意图

$$\begin{cases} \alpha = \arctan \dfrac{Y_{P_2} - Y_{P_1}}{X_{P_2} - X_{P_1}} \\ \theta = \alpha - \alpha' \end{cases} \tag{5.3-13}$$

当超站仪在 P_2 点设站后，将自动对测站 P_1 的测量数据更新到测量坐标系下，则只需按照式（5.3-14）将在测站 P_1 保存的点坐标进行一次旋转变换。

$$\begin{bmatrix} X \\ Y \end{bmatrix} = \begin{bmatrix} \cos\theta & \sin\theta \\ -\sin\theta & \cos\theta \end{bmatrix} \cdot \begin{bmatrix} X' \\ Y' \end{bmatrix} \tag{5.3-14}$$

式中：X'、Y' 为在测站 P_1 用未知点 P_2 定向时对目标点的坐标；X、Y 为更新后的坐标。

解决了第一测站无后视点定向问题后，在后续的测量中则可以采用前面的已知设站点进行定向，因此在整个测量过程中，只需要将参考站设置在某个控制点上，在作业区不需要进行任何控制测量，实现了无控制外业测量的功能。

5.4　工程计量与竣工测量

工程计量与竣工测量以土石方开挖、填筑和混凝土浇筑过程中的地形或建筑物体型为测量对象，通过不同的数据处理方式获得工程价款结算依据和工程验收依据。工程计量的基础是原始地面线、设计线和各个阶段或单元工程的施工过程线，通过计算各个阶段或单元工程的工程量，从而控制工程的进度和投资额度。竣工测量建立在工程计量的基础上，通过测绘最终竣工地形图、断面图、体型图、安装偏差等，既作为竣工结算的依据，也作为竣工验收的基础资料。

5.4.1　测量内容和方法

1. 工程量计量的测量和竣工测量的主要内容

（1）地形和断面测量，包括原始地形测量、中间收方地形和断面测量、竣工地形和断面测量等。原始地形测量比例尺一般与设计同精度；中间收方地形和断面测量精度按照规范要求或根据实际情况进行调整；竣工地形和断面测量一般精度要求较高，如主体工程建基面地形图的比例尺一般为 1:200、地下洞室或建筑物的断面间距为 3~10m 等。

（2）建筑物过流部位或隐蔽部位形体测量，包括以下部位：溢洪道、泄水坝段的溢流面、机组的进水口、蜗壳锥管、扩散段；闸孔的门槽附近，闸墩的尾部，护坦曲线段、斜坡段、闸室底板及闸墩（岸墙）等。

（3）金属结构与机电设备安装竣工测量，包括弧形门、人字门、平面闸门的主轨、反轨、侧轨，水轮发电机座环里衬、压力钢管，门、塔机和桥机轨道。安装定位后，需要由测量人员使用满足精度要求的测量仪器架在安装基准点上进行竣工测量，竣工测量精度不低于安装精度。

（4）数据处理和资料整编，包括地形图和断面图的绘制、工程量计算、归档资料整编等。

2. 工程计量与竣工测量的方法和手段

工程计量与竣工测量的方法和手段主要有全站仪、水准仪、GNSS-RTK、遥感测绘等。其中低空无人机遥感测量、地面三维激光扫描测量等是近年来发展起来的测绘新技术，相比传统方法，可获取更详细、更丰富的地形信息，并可大大降低外业作业时间和难度，具有明显的技术优势。在水电工程施工中，如能在传统的全站仪、GNSS-RTK的基础上增加遥感测绘技术的应用，则对施工地形信息的采集效率、采集方式及对信息的增值利用发生根本的变化，促进工程计量与竣工测量的信息化水平。

竣工总平面图反映因设计变更、施工等原因导致的工程实际竣工位置和设计不一致的情况，是一份非常重要的技术档案资料。传统的竣工测量仍采用二维竣工图作为成果资料，不论是成果的表达方式还是显示效果都不直观，判读性差。随着计算机三维可视化技术的快速发展，在传统竣工测量的基础上，利用三维仿真技术，进行三维数据采集、模型纹理制作，建立三维可视化模型，有利于提高表现效果、技术水平和工作效率，为工程建设、管理与竣工验收提供更为科学的服务。

5.4.2　工程量计算方法

工程量计算常用的方法有断面法、等高线法、方格网法、DTM法。其中断面法是目前水电工程最常用的工程量计算方法，特别是对于地下洞室工程，等高线法、方格网法和DTM法计算精度较高。等高线法、方格网法适用于一般的建筑场地，DTM法适用于利用高密度的点云数据计算大面积的开挖、填筑或浇筑区域。

1. 方格网法

该方法首先将场地划分为若干方格（方格边长根据计算精度确定），从地形图量取或实测得到每个方格角点的自然标高，各角点的设计标高与自然标高之差即为各角点的施工高度（挖或填），习惯以"+"号表示填方，"-"号表示挖方。将施工高度标注于角点上，然后分别计算每一方格的填挖土方量，并算得场地边坡的土方量，所有方格的工程量之和与边坡土方量之和即为整个场地的工程量。

传统的方格网土方量计算方法有两种，即四角棱柱体法和三角棱柱体法，但是此方法计算过程比较繁琐。现在引入一种新的高程内插的方法，即杨赤中滤波推估法。

杨赤中滤波推估法在复合变量理论的基础上，对已知离散点数据进行二项式加权游动平均，然后在滤波的基础上，建立随机特征函数和估值协方差函数，对待估点的属性值（如高程等）进行推估。

（1）推估待估点高程值。首先绘方格网，然后根据一定范围内的各高程观测值推估方格中心 O 的高程值。绘制方格时要根据场地范围绘制。由离散高程点计算待估点高程的公式为式（5.4-1）。

$$\overline{H_0} = \sum_{i=1}^{n} P_i H_i \qquad (5.4-1)$$

式中：H_i 为参加估值计算的各离散点高程观测值；P_i 为各点估值系数。

而后进一步求得最优估值系数，进而得到最优的高程估值。

（2）挖填区域面积的计算。如果土方量计算的面积为不规则边界的多边形，那么在面积进行计算时，先判断方格网中心点是否在多边形内，如果在多边形内，那么就要计算该格网的面积，否则可以将该格网面积略去，下边以图 5.4-1 为例说明。

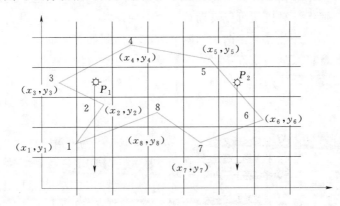

图 5.4-1　挖填区域面积计算示例图

首先对格网中心点 P 进行判断，可以采用垂线法，即过点作平行于 y 轴向下的射线

$$\begin{cases} x = x_0 \\ y < y_0 \end{cases} \qquad (5.4-2)$$

设多边形任意一边的端点为 $i(x_i, y_i)$、$i+1(x_{i+1}, y_{i+1})$，令

$$\begin{cases} \delta = (x - x_i)(x - x_{i+1}) \\ y_s = y_i + \lambda(y_{i+1} - y_i) \\ \lambda = (x - x_i)/(x_{i+1} - x_i) \end{cases} \qquad (5.4-3)$$

1）当 $\delta < 0$ 时，若 $y > y_s$，则射线与该边有交点，否则无交点；若 $y = y_s$，则知 P 在多边形上。

2）当 $\delta = 0$ 时，若 $x = x_i$，则当 $y > y_i$ 时，二者有交点（x_i，y_i）；当 $y < y_i$ 时，不予考虑；当 $y = y_i$ 时，说明 P 在多边形上。若 $x = x_{i+1}$，方法同上。

3）当 $\delta > 0$ 时，不予考虑。

对多边形各边进行上述判断，并统计其交点个数 m，当 m 为奇数时，则 P 在多边形内部，否则 P 不在多边形内部。

通过对图中 P_1、P_2 点的判断可以知道，P_1 位于多边形内，P_2 位于多边形外。那么，P_1 所在的格网的面积要进行计算，而 P_2 所在的格网的面积则可以略去。

然后利用杨赤中滤波推估法求得的每个方格网的中心点的高程值与格网面积进行计

算。即

$$V_{(ij)} = H_{(ij)} ab \qquad (5.4-4)$$

式中：i、j 为第 i 行 j 列的小方格网；a、b 为格网的边长。

最后汇总土方量。

2. DTM 法

DTM（Digital Terrain Model）法实质是通过建立不规则三角网计算每一个三棱锥柱的填挖方量，然后把每个三棱锥的方量累加，从而获得区域内的填方量和挖方量。

由 DTM 模型来计算土方量是根据实地测定的地面点坐标（X，Y，Z）和设计高程，通过生成三角网来计算每一个三棱锥的填挖方量，最后累计得到指定范围内填方和挖方的土方量，并绘出填挖方分界线。如果将 DTM 视为空间的曲面，填挖前后的两个 DTM 即为两个空间曲面，那么计算机便可以自动计算两个曲面的交线，也可以用一个铅垂面同时对两个曲面任意切割，并计算夹在两个切割下来的曲面间的空间的体积，实际上就是土方计算的填挖交界线、填方量和挖方量。

土方工程量实际上是原始地表与施工地表之间的体积值差。因此，需在计算区建立两个 DTM，一个为原始地表 DTM，另一个为施工地表 DTM，根据两个 DTM 的差即可求出计算区的土方量。

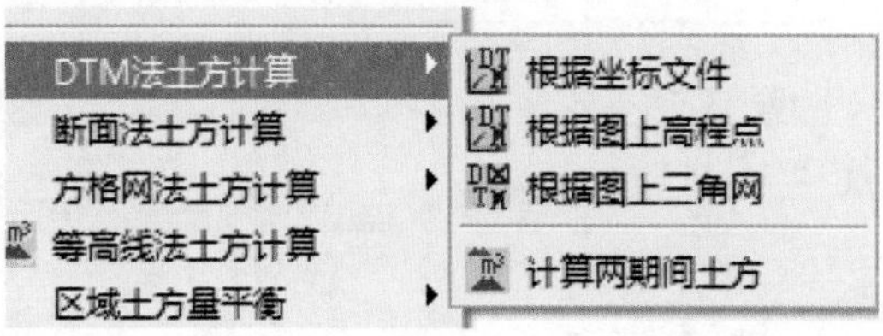

CASS 软件中 DTM 法土方计算的三种方法（见图 5.4-2）一是由坐标数据文件计算；二是依照图上高程点进行计算；三是依照图上的三角网进行计算。前两种算法包含重建三角网的过程，第三种方法则直接采用已编辑好的三角网。

图 5.4-2　CASS 软件中的 DTM 法土方
计算三种方法

5.5　水电工程施工测量新技术应用案例

5.5.1　GNSS 定位技术在施工控制网的应用

甘肃某引水式水电站枢纽区为陡峭的 U 形峡谷，地形相对高差较大，植被茂密，枢纽区至厂房区河段弯道多，引水隧洞长近 15km。如采用常规边角网方案，需要布设较多的控制点，且分布高程较高，施测难度大且周期长，精度难以保证。根据该水电站建筑物布置和地形特点，拟定该施工测量控制网的平面部分采用 GNSS 静态方式测量完成，高程部分采用二等水准和三等三角高程相结合的方式进行施测。

1. GNSS 控制网技术设计

（1）基准及网形优化设计。

1）位置基准。本工程选取位于上下库中间的 FS13 作为施工控制网的起算点，起算数据为挂靠于 1954 年北京坐标系的坐标，与前期规划系统一致。

2）尺度基准。以精密测距边长与 GNSS 观测值共同作为尺度基准，精密测距边长采用 TC2003 全站仪施测，尺度基准的求算方法采用加权尺度比计算方法。

3）方位基准。以 SK13 为平面基准位置，以 SK13～SK19 作为方位基准。

4）网形结构优化设计。根据有关优化设计理论，Q_{xx} 与 GNSS 网点坐标无关，而与点与点之间的基线数目及基线的权有关。由此，GNSS 网型结构强度的设计，就是对独立基线观测量的选用和相互连接方式的设计，实际上就是运用控制网的三级优化设计。

（2）测量控制网精度评估。采用模拟基线方法进行评估，顾及到共用基线及观测条件问题。平面坐标估算精度见表 5.5-1，起算点选用 SK13 点，进行单点约束。

表 5.5-1　　　　　　　　　　　　　平面坐标估算精度表

点名	纵向误差 /cm	横向误差 /cm	点位误差 /cm	点名	纵向误差 /cm	横向误差 /cm	点位误差 /cm
SK01	0.37	0.37	0.56	SK16	0.62	0.62	0.87
SK06	0.31	0.31	0.43	SK17	0.62	0.62	0.87
SK07	0.31	0.31	0.43	SK18	0.62	0.62	0.87
SK08	0.31	0.31	0.43	SK19	0.62	0.62	0.87
SK09	0.19	0.19	0.25	SK20	0.62	0.62	0.87
SK10	0.19	0.19	0.25	SK21	0.37	0.37	0.56
SK11	0.19	0.19	0.25	SK22	0.37	0.37	0.50
SK12	0.12	0.12	0.19	SK23	0.37	0.37	0.50
SK14	0.12	0.12	0.19	SK24	0.37	0.37	0.50
SK15	0.62	0.62	0.87				

（3）基线解算及网平差方案。基线解算采用 Gamit 处理软件，解算顾及大气延迟改正、海潮模型改正、固体潮模型改正及天线相位中心改正等。基线解算后需要评估各项检验指标，但指标有指向性和片面性，应综合各项指标整体评价控制网的可靠性。

在三维平差环节，将所有基线向量在 WGS-84 或者 ITRS 坐标系统下进行整体无约束平差。在二维约束平差环节，采用单点约束的自由网平差思路，采用 COSA 平差软件，通过椭球膨胀法抵偿投影变形影响。

2. 数据采集、基线解算及控制网平差分析

（1）GNSS 控制网同步观测时段选择。针对选定点进行同步观测基线优选的方法，将该点与多个可以组网的控制点进行基线 DOP 值估算，再将各条基线进行汇总、排序，以确定该点在某个时间段与其他点可以构成有利观测组合。以下以 SK06 与 SK07、SK08、SK09、SK10、SK11、SK12、SK13、SK21 组成同步基线进行优选 DOP 值信息的评估（见图 5.5-1、图 5.5-2）。

通过图 5.5-1、图 5.5-2 的信息可看出，SK06 在上午 8 点到 9 点这个观测时段与 SK09、SK10、SK12、SK13 等 4 点无法构成较理想的观测组合，应该安排在下午 13 点以后进行观测，该点与 SK09、SK10、SK12 三点的构网在全天精度不够理想，在构网时应纳入其他多余观测量予以补偿。

（2）数据采集。平面控制网由 20 个点组成，联测已知控制点 3 个。GNSS 外业测量的成果记录内容中包括测站名、时段号、天线及接收机型号和编号、天线高与天线高量测位置及方式、观测日期、采样间隔、卫星截止高度角等信息。

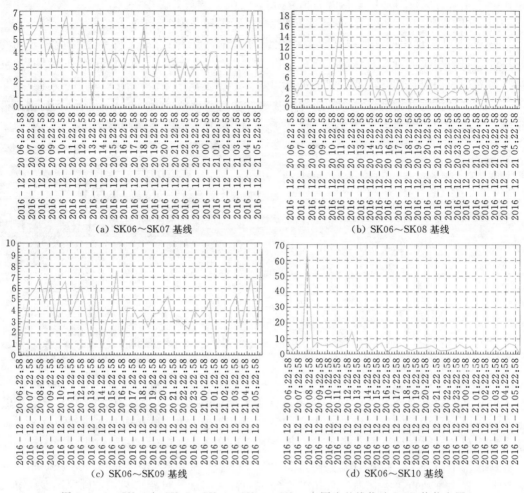

（a）SK06～SK07 基线

（b）SK06～SK08 基线

（c）SK06～SK09 基线

（d）SK06～SK10 基线

图 5.5-1　SK06 与 SK07、SK08、SK09、SK10 点同步基线优选 DOP 值信息图

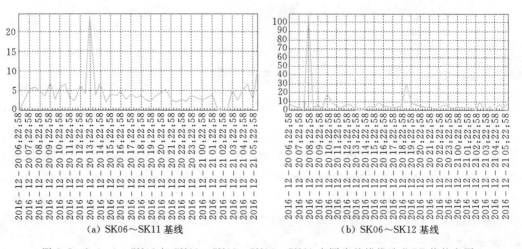

（a）SK06～SK11 基线

（b）SK06～SK12 基线

图 5.5-2（一）　SK06 与 SK11、SK12、SK13、SK21 点同步基线优选 DOP 值信息图

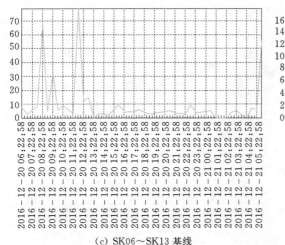
(c) SK06~SK13 基线

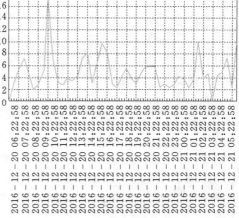
(d) SK06~SK21 基线

图 5.5-2（二） SK06 与 SK11、SK12、SK13、SK21 点同步基线优选 DOP 值信息图

（3）基线解算。

1）采用 Gamit 软件进行基线解算步骤如下。

a. 对原始数据进行编辑、加工整理，分析并产生各种专用数据信息文件。

b. 以同步观测时段为单位，进行基线向量的解算，通过解算探测基线向量的周跳，经过修复确定整周模糊度。用基线质量控制指标 RATIO（反映所确定出的整周模糊度的可靠性）、RMS（基线解算时的单位权误差）、同步环闭合差、异步环闭合差、重复基线较差检验基线的质量，确定最合理的基线向量解。

c. 在上述处理的基础上，将所有基线向量在 WGS-84 坐标系下进行整体无约束平差。提供各测站点的 WGS-84 系下的三维坐标、各基线向量三个坐标差观测值的总改正数、基线边长以及点位和边长的精度信息。

d. 所采用接收机天线的卫星高度角与天线相位中心变化存在一定关系，见图 5.5-3。

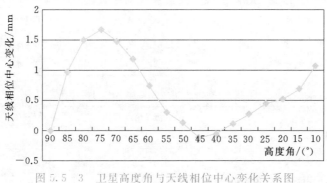

图 5.5-3 卫星高度角与天线相位中心变化关系图

2）重复基线观测精度检验结果见表 5.5-2。

3）同步环闭合差统计见表 5.5-3。由于采用 Gamit 软件进行基线解算，其顾及了误差相关性，故其同步环闭合差很小。

4）异步环闭合差统计见表 5.5-4。异步环闭合差全部小于限差。

表 5.5 - 2　　　　　　　　　　　重复基线观测精度检验结果表

起点	终点	D_X/m	D_Y/m	D_Z/m	S/m	（$S_{限差}$/$\Delta_{基线差}$）/mm	备注
SK21	SK22	7.2444	−84.4027	172.0049	191.8201	14.1816	合格
SK21	SK22	7.2487	−84.4184	172.0033	191.8258	5.6813	
SK21	SK24	−135.0228	−146.2498	193.3007	2710.4623	14.2268	合格
SK21	SK24	−135.0172	−146.2648	193.3000	2710.467	4.6941	
SK06	SK09	1303.9168	2150.5498	2322.0097	3422.9801	23.9742	合格
SK06	SK09	1303.9179	2150.5613	2322.0023	3422.9827	2.6243	
SK06	SK11	−593.8362	2110.9464	2647.2324	3438.988	24.0474	合格
SK06	SK11	−593.8324	−2110.936	2647.2478	3438.9928	4.823	
SK08	SK09	2142.2527	1994.0953	1761.6919	3416.0242	23.9425	合格
SK08	SK09	−2142.251	1994.1171	1761.6872	3416.0334	7.2358	
SK08	SK11	1432.1683	1954.4815	2088.83	3197.2116	22.9639	合格
SK08	SK11	1432.1693	1954.5022	2088.8172	3197.2163	4.7367	

表 5.5 - 3　　　　　　　　　　　同步环闭合差统计表

序号	闭合环	环线总长/m	相对精度/10^{-6}	绝对精度/mm	限差/mm
1	SK23～SK21～SK22	653.7910	0.0	0.0	2.0
2	SK24～SK21～SK22	6210.6950	0.2	0.1	1.9
3	SK24～SK21～SK23	690.0540	0.1	0.1	2.1
4	SK010～SK01～SK06	8196.7470	0.0	0.0	24.6
5	SK22～SK01～SK06	7658.3280	0.0	0.0	23.0
6	SK23～SK01～SK06	7692.1230	0.0	0.1	23.1
7	SK22～SK01～SK07	7826.5030	0.0	0.0	23.5
8	SK23～SK01～SK07	7892.8070	0.0	0.1	23.7
9	SK23～SK01～SK22	1160.8010	0.1	0.1	3.5
10	SK08～SK06～SK07	2124.8460	0.1	0.1	6.4

表 5.5～4　　　　　　　　　　　异步环闭合差统计表

序号	闭合环	环线总长/m	相对精度/10^{-6}	绝对精度/mm	限差/mm
1	SK19～SK09～SK18	154710.9018	0.5	8.2	68.8
2	SK20～SK09～SK18	15538.2087	0.4	6.9	69.0
3	SK20～SK09～SK19	13812.3837	0.1	1.8	62.9
4	SK13～SK09～SK12	2795.5738	3.1	8.5	32.0
5	SK14～SK09～SK12	3191.0427	1.9	6.0	32.6
6	SK14～SK09～SK13	2996.5913	1.0	3.1	32.3
7	SK19～SK09～SK13	13766.7918	0.5	6.5	62.7

序号	闭合环	环线总长/m	相对精度/10^{-6}	绝对精度/mm	限差/mm
8	SK19～SK09～SK14	138110.7784	0.6	10.6	62.9
9	SK18～SK09～SK06	22206.6511	0.3	5.8	93.8
10	SK19～SK09～SK06	20591.8641	0.3	6.9	810.7

从表5.5-2～表5.5-4中所列出的各项观测指标可以看出，本施工测量GNSS控制网测量的基线观测精度良好，且同步环、异步环的精度优于限差要求，可以进行平差计算。

3. 控制网平差及精度评估

(1) 空间坐标无约束平差。在完成基线的解算处理之后，选择最合理的基线向量解在WGS-84坐标系下进行整体无约束平差。由此可得各测站点在WGS-84坐标系下的三维坐标、三个坐标分量的改正值、基线边长的精度信息。控制网无约束平差后点位精度信息见表5.5-5。

表5.5-5　　　　　　　　　　控制网无约束平差后点位精度信息表

序号	点名	M_x/cm	M_y/cm	M_z/cm	M_p/cm
1	SK21	0.15	0.25	0.2	0.36
2	SK22	0.14	0.2	0.18	0.31
3	SK23	0.16	0.25	0.2	0.36
4	SK24	0.15	0.21	0.19	0.32
5	SK01	0.14	0.19	0.17	0.29
6	SK06	0.12	0.16	0.15	0.25
7	SK07	0.13	0.18	0.17	0.28
8	SK08	0.14	0.22	0.17	0.31
9	SK09	0.13	0.17	0.17	0.27
10	SK10	0.12	0.15	0.15	0.25
11	SK11	0.11	0.15	0.15	0.24
12	SK15	0.11	0.14	0.14	0.23
13	SK16	0.16	0.19	0.2	0.32
14	SK17	0.11	0.13	0.13	0.22

(2) 控制网归算至二维平面坐标参数确定。为了使工程测量控制网反算边长尺度与地面实测边长一致，需要采取措施减小施工测量控制网投影变形。具体措施如下。

1) 将测区中央坐标通过大地坐标反算，得到测区平均大地经度为102°30′，通过换带计算将SK13、SK19点坐标换到102°30′。在中央子午线102°30′下采用抵偿面投影方式进行，固定SK13点成果进行全网二维约束平差。

2) 计算抵偿面高程值采用的横坐标值为测区选定的投影参考位置横坐标绝对值（在计算高程抵偿面时采用的横坐标，一定要将常数500km减去）。基于精密测距边长进行平差归算参数的确定。约束平差后GNSS网的最大、最小平面点位误差见表5.5-6。从表

5.5-6 可以看出，平面控制网的点位精度比较均匀，并且满足设计技术要求。

表 5.5-6　　　　　　　约束平差后 GNSS 网的最大、最小平面点位误差表

点名	点位中误差/cm	纵轴误差/cm	横轴误差/cm	备注
SK23	0.3	0.3	0.2	最大值
SK20	0.2	0.1	0.1	最小值

5.5.2　方格网法工程量计算

飞时达土方计算软件（FastTFT）是一款基于 AutoCAD 平台开发的土方计算软件。FastTFT 在方格网法中采用双向切分三棱锥平均值计算土方量。其思路是将方格网先按一种对角线方式分割出两个三棱台（锥或楔）（见图 5.5-4 和图 5.5-7），分别计算出两个三棱台（锥）的体积，将两三棱台（锥）体积加和，得到第一种分割方式下方格网体积。再以另一种对角线方式对方格网进行相同分割，从而产生两个新三棱台（锥），再计算新三棱台（锥）的体积，将两个新三棱台（锥）体积加和，则得到第二种分割方式下方格网体积。将两种分割方式下获得的方格网体积求平均值，则得到该方格网的最终体积。

1. 全填全挖的计算公式

全填全挖方格网的体积计算公式为

$$V = [a^2 \times (h_1 + h_2 + h_3)]/6 \qquad (5.5-1)$$

式中：V 为方格网体积；a 为方格的边长；h_1、h_2、h_3 分别为三角形的各点的施工高度。

（1）如一个 20m×20m 全填方的网格，按第一种对角线分割方式（见图 5.5-5），其土方总量为

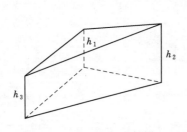

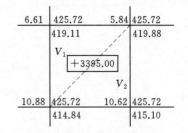

图 5.5-4　三棱台示意图　　　图 5.5-5　第一种对角线分割方式图（一）（单位：m）

$$V_1 + V_2 = [20^2 \times (6.61 + 5.84 + 10.88)]/6 + [20^2 \times (10.62 + 5.84 + 10.88)]/6 \approx 3378\text{m}^3$$

图 5.5-6　第二种对角线分割方式图（一）（单位：m）

（2）按第二种对角线分割方式（见图 5.5-6），其土方总量为

$$V_1 + V_2 = [20^2 \times (6.61 + 5.84 + 10.62)]/6 + [20^2 \times (10.62 + 6.61 + 10.88)]/6 = 3412(\text{m}^3)$$

第一种分割方式与第二种分割方式的平均值为 3395m³。

2. 部分填部分挖的计算公式

由于零线将三角形划分成底面为三角形的锥体和底面

为四边形的楔体，锥体和楔体体积公式分别如下。

锥体的体积计算公式见式（5.5-2）。

$$V_{锥体}=(a^2/6)\times\{h_3^3/[(h_1+h_3)\times(h_2+h_3)]\}$$

$$(5.5-2)$$

楔体的体积计算公式见式（5.5-3）。

$$V_{楔体}=(a^2/6)\times\{h_3^3/[(h_1+h_3)\times(h_2+h_3)]-h_3+h_1+h_2\}$$

$$(5.5-3)$$

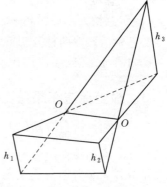

图 5.5-7　锥体、楔体示意图

式中：h_1、h_2、h_3 为三角形角点的施工高度（均用绝对值代入），但是 h_3 恒指锥体顶点的施工高度；a 指的是网格的边长。

（1）如一个小网格面积为 $20\mathrm{m}\times20\mathrm{m}$，填挖均有，第一种对角线分割方式（见图 5.5-8），其方量计算如下。

1）V_1。$V_{锥体}=(20^2/6)\times\{0.25^3/[(0.25+2.77)\times(0.97+0.25)]\}$

$\qquad\qquad=(400/6)\times0.00424\approx0.283(\mathrm{m}^3)$（挖方）

$\qquad V_{楔体}=(20^2/6)\times\{0.25^3/[(0.25+2.77)\times(0.97+0.25)]-0.25+2.77+0.97\}$

$\qquad\qquad\approx(400/6)\times3.494\approx232.933(\mathrm{m}^3)$（填方）

2）V_2。$V_{楔体}=(400/6)\times\{0.97^3/(2.3\times1.22)-0.97+0.25+1.33\}\approx62.351(\mathrm{m}^3)$（挖方）

$\qquad V_{锥体}=(400/6)\times\{0.97^3/(2.3\times1.22)\}\approx21.684(\mathrm{m}^3)$（填方）

总填方＝21.684＋232.933＝254.617(m^3)，总挖方＝0.283＋62.351＝62.634(m^3)。

（2）第二种对角线分割方式（见图 5.5-9），其方量计算如下。

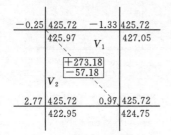

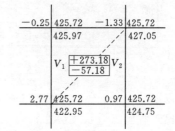

图 5.5-8　第一种对角线分割
　　方式图（二）（单位：m）

图 5.5-9　第二种对角线分割
　　方式图（二）（单位：m）

1）V_1。$V_{锥体}=(400/6)\times\{2.77^3/[(0.25+2.77)\times(1.33+2.77)]\}$

$\qquad\qquad=(400/6)\times\{2.77^3/[3.02\times4.1]\}\approx114.435(\mathrm{m}^3)$（填方）

$\qquad V_{楔体}=(400/6)\times\{2.77^3/[(0.25+2.77)\times(1.33+2.77)]-2.77+0.25+1.33\}$

$\qquad\qquad=(400/6)\times\{0.5265\}\approx35.101(\mathrm{m}^3)$（挖方）

2）V_2。$V_{锥体}=(400/6)\times\{1.33^3/[(1.33+0.97)\times(1.33+2.77)]\}$

$\qquad\qquad=(400/6)\times\{1.33^3/[2.3\times4.1]\}\approx16.632(\mathrm{m}^3)$（挖方）

$\qquad V_{楔体}=(400/6)\times\{1.33^3/[(1.33+0.97)\times(1.33+2.77)]-1.33+2.77+0.97\}$

$\qquad\qquad=(400/6)\times2.659\approx177.2666(\mathrm{m}^3)$（填方）

　　总填方＝177.2666＋114.435＝291.7016(m³)

　　总挖方＝16.632＋35.101＝51.733(m³)

（3）最后，取两种分割方式的平均值，即挖方＝(51.733＋62.634)/2≈57.18m³；填方＝(291.702＋254.617)/2≈273.18(m³)。

5.5.3　极坐标法在深基坑与高边坡开挖放样测量中的应用

　　三峡工程是世界级的特大型水利水电工程，工程施工测量中的主要工作包括施工控制网的建立，原始地形图的测绘，开挖、填筑测量放样测量和工程量的测量计算，混凝土浇筑测量放样，金属结构安装测量放样，机电设备安装测量放样，后备地下厂房的测量放样，塔、顶带机及施工栈桥和临建工程的测量放样，竣工验收测量等。

　　三峡工程各建筑物基础均为深基坑和高边坡开挖形成，如永久船闸、临时船闸、导流明渠、二期工程、三期工程的基础均属于深基坑开挖，茅坪溪防护土石坝、三期工程右岸的边坡开挖属于高边坡开挖。永久船闸深基坑断面图见图5.5-10。

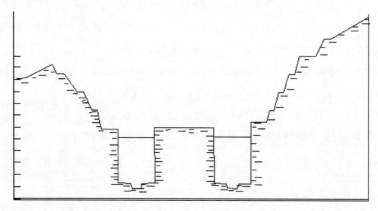

图5.5-10　永久船闸深基坑断面图

　　（1）控制网的布设。根据首级施工控制网点建立满足开挖放样测量的加密施工控制网点，随着开挖工程施工进展逐层加密满足精度要求的施工测量控制网。

　　（2）测量放样技术。深基坑和高边坡开挖的形体一般为直线或曲线形，并且其开挖结构边线均有或可以找出其数学模型，因此采用以下方法进行计算。

　　1）测量放样。图5.5-11为直线形开挖结构边线放样原理，A、B为直线形开挖结构边线上任意两点，其三维坐标分别为A（X_A，Y_A，H_A）、B（X_B，Y_B，H_B），相应桩号为S_A、S_B，现用任意测点法测得P_i坐标为P（X_P，Y_P，H_P），则P点到的开挖结构边线距离计算公式为式（5.5-4）。

$$L = D_{AP} \times (a_{AP} - a_{AB}) \quad (5.5-4)$$

　　根据L值将放样的点移至结构边线上。

　　2）曲线的测量放样。曲线形开挖结构边线放样原理见图5.5-12，A（X_A，

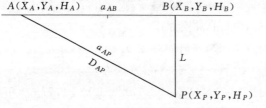

图5.5-11　直线形开挖结构边线放样原理图

Y_A，H_A）为其上任意一点，其平面曲线的圆心坐标为 $O(X_O，Y_O)$。现用任意测点法测得一点（X_P，Y_P，H_P），则 P 点到开挖结构边线的距离 $L = D_{OA} - D_{OP}$，

$$D_{OA} = \sqrt{(X_A - X_O)^2 + (Y_A - Y_O)^2}$$

$$D_{OP} = \sqrt{(X_P - X_O)^2 + (Y_P - Y_O)^2}$$

然后根据 L 值将放样的点移至结构边线上。

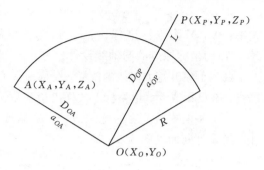

图 5.5-12　曲线形开挖结构边线放样原理图

5.5.4　水电站地下隧洞施工测量技术应用

水电站地下工程的施工较地面工程要繁杂，与地面工程施工测量差异性较大，受到测量环境的影响，例如地下洞室狭长、视场范围小、能见度低等客观因素的限制，给测量施工带来诸多不便，因此必须要重视水电站地下隧洞施工测量工作。

1. 地下隧洞施工控制测量

地下洞室开挖因视场范围小，控制测量一般采用导线测量进洞。受空间和施工限制，导线距离比短，测站数较多，误差累积快。为了有效消除这些影响，洞内控制测量一般采取双导线进洞的方法，即施工导线和检核导线，见图 5.5-13。

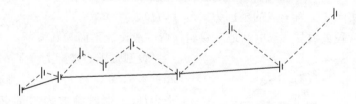

图 5.5-13　水电站地下隧洞施工导线和检核导线图
×—控制点；——施工导线；----检核导线

检核导线用于对施工导线的检查并校正，以避免测量误差的无限制传播。导线测量按一级导线或一级以上精度执行，高程采用四等或四等以上几何水准或电磁波测距三角高程传递。

2. 地下隧洞施工放样测量

水电站地下隧洞洞室开挖放样时，为了使测量员不与掌子面直接碰触，以避免因掌子面松动块滑落而发生安全事故，测量仪器应尽量采用具有免棱镜红外或激光测量功能的全站仪。仪器设站采用自由设站法，使测站不受控制点点位的制约。测量坐标系宜选择洞轴线坐标系，即 X 轴为洞轴线方向，Y 轴为法线方向。洞室形式一般呈城门洞式、圆形和矩形，分平洞或微坡度、斜井以及竖井。以下就对水电站地下隧洞施工放样进行具体分析。

（1）洞轴线坐标的转换。洞轴线坐标的转换公式为式（5.5-5）和式（5.5-6）。

$$X - X_0 = (X_1 - X_2) \times \cos\alpha - (Y_1 - Y_2) \times \sin\alpha \qquad (5.5-5)$$

$$Y-Y_0=(X_1-X_2)\times\sin\alpha-(Y_1-Y_2)\times\cos\alpha \qquad (5.5-6)$$

式中：X，Y 为设计坐标；X_1，Y_1 为洞室轴线坐标；X_0，Y_0 为坐标原点的设计坐标；X_2，Y_2 为坐标原点的洞轴线设计桩号；α 为设计坐标系与洞轴线坐标系的夹角。

（2）洞室开挖方向线的放样。在待掘掌子面上根据洞室设计断面直接放样出洞室开挖轮廓线，在已掘或者就近目标上放样出洞壁和洞顶进尺后视方向线，又称尾线，见图 5.5-14。

（3）平洞或微坡度的施工放样。平洞或微坡度的洞室一般按城门洞形或圆形断面设计，其设计断面见图 5.5-15。

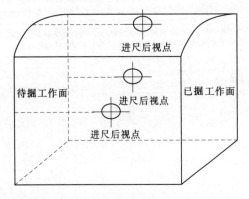

图 5.5-14　水电站地下隧洞洞壁和洞顶
进尺后视方向线示意图

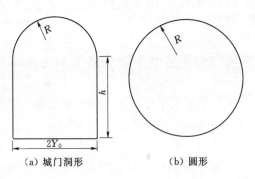

（a）城门洞形　　　　（b）圆形

图 5.5-15　城门洞形断面图

设坐标原点桩号为 X_0、洞半宽度为 Y_0，高程为 H_0，洞肩高为 h，洞顶圆半径为 R，坡比为 $d\%$，实测掌子面上点的坐标为 (X,Y,H)。

（4）圆弧弯段的放样。水电站地下隧洞拐弯一般设计平面为圆弧形，见图 5.5-16。

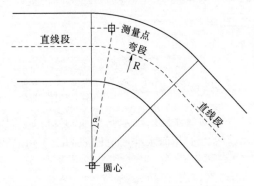

图 5.5-16　水电站地下隧洞拐弯平面设计图

设圆弧圆心坐标为 (X_0,Y_0)，直圆交点底板坐标 (X_1,Y_1,H_1)，测量点坐标 (X_2,Y_2,H_2)。弯段参数为测量点至圆心平面距离，计算公式为式（5.5-7）。

$$S=\sqrt{(X_0-X_2)^2+(Y_0-Y_2)^2}$$
$$(5.5-7)$$

测量点对应断面圆心角 $\alpha=\arcsin[(X_2-X_1)/S]$

圆心至测量点方位角 $N=\arctan[(Y_2-Y_0)/(X_2-X_0)]$。该圆心角对应弧长 $D=\alpha\pi R/180$。所以测点对应断面洞室轴心坐标计算见式（5.5-8）。

$$X=X_0+R\times\cos N \qquad (5.5-8)$$
$$Y=Y_0+R\times\sin N \qquad (5.5-9)$$

当洞室为圆形时圆心高程：

$$H=H_1+Dd/100+R \qquad (5.5-10)$$

当洞室为城门洞形时洞底板高程：

$$H = H_1 + Dd/100 \tag{5.5-11}$$

其放样与图 5.5 – 15 的城门洞形一样（当在弯段内建立直角坐标系时，坐标轴取洞轴线法线和切线方向，其余类推）。

（5）斜井放样。斜井倾斜角为 α，其起始底板中心桩号为 $(X_0, 0, H_0)$，见图 5.5 – 17。斜井洞形一般为圆形，测量点坐标为 (X_1, Y_1, H_1)，洞室参数如下。

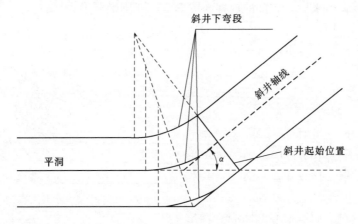

图 5.5 – 17　水电站地下隧洞斜井施工图

起始桩号轴线圆心坐标为

$$\begin{cases} X = X_0 - R \times \sin\alpha \\ Y = 0 \\ H = H_0 + R \times \cos\alpha \end{cases} \tag{5.5-12}$$

测量点至斜井起始位置断面半圆 y_1 桩号处的距离为

$$S = \sqrt{(X_1 - X)^2 + (H_1 - H)^2} \tag{5.5-13}$$

其倾斜角为

$$\beta = \mathrm{arc}\left(\frac{H_1 - H}{X_1 - X}\right) \tag{5.5-14}$$

由此测量点对应圆心坐标如下。

1）$H_1 \geqslant H$。

a. 当 $\beta \geqslant \alpha$ 时，

$$\begin{cases} X_2 = X + S \times \cos(\beta - \alpha) \times \cos\alpha \\ Y_2 = 0 \\ H_2 = H + S \times \cos(\beta - \alpha) \times \sin\alpha \end{cases} \tag{5.5-15}$$

b. 当 $\beta < \alpha$ 时，

$$\begin{cases} X_2 = X + S \times \cos(\alpha - \beta) \times \cos\alpha \\ Y_2 = 0 \\ H_2 = H + S \times \cos(\alpha - \beta) \times \sin\alpha \end{cases} \tag{5.5-16}$$

173

2）当 $H_1 < H$ 时，

$$\begin{cases} X_2 = X + S \times \cos(\alpha - \beta) \times \cos\alpha \\ Y_2 = 0 \\ H_2 = H + S \times \cos(\alpha - \beta) \times \sin\alpha \end{cases} \qquad (5.5-17)$$

圆心坐标计算出来后，斜井的放样与图5.5-16圆形洞形一样。

（6）斜井下弯段（上弯段）竖曲线的放样。斜井（竖井）与平洞相接时一般设计成以竖圆曲线弯段平滑相连，弯段形式见图5.5-18（以下弯段为例）。弯段中心线竖曲线圆半径为 R_2，圆心坐标为 $(X_2, 0, H_2)$；对应平洞中心垂足坐标为 $(X_2, 0, H_2 - R_2)$；测量点坐标 (X, Y, H)，则测量点至竖曲线圆心在轴线立面投影距离为 S，其对应圆心角为 γ，圆弧弦线长为 S_3。

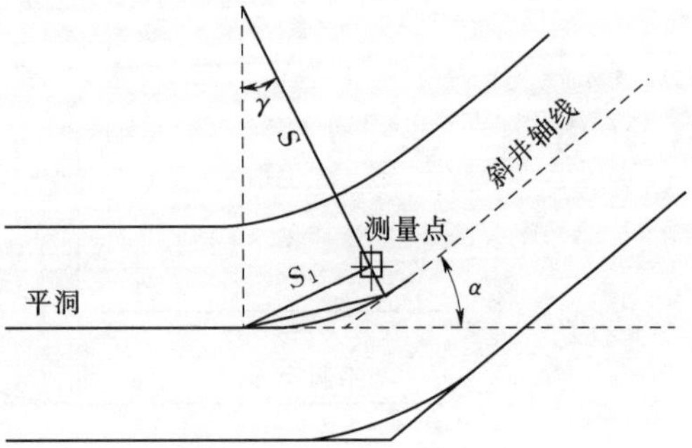

所以测量点对应洞室中心（圆心）点坐标见式（5.5-18）～式（5.5-24）。

图 5.5-18　水电站地下隧洞斜井下弯段施工图

$$S = \sqrt{(X_2 - X)^2 + (H_2 - H)^2} \qquad (5.5-18)$$

$$S_1 = \sqrt{(X - X_2)^2 + (H - H_2 + R_2)^2} \qquad (5.5-19)$$

$$\gamma = \arccos(R_2^2 + S^2 + S_1^2)/(2 \times R_2 \times S) \qquad (5.5-20)$$

$$S_3 = 2 \times R_2 \sin\frac{\gamma}{2} \qquad (5.5-21)$$

$$X_3 = X_2 + S_3 \times \cos\frac{\gamma}{2} \qquad (5.5-22)$$

$$Y_3 = 0 \qquad (5.5-23)$$

$$H_3 = H_2 - R_2 + S_3 \times \sin\frac{\gamma}{2} \qquad (5.5-24)$$

上弯段的计算同以上类推。

（7）弯段底板（洞室中心以下）的放样。

1）矩形的放样，按事先约定的重锤线距离设计边墙的尺寸安装重锤线，以重锤线来控制开挖边线。

2）圆形的放样，圆形断面一般在圆心处安装重锤线，但由于溜槽的影响，人工量距极不方便也不安全，建议再安装一条备用重锤线，在两条重锤线上贴反光纸，有两条重锤线就可以用免棱镜反射全站仪进行放样。

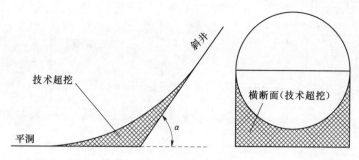

图 5.5 - 19　水电站地下隧洞洞室施工图

第 **6** 章

水电工程变形监测

6.1 变形监测技术的进展

变形监测是水电工程安全监测工作中的一项非常重要的工作内容，它包括变形监测控制网、水平位移与挠度监测、垂直位移及倾斜监测、裂缝及接缝变形监测、净空收敛监测、深部变形监测等内容。作为判别水工建筑物或边坡安全的重要依据之一，变形监测是水电工程施工和运行管理的基础工作。面对变形监测精度要求高、点多、观测量大、时间长等问题，变形监测技术必然向着高精度、自动化、多样化和信息化的方向发展。

6.1.1 变形监测的内容与方法

1. 变形监测工作面临的问题

水电工程与一般的土木工程不同，建设规模宏大，地形地质条件各异，结构型式多样，运行条件特殊，承受荷载复杂；从勘测设计到施工完建再到运行管理，历时长，经过的程序和环节非常多。任何建筑物在荷载作用和温度、湿度等环境量变化的情况下，都会表现出变形、渗流、振动、内部应力应变变化、外部裂缝、错动等不同的性态。这些性态反映可以量化为建筑物有关的各种变形量、渗流量、扬压力、应力应变、压力脉动、水流流速、水质等各种物理量的变化，并且这种变化有一个从量变到质变的过程，任何一种水工建筑物失事破坏都不是突然发生的。因此，仅从变形监测的角度看，变形监测工作在水电工程施工期及运行期间需要面对的问题或者要达到的目的主要如下。

（1）监视掌握水工建筑物和边坡的状态变化，及时发现不正常迹象，据以指导施工或改善运用方式，防止发生破坏事故，确保其安全。

（2）分析判断水工建筑物和边坡的状态变化规律，评价安全程度，验证设计数据，鉴定施工质量，为提高设计施工和科学研究工作水平提供资料。

（3）改进变形监测的手段和方法，以提高变形监测技术，适应各种水电工程复杂环境和条件的要求。

变形监测是工程管理工作的"耳目"，具有实用上和科学上两方面的意义。实用上的意义主要是检查各种工程建筑物和地质构造的稳定性，及时发现问题，以便采取措施；科学上的意义包括更好地理解变形的机理，验证有关工程设计的理论，以及建立正确的预报变形的理论和方法。

2. 变形监测工作的内容与方法

变形监测通过人工或仪器手段观测建筑物整体或局部的变形量，用以掌握建筑物在各种原因量的影响下所发生的变形量的大小、分布及其变化规律，从而了解建筑物在施工和运行期间的变形性态，监控建筑物的变形安全。水电工程变形监测主要有以下 6 个方面的内容。

（1）变形监测控制网。变形监测控制网为整个水电工程变形监测提供基准点和工作基点，分为平面位移监测网和垂直位移监测网。平面位移监测网一般采用边角网或 GNSS 网，垂直位移监测网一般采用水准网。

（2）水平位移与挠度监测。水平位移监测一般方法有交会法观测、极坐标差分法、视准线观测、引张线测量等。挠度系指截面形心在垂直于轴线方向的位移，通常情况下是对建筑物的同一轴线上不同变形测点的变形测值通过合理的数学算法予以累加计算至某一测点处，常用的监测方法有垂线法、挠度计、电平器、钻孔测斜仪等。

（3）垂直位移及倾斜监测。垂直位移是指测点在高程方面的变化量，垂直方向上升或下沉的变化量均称为"垂直位移"，通常有几何水准测量法、流体静力水准测量法、双金属标法、三角高程测量法、激光准直法、GNSS 测量法等；倾斜系指建筑物如坝体沿铅垂线或水平面的转动变化，倾斜监测有相对于水平面和相对于垂直面两类，前者主要有地面倾斜和建筑物基础倾斜监测，而后者主要有高层建筑物倾斜监测。

（4）裂缝及接缝变形监测。建筑物裂缝监测的内容包括裂缝的分布、长度、宽度、深度及发展等，有漏水的裂缝，应同时监测漏水情况。裂缝位置和长度的监测，可在裂缝两端尖灭处用油漆画线作为标志，或绘制方格坐标丈量。裂缝宽度的监测可借助读数放大镜测定，重要的裂缝可在缝两侧各埋设一金属标点，用游标卡尺测定缝宽。裂缝的深度可用金属丝探测或用超声波探伤仪测定。裂缝的发展可用测缝计、滑动测微计、有机玻璃或砂浆条带等定量或定性监测。

（5）净空收敛监测。对于地下洞室、基坑、挡墙等，其表面收敛相对变形对表层支护时机和判断建筑物表面变形安全较为重要。收敛变形监测一般采用收敛计、巴塞特收敛系统（Bassett Convergence System）、多功能隧洞测量系统等。

（6）深部变形监测。对于建筑物基础、地下洞室、边坡、基坑、挡墙等，其深部变形对深层支护工程措施和判断建筑物深层变形安全较为重要。深部变形监测主要采用钻孔或平洞埋设相应仪器监测岩土体内部的变形，包括钻孔轴向变形和垂直于钻孔轴向的变形监测。监测钻孔轴向变形一般采用多点位移计、滑动测微计、铟钢丝位移计、伸缩仪和土位移计等仪器进行监测；监测垂直于钻孔轴向的变形采用活动（固定）测斜仪、垂线法和时域反射系统 TDR 等仪器进行监测。

3. 水电工程变形监测的特点

（1）精度要求高。与其他测量工作相比，水电工程变形观测要求的精度要求是 1mm 或相对精度要求为 10^{-6}。确定合理的测量精度是很重要的，过高的精度要求使测量工作复杂，费用和时间增加；而精度定得太低又会增加变形分析的困难，使所估计的变形参数误差加大，甚至会得出不正确的结论。确定变形监测的精度取决于变形的大小、速率、仪器和方法所能达到的实际精度，以及观测的目的等。

（2）定期观测。定期观测的频率取决于变形的大小、速度以及观测的目的。在工程建筑物建成初期，变形的速度比较快，因此观测频率要大一些。经过一段时间后，建筑物变形趋于稳定，可以减少观测次数，但要坚持定期观测。以大坝作为例子，其变形监测的频率见表 6.1-1。

表 6.1-1　　　　　　　　　　　　大 坝 变 形 监 测 频 率 表

监 测 内 容		监测频率/月			
		水库蓄水前	水库蓄水	水库蓄水后（2～3年）	正常运营
混凝土坝	沉降	1	1	3～6	6
	相对水平位移	0.5	0.25	0.5	1
	绝对水平位移	0.5～1	3	3	6～12
土石坝	沉降、水平位移	3	1		6

（3）数据处理严密。通常变形量是很小的，有时甚至与观测精度处在同一量级，从包含有误差信息的观测数据中分离出变形信息，需要严密的处理方法，包括数据需要的变形测量误差。此外，观测往往含有粗差和系统误差，应在估计变形模型之前筛选，以确保结果的准确性。另外，变形模型一般是事先不知道的，需要仔细鉴别和检验。对于发生变形的原因还要进行解释，建立变形和变形原因之间的关系。

（4）综合多种方法。变形观测方法一般分为 3 类：①大地测量方法；②遥测方法；③专项测量方法。各种测量方法都有其优点和局限性。设计监测方案时，一般都应综合考虑各种方法和技术的应用，取长补短，互相校核。近年来，发展趋势是多种监测技术和方法的集成，遥测遥控以及几何变形和物理参数同时监测，即除采集几何变形量外，也同时测量温度、应力、风速、风压和风振等物理参数。

6.1.2　变形监测数据分析

变形监测数据分析包括时空分析和物理解释两类。前者是分析变形体在空间中和时域中的变形特性，而后者是分析变形与变形原因之间的关系，用于预报变形解释变形的机理。

（1）变形监测时空特征分析。监测变形体的变形有两种方式：一种是利用变形体外一些稳定基点来测定变形体上目标点的绝对位移（如大坝变形观测）；另一种是变形观测点都在变形体上，监测的是测点之间的相对变形（如矿山地面变形观测）。对于前者，为了确保基准点的稳定性，常将它们组成网，并定期观测以监测其稳定性。变形分析的目的是要通过多期重复观测检查参考网的稳定性，有多种分析方法。对于后者，通常称为相对网，因为所有观测点都在变形体上，测点的位移是相对的。相对网分析主要目的是确定变形模型，确定了变形模型后就可以计算变形参数（如相对位移、应变等）。

（2）变形物理解释。变形的物理解释一般可分为两种方法：统计分析法和确定函数法。统计分析法是通过分析所观测的变形和变形成因之间的相关性来建立荷载与变形之间关系的数学模型。由于该方法利用过去的观测数据，因此具有后验的性质。确定函数法是利用荷载、变形体的几何性质和物理性，以及应力与应变的关系来建立模型，与前者相比，它有先验的性质。

在实际工作中，两种方法不应截然分开。事实上，每一种方法都包含统计和解析成分。对变形体行为的一般了解有助于在回归分析中建立荷载与变形的数学模型。而确定函数法所建立的模型还可以通过统计分析法来进一步改进，如校正变形体材料的某些物理参数。

　　动态变形观测得到一组以时间为坐标的观测数据，称为"时间系列"。对于动态变形分析也有几何分析的物理解释。动态变形观测几何分析主要是确定其变形的频率和振幅。一般采用傅里叶变换先对时间系列进行频谱分析，得出振动频率，然后再用最小二乘原理估计其振幅。而物理解释是把建筑物描述为具有系统理论计算模型的动态系统，用动态响应分析的原理和方法建模。

6.2　水电工程变形监测技术

6.2.1　变形监测控制网

　　变形监测控制网包括基准点和工作基点。由于工作基点（泛指边角网、视准线、交会法各观测站以及水准测量的工作基点等）本身有可能布设在不稳定基础上，或受水压温度影响，或遭受人为破坏而产生位移，该位移将影响整个观测成果的可靠性，使监测资料失真。因此必须对工作基点的坐标定期进行复测修正。变形监测控制网一般分为平面位移监测网和垂直位移监测网。

　　1. 平面位移监测网

　　（1）设计原则。平面位移监测网分为专一级至专四级共 4 个级别，与施工测量控制网相类似，各级监测网的设计也要遵循精度、可靠性和经济性准则，同时采用与施工测量控制网设计一致的分级优化设计方法。但变形监测网的精度和可靠性指标要远高于施工测量控制网，因此，在变形监测网设计阶段，对控制网点（特别是基准点）的稳定性、图形强度、观测精度的要求也要远高于施工测量控制网。

　　（2）网点布设。一般在大坝及近坝边坡等枢纽建筑物的表面变形监测点及工作基点布置完成的基础上，再进行平面变形观测网测点布设。首先应将各建筑物表面变形监测工作基点纳入平面变形控制网范围，再根据枢纽及变形监测工作基点布置范围、地形地质及网形结构布设基准点。

　　大坝平面位移监测控制网，大部分为精度高但规模小的网，主要担负坝区变形观测。若还要控制下游边坡、上游库区的表面形变观测，则规模就较大，这时可根据工程变形监测部位的分布情况，可成为小区域性质的工程变形控制网（监测范围相对集中），也可分为几个相对独立的小规模控制网。

　　平面变形监测控制网的布设宜遵循以下几点。

　　1）基准点一般布设在大坝下游不受大坝水库压力影响的稳定山体上，基准点不宜少于 4 个，以互相校核本身的稳定性，但为了减少观测误差的累积，又不应离大坝太远。基准点通常埋设在弱风化基岩上，基岩埋深较深时，常采用钢管标、倒垂孔等措施以加强基准点的稳定性。

　　2）其他工作基点（变形监测网点）的布设要遵循一点多用的原则，一是工作基点位置和数量要能满足不同的变形监测方法的需要；二是工作基点的位置应兼顾对坝址周围岩体进行变形监测。

3）图形结构应尽可能稳健，适当的多余观测能保证监测网具有较强的抵抗粗差和不可预见因素的影响，也能显著提高变形监测的灵敏度。

4）坝区变形观测，一般均布设一次全面网，即由控制网点直接观测位移测点。但在特殊情况下也可分层控制。

5）控制网设计时，注意包括用机械法或遥控观测的重要测点，以便通过大地测量控制，将其他方法所观测得到的相对位移量变为绝对位移量。

6）对于边角网，还应注意以下几点。

a. 网点之间观测的通视方向应偏离障碍物大于 2m。

b. 适当增加网中的长边数量，以便能够使控制网首尾有最短连接。

c. 网中应尽量避免两头轻、中间重的情况，即坝下游和坝前观测方向少，坝址处观测方向多的情况，以使整个控制网的精度和灵敏度比较均匀。

7）对于 GNSS 测量控制网，还应注意以下几点。

a. GNSS 网选点时要求测站上空应尽可能的开阔，在 $10°\sim15°$ 高度角以上不能有成片的障碍物；选站时应尽量使测站附近的小环境（地形、地貌、植被等）与周围的大环境保持一致，以减小气象元素误差。

b. 在测站周围约 200m 的范围内不能有强电磁波干扰源，如电视台、电台、微波站等大功率无线电发射设施，距高压输电线和微波无线电信号传送通道等不得小于 50m；为避免或减少多路径效应的发生，测站应远离对电磁波信号反射强烈的地形、地物，如高层建筑、成片水域等。

c. GNSS 测量控制网每点的连接点数应不少于 3 点。

d. GNSS 测量控制网网点与精密水准高程点联测不得少于 2 点。

2. 垂直位移监测网

（1）设计原则。垂直位移监测网分为一等和二等共两个级别，一般采用几何水准测量。同平面位移监测网一样，垂直位移监测网点（特别是基准点）的稳定性、图形强度、观测精度的要求也要远高于施工测量控制网。

（2）网点布设。在大坝及近坝边坡等枢纽建筑物的垂直位移监测点及工作基点布置完成的基础上，再进行水准点布设。首先应将各建筑物工作基点纳入控制网，再根据枢纽及变形监测工作基点布置范围、地形地质及网形结构布设水准基点。

水准基点的稳定性是保障整个垂直位移监测网观测及数据处理的基础，由于水准网型结构非常简单，其点位若整体发生变动，将极易导致整个水准网变形分析产生错误，并关系到整个观测资料的延续及使用价值，所以是影响全局的重要环节。垂直位移观测必须重视水准基点的点位选择、结构及埋设质量，并应注意如下几点。

1）水准基点到大坝的间距要适当，水准基点应设在不受库区水压力影响的不变形地区，即设于变形影响半径之外（或埋设在下游沉陷漏斗以外，见图 6.2-1）的地区，同时还应考虑水准基点到大坝的距离对观测精度的影响。基点远离坝址，固然有稳定的优点，但长距离引测到坝址，精度会降低；如果基点过于接近坝址，将受基点本身活动频繁的影响，显然失去了垂直位移基点的功能。所以，水准基点位置的确定，应经工程、地质及观测误差估计等多方面因素斟酌后再予决定。

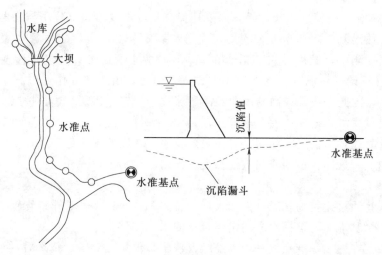

图 6.2-1　水准基点的埋设位置

2）水准基点地基的优劣，对垂直位移观测也是一个关键。混凝土坝垂直位移观测系统的水准基点，需埋于性能良好的新鲜岩基内，土坝和堆石坝的水准基点也应如此，若岩基埋藏过深，中小型工程可选固结稳定的土地基埋设。

3）对基岩标水准基点，要求埋设可相互检核的由 3 个点以上组成的水准基点组，相邻两点间距可在 30～100m。布设在大坝下游的基岩标不得少于 3 个，一般应设置在大坝下游 1～5km 处。基岩标一般布设在基岩性能良好的平洞内，条件有限时也可布设为双金属标或钢管标作为水准基点。

6.2.2　大地测量方法

1. 三角形网法

三角形网是对测角网、测边网、边角网的总称。平面变形监测控制网大多采用三角形网，重要部位的变形监测需要提高精度和可靠性时也采用三角形网。

（1）角度观测。根据《国家三角测量规范》（GB/T 17942—2000），一等三角测量采用全组合测角法，二等三角测量采用方向观测法或全组合测角法。在水电站高精度变形监测控制网观测中，由于监测网平均边长一般在 1km 左右，相对于国家一等三角网平均边长 9～25km 来说非常短，即水电站监测网各方向的观测条件差异不大，同时快速观测的条件是存在的，故水电站监测网角度观测采用方向观测法。

方向观测法多采用分时段观测或分组分时段观测。一般作业中要求当测站方向数较多（大于 6 个）时，采用分组观测，以及不同时间段观测的方法。

具体将每个测站的方向均进行分组（只有 3 个的除外），方向数较多的测站可分为 3 组，使每组方向数不超过 5 个，要求每个组需要有不同时段的观测值，即阴天白天观测值、夜晚观测值；某方向超限时，所在组全部重测，测站平差时采用整组的方向值。这样，每个测站的测站平差成果各方向权相等，而且根据测站平差，还可以直接检验各分组的观测质量，提高观测精度和效率。

（2）边长观测。高精度边长测量，除要选择高精度的仪器，以减小与仪器有关的相位误差、加乘常数误差、频率误差和周期误差等的影响外，准确测定气象代表性误差是关键。在监测网观测中，温度计选用最小刻画 0.2℃ 的干湿温度计，气压计选用最小刻画 50Pa 的精密气压计，并规定了严格的操作方法。但是，由于实际作业过程中，总是不可避免存在误差，因此，我们在高精度边长测量流程中规定：①所有边长按照不少于规定数量要求进行时段观测，根据精度要求不同在 4～8 个时段之间，各时段分布在白天和夜间；②每条边所有时段观测值进行同向、对向限差检验，超限的观测值剔除；③所有边长取相同时段的平均值，这样各边的测回数就都是一样的，权重也就一样。

2. 视准线法

视准线法将通过建筑物轴线（例如大坝、桥梁轴线）或平行于建筑物轴线的固定不动的铅直平面作为基准面，根据它来测定建筑物的水平位移。

视准线法是在两个基准点之一，以经纬仪或全站仪精确对中、整平后，照准另一个基准点所设的标志，构成一个过此两个基准点的垂直面，并以此垂直面作为标准，逐个测定其他观测点的水平偏移量的一种方法。视准线法所用设备普通，操作简便，费用少，是一种应用较广的方法。

视准线法的两个基点必须稳定可靠，即应选择在较稳定的区域，并具备高一级的基准点经常检核的条件。各观测点基本位于视准基面上，且与被检核的建筑部位牢固地成为一体。整条视准线离各种障碍物需有一定距离，以减弱旁折光的影响。基点（端点）和观测点应浇筑混凝土观测墩，埋设强制对中底座。墩面离地表 1.2m 以上，以减弱近地面大气湍流的影响。为减弱观测仪竖轴倾斜对观测值的影响，各观测墩面力求基本位于同一高程面内。观测使用的照准标牌图案应简单、清晰、有足够的反差、成中心对称，这对提高视准线观测精度有重要影响。

3. 前方交会法

在已知控制点 A、B 上设站观测待定点 P 的水平角 α、β 和天顶距 z_1、z_2 及边长 S_1、S_2，根据已知点坐标和测角、测边值，经过平差计算求得待定点 P 的最合是坐标和高程，称为变形监测的前方交会法。为提高待定点 P 的点位精度，可采用三方向前方交会法。前方交会法利用 2～3 个工作基点对所有监测点的位移进行观测，监测点之间不相互观测，观测工作基点与监测点间的边长和角度。边长越长，夹角太小或太大，监测点精度越低，一般距离在 1km 以内是较好的。前方交会法的优点是观测计算简单，缺点是多抗余观测量小，粗差能，不适合长距离观测。由于是单向观测，受球气差影响较大，高程精度低。

4. 极坐标（差分）法

极坐标（差分）法的基本原理是利用角度和距离来确定平面中的一个点。在使用全站仪进行单向变形监测时，测量过程受到了很多误差因素的干扰，例如大气垂直折光、水平折光，气温、气压变化，仪器内部误差等，直接求出这些误差的大小是极其困难的，故可采取差分的方法以减弱或消除这些误差，来提高测量的精度。

极坐标（差分）法测量三维坐标的变化量，需要以下几个观测量进行差分改正。

（1）斜距的差分改正。设监测站至某基准点的已知斜距为 d_J^0，在变形监测过程中，某一时刻实测的斜距为 d_J'，两者间的差异可以认为是因气象条件变化引起的，按下式可求出气象改正比例系数 Δd：

$$\Delta d = \frac{d_J' - d_J^0}{d_J'} \tag{6.2-1}$$

如果同一时刻测得某变形点的斜距为 d_P'，那么经气象差分改正后的真实斜距 d_P 可由下式求得

$$d_P = d_P' - \Delta d \cdot d_P' \tag{6.2-2}$$

（2）球气差的改正。为了准确测定变形点的三维坐标，在极坐标的单向测量中，必须考虑球气差对高差测量的影响。如果某一时刻根据下式算得监测站与基准点间的三角高差 h_J：

$$h_J = d_J \sin\alpha + i_h - a_h \tag{6.2-3}$$

式中：α 为测点的垂直角；i_h 为仪器高；a_h 为棱镜高。

那么，根据下式可求出球气差改正系数 c：

$$c = \frac{\Delta h^0 - h_J}{d_J^2 \cos^2\alpha} \tag{6.2-4}$$

按下式可求出变形点与监测站之间经球气差改正的三角高差 Δh_P：

$$\Delta h_P = d_P \sin\alpha + c d_P^2 \cos^2\alpha + i_h - a_h \tag{6.2-5}$$

求得监测站与各变形点间的斜距 d_P 和高差 Δh_P 后，按下式可求出监测站至变形点间的平距 D_P：

$$D_P = \sqrt{d_P^2 - \Delta h_P^2} \tag{6.2-6}$$

（3）方位角的差分改正。把基准点第一次测量的方位角 H_{ZJ}^0 作为基准方位角，其他周期对基准点测量的方位角 H_{ZJ}' 与基准方位角相比，有一差异 ΔH_Z 可由下式算出：

$$\Delta H_Z = H_{ZJ}' - H_{ZJ}^0 \tag{6.2-7}$$

这一差异主要是由于仪器不稳定引起水平度盘零方向的变化、大气水平折光等对方位角的影响而引起的。此差异对变形点的测量有同等的影响，故在变形点每周期的方位角测量值 H_{ZP}' 中，实时加入由同周期基准点求得的 ΔH_Z 改正值，可准确求得变形点的方位角 H_{ZP}，即

$$H_{ZP} = H_{ZP}' - \Delta H_Z \tag{6.2-8}$$

综合以上各项差分改正，按极坐标计算公式，可准确求的每周期各变形点的三维坐标 (X_P, Y_P, Z_P)。

$$\begin{cases} X_P = D_P \cos H_{ZP} + X^0 \\ Y_P = D_P \sin H_{ZP} + Y^0 \\ Z_P = \Delta h_P + Z^0 \end{cases} \qquad (6.2-9)$$

式中：X^0、Y^0、Z^0 分别为监测站的三维坐标值。

5. 坐标差分法

坐标差分法在变形监测中有许多的实际应用，如在高边坡和深基坑变形监测中都需要坐标差分法。高边坡位移变形会使观测基点产生位移，会影响观测数据的准确性。为避免高边坡变形对设立固定观测基点的影响，提高观测精度，陈子进等（2005）提出了全站仪自由设站坐标差分法。对于深基坑而言，由于施工场地的诸多限制，以及坑壁位移对其周围地面的影响，用固定设站安置全站仪根本无法实现。为解决此问题，采用全站仪自由设站坐标差分法的观测方法，可使全站仪设站更加灵活、简便，对变形点的监测有较强的实用性，并且提高监测的精度。

坐标差分法分为平面坐标差分和高程坐标差分。在平面坐标差分时，首先找到基准点和监测点，假定一个点坐标和后视方向，测出基准点和监测点的坐标，引入旋转矩阵和坐标比例矩阵，再进行平差，就可以获得各个点的变形位移量。在高程坐标差分中假定一个稳定点的高程，然后用坐标测量的方法获得各个监测点的高程和高程差分值。利用初始高程差分值和高程差分比例关系确定比例系数。获得各点在初始坐标系中的沉降位移量，再对其进行平差，即可得到沉降位移量。

6. 精密高程测量

（1）精密几何水准。我国国家水准测量依精度不同分为一等、二等、三等、四等。一等、二等水准测量称为"精密几何水准"，也是水电工程变形监测主要采用的观测等级。变形监测的水准路线为闭合、附合或结点路线。

（2）精密三角高程测量。精密三角高程测量多用于高陡边坡或滑坡体的垂直位移观测，但由于受大气垂直折光等影响，距离越远，测量精度越低。

7. GNSS 变形监测

（1）GNSS 变形监测。GNSS 变形监测应采用静态定位法。为保证 GNSS 变形监测中各相邻点具有较高的相对精度，对网中距离较近的点一定要进行同步观测，以获得它们间的直接观测基线。适当增加观测时段数及重复设站次数，以保证中误差满足规范规定的要求。观测技术要求满足国家 B 级网的规定。

（2）GNSS 变形监测方法。GNSS 变形监测通常采用周期法静态观测、连续静态观测和连续动态观测等。

1）周期法静态观测。这种模式是指在一个观测周期内，采用 4 台（或 4 台以上）GNSS 接收机，根据测量等级规定的最简同步环边数、设站数和观测时间，轮流在工作基点和变形监测点上安置仪器进行观测。

2）连续静态观测。这种模式是指在所有工作基点和变形监测点上均固定安置 GNSS 接收机，进行长时间静态观测，主要用于自动化观测。

3）连续动态观测。这种模式利用了 GNSS - RTK 技术能够实时达到厘米级精度的优点，多用于桥梁振动监测。

6.2.3 遥测方法

1. 地面三维激光扫描技术

地面三维激光扫描技术通过激光扫描仪和距离传感器来获取被测目标的表面形态。三维激光扫描仪采用非接触测量的方式，利用激光扫描获得的数据真实可靠，最直接地反映了客观事物实时的、变化的、真实的形态特性，三维激光扫描仪一般由激光脉冲发射器、接收器、时间计数器等部分组成。激光脉冲发射器周期地驱动一个激光二极管发射激光脉冲，然后又接受透镜接收目标表面后向反射信号，产生接收信号，利用稳定的石英时钟对发射与接收的时间差进行计数，经计算机对测量资料进行内部处理，显示或存储输出距离和角度资料，并与距离传感器获取的数据相匹配。最后，经过相应的数据后处理软件进行一系列的数据处理，获取目标表面三维坐标数据，从而进行各种量算或建立立体模型。

地面三维激光扫描技术具有如下特点。

（1）快速性：激光扫描测量能够快速获取大面积目标空间信息。

（2）非接触性：地面三维激光扫描技术采用完全非接触的方式对目标进行扫描测量，获取实体的矢量化三维坐标数据，从目标实体到三维点云数据一次完成，做到真正的快速原形重构。

（3）激光的穿透性：激光的穿透特性使得地面三维激光扫描系统获取的采样点能描述目标表面的不同层面的几何信息。

（4）实时、动态、主动性：地面三维激光扫描技术为主动式扫描系统，通过探测自身发射的激光脉冲回射信号来描述目标信息，使得系统扫描测量不受时间和空间的约束。

（5）高密度、高精度特性：激光扫描能够以高密度、高精度的方式获取目标表面特征。在精密的传感工艺支持下，对目标实体的立体结构及表面结构的三维集群数据作自动立体采集。

（6）数字化、自动化：系统扫描直接获取数字距离信号，具有全数字特征，易于自动化显示输出，可靠性好。

地面三维激光扫描技术的工作流程一般可以按照图6.2-2的步骤进行。

2. 合成孔径雷达干涉（InSAR）测量技术

干涉测量通常利用两个光源向一个目标发射相干光，根据两束相干光照射的相位差可以很高精度的计算出目标的距离。合成孔径雷达干涉。InSAR测量技术是通过两幅天线同时观测（单轨模式），或两次近平行的观测（重复轨道模式），获取地面同一景观的复图像对。根据目标与两天线位置的几何关系，在复图像上产生了相位差，形成干涉条纹图。干涉条纹图中包含了斜距向上的点与两天线位置之差的

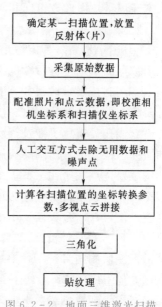

确定某一扫描位置，放置
反射体（片）

↓

采集原始数据

↓

配准照片和点云数据，即校准相
机坐标系和扫描仪坐标系

↓

人工交互方式去除无用数据和
噪声点

↓

计算各扫描位置的坐标转换参
数，多视点云拼接

↓

三角化

↓

贴纹理

图 6.2-2 地面三维激光扫描
技术的工作流程图

精确信息。因此，可以利用传感器高度、雷达波长、波束视向及天线基线距之间的几何关系，精确地测量出图像上每一点的三维位置和变化信息。

InSAR 测量一般有三种工作模式，即距离向干涉测量（Corss - track Intereformetry，CTI）、重轨干涉测量（Repeat - pass Interefrometry，RPI）和方位向干涉测量（Along - track Intereformetry，ATI）。根据获取 DEM 的不同，D - InSAR 技术可分为二轨法和三轨法，前者的 DEM 是事先通过其他方法获取的；后者利用三幅影像生成两幅干涉图，第一幅干涉图由地表变化前的两幅 SAR 影像产生，用于获取 DEM，第二幅由跨越形变的两幅 SAR 影像生成，这样从第二幅干涉图中去除 DEM 就可以得到形变信息。

InSAR 测量的数据处理流程（三轨法）主要分为两步：第一步生成只含地形信息的干涉条纹图，其方法是利用两幅时间跨度较小的影像通过卫星轨道/基线数据进行配准，干涉后得到干涉条纹图以及数字地面模型 DEM，或者直接通过外部 DEM 得到干涉条纹图；第二步利用跨越形变的两幅影像得到包含形变以及地形信息的干涉条纹图；最后从含形变的干涉图中滤除地形等信息，再通过相位解缠、地理编码最终得到形变信息图。

3. GB - SAR

GB - SAR 是最近 10 年受到特别关注的又一种有效形变测量方法，其测量原理与星载 SAR 的基本相同，但是它可以提供时间间隔更短（约几分钟）的图像，能够克服星载 SAR 获取数据的很多局限，且具有更好的空间分辨率。GB - SAR 还具有设站与观测姿态灵活的特点，可以实现对观测区的全面多方位监测，获取任意视线方向的形变，真正实现零基线观测，消除基线误差影响，其整个操作过程和数据后期处理简便，是星载 SAR 和常规大地测量监测手段的有效补充，是对局部区域形变进行监测的一种新技术手段。GB - SAR 技术基于微波探测主动成像方式获取监测区域二维影像，通过合成孔径和步进频率技术实现雷达影像方位向和距离向的高空间分辨率观测，通过干涉技术可实现毫米级的微变形监测。

GB - SAR 是一种成像雷达，不仅可以测量距离还可以生成图像，雷达相位和幅度信息都被存储下来进行后续的图像处理。GB - SAR 的步进频率连续波技术（SF - CW）利用频率调制技术来改进距离向分辨率。利用合成孔径雷达技术（SAR）可以改进方位向分辨率，而干涉（InSAR）技术可利用相位相干进行形变测量。

合成孔径雷达干涉及其差分技术在地震变形、冰川运移、活动构造、地面沉降及滑坡的研究与检测中有广阔的应用背景，具有不可替代的优势。用 GB - SAR 进行地面变形监测的主要优点在于：①覆盖范围大，方便迅速；②成本低，不需要建立监测网；③空间分辨率高，可以获得某一地区连续的地表形变信息；④可以监测或识别出潜在的或未知的地面变形信息；⑤全天候，不受昼夜影响。

GB - SAR 系统在获取目标区域数据后，需经过一系列干涉处理过程才能获取目标区域的形变监测结果。GB - SAR 数据处理在原理上与星载、机载 SAR 干涉测量技术原理相同，但 GB - SAR 系统不含空间基线，并且轨道参数是已知的，所以在数据处理过程中不必考虑星载或机载数据处理中的去地平效应、基线估计等步骤。GB - SAR 数据处理流程主要包括聚焦、复影像配准、生成干涉图及相位噪声滤波、相位解缠、环境改正和计算形变量。

6.2.4　专项测量方法

1. 液体静力水准测量

几何水准测量是依据水平视线来测定两点间高差，水平视线可通过水准器调平实现。若直接依据静止的液体表面来测定两点或多点之间的高差，则称为液体静力水准测量。

将容器安置于 A、B 两点之上（见图 6.2-3），并在水管连通的容器间在用气管连接。当各容器处于封闭状态时，压强 P 不变；若采用同一种液体，各容器中液体的密度相等。当各容器液面处于平衡状态时，有：

$$h=a-b \qquad (6.2-10)$$

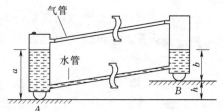

图 6.2-3　液体静力水准测量原理

式中：a、b 为两容器中的液面读数；h 为两容器零点间的高差。

可通过液面读数实现高差测量。

在液体静力水准测量中，主要是测定液面到标志的高度。测定液面高度的方法有目视接触法以及电子传感器法。影响液体静力水准测量的精度有多种因素，主要有连通管中液体不能残存气泡，否则测量结果将会有粗差；和几何水准测量一样，液体静力水准仪也存在零点差，通过交换两台液体静力水准仪的位置可以消除其影响；测量点的温度差影响；气压差影响；液面到标志高度测量误差；液体蒸发影响；仪器搁置误差；仪器倾斜误差以及结构变化影响等。

2. 准直测量

（1）激光准直。激光准直就是利用激光具有方向性强、相干性强、亮度高、单色性好等特点，利用激光束进行准直测量。激光准直测量系统通常包含了激光发射器、接收器和显示单元。激光发射器主要是由半导体激光器构成，接收器通常选用位置敏感探测器（PSD 器件）。测量过程中 PSD 两端具有适当的电压，而在两端产生的电流大小则由激光照射到器件上位置决定，其产生的电流是模拟量，通过 A/D 转换，将测量值以数字的方式显示出来。根据测量原理的不同可以将激光准直分为激光束准直和波带板激光准直。

波带板激光准直系统有三部分构成，分别为：①激光器点光源，一般采用小功率 He-Ne 立体激光器；②光电接收器，通常采用调制光源以及配有选频放大光电接收装置；③波带板，即衍射光栅亦称作涅菲尔透镜，在遮光屏上将涅菲尔半周期带交替地制作成通光带和遮光带。图 6.2-4 为几种常见的波带板，波带板激光准直测量过程中用到的波带板都要根据测量的距离提前进行设计与制作，这限制了该方法在一般场合下的应用。

（2）引张线。引张线法又称机械准直法，即在给定的两个基准点之间安置一条引张线，利用垂直投影的方法测量各个测点偏离引张线的距离。在实际的工程应用中，测点间的引张线可以用钢丝或者是尼龙丝。机械准直的方法在大坝水平位移测量工作中有着非常广泛的应用。机械准直测量的精度，除了自身误差外，主要受到气流的影响。在测量过程

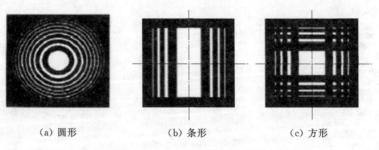

(a) 圆形　　　　　　　(b) 条形　　　　　　　(c) 方形

图 6.2-4　几种常见的波带板

中为了减少气流对准直测量精度的影响，测量设备一般安装在密闭的室内或者是利用具有阻尼的浮托装置，也可以把引张线安装在防风洞内。

（3）正倒垂法。

1）正垂线法。建筑物内部布设正垂线具有进行各高程面处的水平位移监测、挠度观测和倾斜测量等多种用途。在变形监测中，正垂线应设有保护管，这样一方面可保护垂线不受损坏；另一方面可防止风力的影响，提高垂线观测值的精度。在条件良好的环境中，也可不加保护管，例如，重力拱坝的垂线可设置在专门设计的竖井内。

正垂线观测方法有多点观测法和多点夹线法两种。多点观测法是利用同一垂线，在不同高程位置上安置垂线观测仪，以坐标仪或遥测装置测定各观测点与此垂线的相对位移值。多点夹线法适用于各观测点位移变化范围不大的情况。利用该法，可将垂线坐标仪只设置在垂线最低的观测墩上，而在各测点处埋设活动线夹。测量时，可自上而下依次在各测点上用活动线夹夹住垂线，同时在观测墩上用垂线坐标仪读取各测点对应的垂线读数。采用多点夹线法观测时，一般须观测两个测回，每测回中应两次照准垂线读数，其限差为±0.3mm，两测回间的互差不得大于 0.3mm。多点夹线法仅需 1 台坐标仪且不必搬动仪器，但由于观测点上均需多次夹住垂线，易使垂线受损，并且活动线夹质量较差时，会增加观测的误差。

正垂线观测中的误差主要有夹线误差、照准误差、读数误差、中误差、垂线仪的零位漂移和螺杆与滑块间隙的动误差等。要十分精确地定量分析这些误差是十分困难的。对此有些研究人员根据大量的观测数据，按误差传播定律，进行正垂线测量精度的统计分析。分析时，按每次测量中两测回的测回差进行计算，求得一测回的中误差约为±0.084mm，则一次照准的中误差约为±0.12mm。如果考虑垂线仪的零位漂移误差，那么每次测量值（两测回平均值）的中误差将可能达到±0.2mm。

2）倒垂线法。倒垂线的锚块埋设于地下很深处的基岩内，具有良好的稳定性，它可作为多种变形监测系统的基准。

倒垂线装置的主要部件包括孔底锚块、不锈钢丝、浮托设备、孔壁衬管和观测墩等。利用该装置，即将钢丝的一端与锚块固定，而另一端与浮托设备相连，在浮力的作用下，钢丝被张紧，只要锚块不动，钢丝将就始终位于同一铅垂位置上，从而为变形监测提供一条可测量的基准线。

倒垂线测量的误差主要来源于浮体产生的误差、垂线观测仪产生的误差、外界条件变化产生的误差。从倒垂设备本身的误差而言，主要有垂线摆动后的复位误差、浮力变化产生的误差、浮体合力点变动而带来的误差。研究表明：第一项的误差对倒垂测量精度影响较大，该项影响与垂线长度和垂线的拉力直接相关，一般可达到 0.1～0.3mm；倒垂测量中，还会因仪器的对中、调平、读数和零位漂移等因素使测量结果产生误差。因此，倒垂观测时，应选择品质优良的仪器，并要经常对仪器进行检验。通常认为，倒垂线测量的精度可以达到 0.1～0.3mm。

3. 应变测量

（1）光纤传感器。由于光有多种特性，因而当光在光纤中传输的时候会由于各种原因产生一定的损耗，主要的损耗类型有吸收损耗、散射损耗和光纤微弯引起的微弯损耗。光纤传感器就是基于光纤的损耗原理和特点制作而成的新型传感工具。一个光信号在光纤中要想顺利传输通常要经过发射、传输和接收三个部分，发射端主要是通过一定的光激励仪器，将光信号发射出去，然后通过传输段，将信号送到接收端，接收端就负责把信号加以收集储存，这就是光信号传输的一个工作过程。

光纤传感器的类型有许多种，分类方法也各不相同，一般的来说有三种分类方法。第一种，按光的作用机理来分，可以分为本征型和非本征型。本征型是利用光纤直接与环境中的光相互作用来调制光信号的，它适用于测量转速、加速度、声源。压力和振动等非本征型则是将光纤作为传送和接收光的通道，然后在光纤外部调制光信号，它适用于测量线性和角度位置、温度、液位及过程控制中的流量等。第二种，按模数分，光纤传感器可以分为单模器件和多模器件。单模器件的纤芯比较细，光纤的折射率较为均匀，散射损耗比较小，不存在模式色散，因而能大大降低信号的失真和损失程度。多模器件能传输更多的光，但由于其通道较多，增加了对入射光的散射点数和存在模式色散，所以损失的信号较多，信号失真比较严重。第三种，按信号在光纤中被调制的不同方式分，可以分为强度调制、相位调制、偏振态调制、频率调制和波长调制等不同的类型。在这几种分类方法中，土木工程中一般使用的是第三种分类方法，根据信号调制的不同方式制作的多种光纤传感器可以满足各种不同的监测需要。

（2）水平位移计。

1）用途。引张线式水平位移计系统（亦称钢丝位移计系统）一般安装埋设在土石坝及其他岩土工程洞室内，用来监测大量程的沿钢丝水平张拉方向的位移变化。其优点是工作原理简单、直观、观测数据可靠，长距离位移传递的钢钢丝不受温度及外部环境影响，能长期在任何环境下工作。它广泛用于土石坝和其他填土建筑物及边坡工程中，以观测其内部水平方向的位移。

2）结构型式。引张线式水平位移计系统由大量程位移传感器（人工测读时采用位移标尺）、锚固装置、锚钢丝、保护管、伸缩节及配重等组成，传感器测读方式与位移标尺测读方式的引张线式水平位移计系统组成见图 6.2-5、图 6.2-6。

4. 倾斜测量

水管式沉降仪是可直接测读出结构物各点沉降量的仪器，主要应用于土石坝下游堆石体（反滤层）、心墙、堤防等分层竖向位移（沉降）的测量中。其主要由沉降测头、管路、量测板等 3 部分组成。

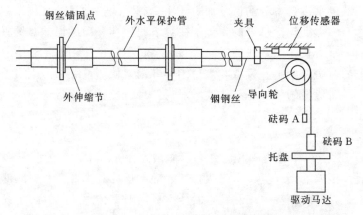

图 6.2-5　引张线式水平位移计系统（传感器测读）结构图

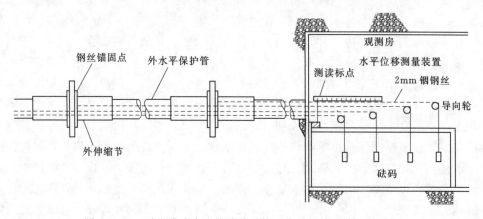

图 6.2-6　引张线式水平位移计系统（位移标尺测读）结构图

（1）沉降测头：由外径 200mm、高 340mm 的有机玻璃筒，上下铝合金盖板组成。底座上设有带保护的进水管、通气管及排水管。

（2）管路：所有管路均应坚固，径向变形小，吸湿量小。进水管采用能承受 0.2MPa 内压的 1010 尼龙管。通气管、排水管及保护管应采用聚乙烯塑料管。

（3）测量板：与测头相连的进水管、通气管及排水管的终端均固定在测量板上，与进水管相通的玻璃测量管附有最小刻度为 1mm 的不锈钢尺。测量板上还配有抽气、供水装置。

水管式沉降仪工作原理是采用水管将坝内测头连通水管的水杯与坝外量测板上的玻璃测量管相连接，使坝内水杯与坝外量管两端都处于同一大气压中，当水杯充满水并溢流后，观测房中玻璃管中液面高程即为坝内水杯杯口高程。测得水杯杯口高程的变化量即为该测点的相对垂直位移量。

6.2.5　变形监测自动化系统

1. 测量机器人自动化监测系统

测量机器人自动化监测系统，采用极坐标的测量方法，测定各变形点的三维坐标。同时，将采集的数据传入控制计算机，计算机对所采集的数据进行分析处理，输出变形点的变形及相关信息，便于有关人员及时掌握变形情况。其主要硬件构成见图 6.2-7。

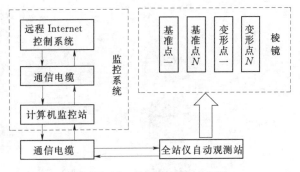

图 6.2-7　监测系统组成框图

一般的变形监测点都由测站点（仪器的架设点）、参考点（为了得到变形体上点的变形量而选取的参考点）和目标点（用来观测变形体变形而选定的有代表性的点）3 部分组成。该系统主要在观测站架设仪器，通过对参考点和目标点的观测值来得出变形体的变形趋势，采用一台测量机器人和计算机以及通信电缆建立基站，将棱镜安置在需要观测变形的变形点和为了得到变形点的变形量而选定的比较稳定的基准点上，通过对基准点和变形点的持续的周期性观测结果进行比较、实时改正，从而得出变形点的三维变形量，进行安全和稳定性等分析，得到所需要的数据成果。

自动变形监测系统有以下特点，如无人值守，全天小时连续地自动对变形点和基准点按照设定的要求进行监测，可以对两期以上监测数据做变形分析，实时进行数据处理、数据分析、自动报警，自动生成各点位变化图形表，并生成数据库，供用户随时调用。配置简单，操作与系统维护方便，不受人为因素影响，运行成本低，可按用户需要加入特殊分析处理功能等。

2. GNSS 自动化监测系统

随着 GNSS 技术的迅猛发展，GNSS 技术除具有的全天候、全时域、测站之间无须通视、定位精度高、可同时测定点位的三维坐标等子系统具有的所有优点外，还整合了四大子系统的所有资源，使其相比单一子系统，在同一时间的可视卫星数目大大增加，由此可保证在地球大多数地区进行 GNSS 测量均有较高的精度，且测量时间大大缩短。利用 GNSS 技术的以上优点，国内已有许多工程采了 GNSS 技术进行变形监测。随着现代通信技术、自动控制技术、野外供电和避雷技术的发展，以 GNSS 技术为主、传统监测技术为辅，综合多种技术的 GNSS 自动化监测技术逐渐成熟，在滑坡监测方面得到了较多应用。

GNSS 滑坡自动化监测系统主要由传感器子系统、数据传输子系统、数据处理和报警子系统及辅助子系统 4 个部分组成，见图 6.2-8。这 4 个子系统协同工作的原理如下：传感器子系统在辅助子系统的支持下，将采集的数据通过数据传输子系统，传送到数据处理及报警子系统，然后通过数据处理软件，生成相应的变形数据和报表，若变形超过前期设定的阈值，则发出警报。

3. 专门测量自动化系统

（1）静力水准自动化监测。大坝位移监测的测量需要很精确，这就要求选用精度高而且稳定性好的监测仪器，因此如若选用一般的监测仪器来测量效果可能并不理想，甚至可能达不到预期的效果，以至会影响到对大坝安全的评判，错误的判断可能会导

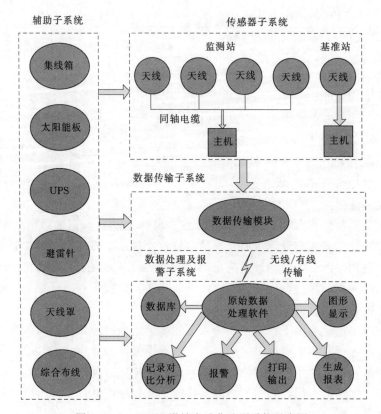

图 6.2-8　GNSS 滑坡自动化监测系统示意图

致严重的后果。传统的几何水准仪测量，精度就不够理想且劳动强度较大，在垂直位移监测中主要应用的是静力水准自动化监测。它利用差动变压器式位移传感器进行垂直位移的测量。这种仪器结构简单，使用灵活，而且寿命长，线性度好，且有高分辨率高灵敏度等特点。

（2）引张线自动化监测。引张线监测系统在两固定点间以重锤和滑轮拉紧的钢丝线作为基准线，定期测量测点与基准线间的距离，由于测点上的标尺与大坝结合在一起，利用引张线仪读出标尺刻划中心与钢丝中心的偏离值，从而求得测点水平位移量。

在利用引张线方法对大坝或者其他的建筑物进行变形监测时，可以结合项目的具体情况，将机械准直设计为自动化变形监测测量系统，见图 6.2-9。在每一个变形监测点处安置一个无接触的电感位移传感器，传感器有两个电感线圈，连接成差接电路，电感线圈与建筑物固定在一起，中间铁芯与钢丝固连，在两端利用特定装置使整条钢丝水平。当铁芯位于传感器中间时，没有输出信号；当变形监测点发生了垂直于引张线的位移时，则会使与其固定在一起的电感线圈发生同样的位移，可以根据输出的电信号确定变形监测点发生位移的大小和方向。

（3）MCU 自动化监测（传感器）。

1）系统形式。MCU 自动化监测系统的结构布置已形成了 3 种基本形式：集中式监测数据自动采集系统、分布式监测数据自动采集系统和混合式监测数据自动采集系统。应

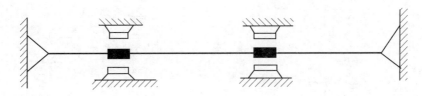

图 6.2 - 9　引张线自动化监测系统

根据工程大小、测点多少选定合适的系统结构型式。

　　a. 集中式监测数据自动采集系统。集中式监测数据自动采集系统是将自动化监测仪器通过安装在现场的切换单元或直接连接到安放在监测主机附近的自动采集装置的一端进行集中观测。典型集中式监测数据自动采集系统结构见图 6.2 - 10。

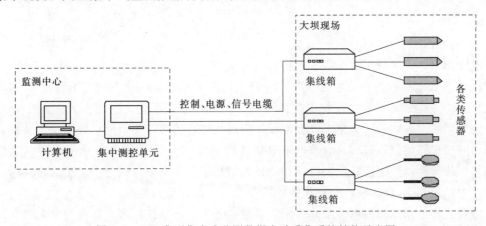

图 6.2 - 10　典型集中式监测数据自动采集系统结构示意图

　　集中式监测数据自动采集系统的结构简单，系统重复部件少；高技术设备都集中在机房内，工作环境好，便于管理。但系统公用 1 台自动采集装置，一旦自动采集装置发生故障，所连接的监测仪器都无法测量，造成整个系统瘫痪，系统风险过于集中；另外，由于控制电缆和信号电缆都较长，所传输的又都是模拟信号，极易受到外界干扰。因此，集中式监测数据自动采集系统存在可靠性不高，测值准确性差，测量时间长，专用电缆用量大，不易扩展等不足。

　　b. 分布式监测数据自动采集系统。分布式监测数据自动采集系统由自动化监测仪器、数据自动采集单元和监测主机组成。其中数据自动采集单元布设在现场，各类自动化监测仪器通过专用电缆就近接入采集单元，由采集单元按照采集程序进行数据采集、A/D 转换、存储并通过数据通信网络发送至监控中心主机做深入分析和处理，典型分布式监测数据自动采集系统结构见图 6.2 - 11。

　　对于监测范围广、测点数量多、工程规模巨大或有主、副坝，以及总厂、分厂的水利水电枢纽，宜采用二级管理方案。根据枢纽结构特点，以建筑物或工程为基本单元，将枢纽划分为若干监测子系统；由各子系统再组成上一级管理网络，并对各子系统现场网络进行管理。

　　分布式监测数据自动采集系统与集中式监测系数据自动采集统相比，具有可靠性高、

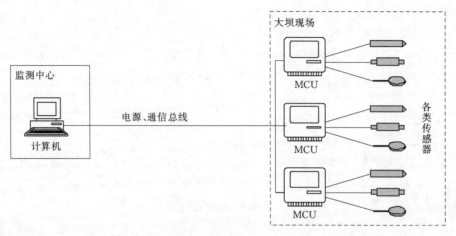

图 6.2－11　典型分布式监测数据自动采集系统结构示意图

抗干扰能力强、采集时间短、便于系统扩展的优点。

　　c．混合式监测数据自动采集系统。混合式监测数据自动采集系统是介于集中式和分布式之间的一种采集方式，又称集散式监测数据自动采集系统。它具有分布式布置的外形，而采用集中方式进行采集。设置在仪器附近的遥控转换箱类似简单数据采集装置，汇集其周围的仪器信号，但不具有数据采集装置的 A/D 转换和数据暂存功能，故其结构比数据采集装置简单。转换箱仅是将仪器的模拟信号汇集于一条总线之中，然后传到监控室进行集中采集和 A/D 转换，再将数据输入计算机进行存储和处理。

　　混合式转换箱结构简单，维修方便，系统造价低，但系统风险大，测值准确性低。

　　2）总体结构。20 世纪 70 年代中期及以前自动化采集系统为集中式的采集系统，以后的系统逐渐发展为分布式自动化监测系统，以下叙述的总体结构主要针对后者。

　　a．监测仪器系统。该系统由分布在各个建筑物的监测仪器组成，包括环境量监测仪器、变形监测仪器、渗压及渗流监测仪器、应力应变及温度监测仪器等。

　　该系统的特点是监测仪器分散，它们之间各自独立，相互之间基本不存在联系，但从监测点的布置来看却是系统整体的有机联系体。系统中成千上万个测点测量到的信息之间有着密切的相关关系，这种关系的实质表征了水工建筑物的安全因素。一般认为自动化监测系统从模块开始，而不将监测仪器及其电缆列入该系统。

　　接入自动化系统的监测仪器应以构筑物的强度、刚度、稳定等安全起控制性作用的关键断面、控制断面的测点为主，并考虑其他不利条件、结构物特别复杂等不利因素。自动化系统的最终规模，应根据工程环境、建筑物规模、特点及技术经济条件等因素综合考虑。

　　b．自动化数据采集系统。该系统的主要装置是测控单元，它在计算机网络支持下通过自动采集和 A/D 转换对现场模拟信号或数字信号进行采集、转换和存储，并通过计算机网络系统进行传输。

　　c．计算机网络系统。该部分包括计算机系统及内外通信网络系统，该系统可以是单个监测站，也可分为中心站和监测分站，站中配有计算机及其附属设备。计算机配置专用的采集及通信管理软件，其主要功能是在计算机与测控单元之间形成双向通信，上传存储数据，进行指令下达以及物理量计算等。

d. 安全监测信息管理系统。该系统主要功能是对所有观测数据、文件、设计和施工资料以数据库为基础进行管理、整编及综合分析，形成各种通用报表，并对结构物的安全状态进行初步分析和报警，并与相关系统进行数据交换、共享和信息发布。

6.3　变形监测数据分析

6.3.1　基准稳定性分析

1. 变形监测稳定性分析方法

变形监测周期性地对变形体上布设的监测点（主要是变形特征点）进行观测，利用各期所测数据与前一期以及首期数据进行对比，求得各观测点的水平和垂直位移的单次变化量和累计变化量，以此来判断项目运行状态以及预测后续变形。

变形监测中包含基准点、工作基点和变形点，其中，基准点是定义整个工程项目参考系的控制点；工作基点是为直接观测变形点而在现场布设的相对稳定的控制点；变形点是用于反映变形体特征变化的监测点。基准点和工作基点作为观测变形点的参考点，组成了工程项目的监测基准网。变形监测网点位稳定性分析是对网中所有点（包括基准点、工作基点和变形点）的稳定性进行科学、合理的判定。

点位稳定性分析的方法有很多，各有其优缺点。在实际工作中，会针对不同的项目要求而选择不同的稳定性分析方法。通过国内外学者的研究，主要有以下几种分析方法。

（1）限差检验法。限差检验法是实际工程中使用最为广泛的稳定性分析方法。假设两期监测数据处理时选取的参考点相同，根据平差求得第一期各点高程或平面坐标及其中误差 h_{1i} 或 (x_{1i}, y_{1i})、$\sigma_{1i} = \sqrt{\sigma_{xi}^2 + \sigma_{yi}^2}$ 或 σ_{1i}，第二期各点高程或坐标 h_{2i} 或 (x_{2i}, y_{2i})。对于高程网，两期各点位高程变化量 $d_i = \Delta h_i = h_{2i} - h_{2i} < K\sigma_{hi}$ 则可认为该点是稳定的，否则不稳定。上式中系数 K 取 2 或 3，视具体要求而定。对于平面网，若两期之间各点的位移变化量 $d_i = \sqrt{\Delta x_i^2 + \Delta y_i^2} = \sqrt{(x_{2i} - x_{1i})^2 + (y_{2i} - y_{1i})^2} < K\sqrt{\sigma_{xi}^2 + \sigma_{yi}^2}$，则可以认为该点是稳定的，否则不稳定。

（2）T 检验法。应用 Baarda 数据探测理论，是由荷兰 Delft 大学大地测量计算中心 J. Kok 提出的，该方法主要用于单点稳定性分析。必须进行监测网整体图形一致性检验后，才能逐点进行统计检验。

单点位移分量 T 检验法的基本原理如下。首先对监测网进行整体图形一致性检验，若检验通过则表明网中不含不稳定点，否则网中含有不稳定点，需对不稳定点进行搜索和剔除；若网形整体检验没有通过，则由每个点的位移分量、单位权中误差、协因数等构成一个满足 t 分布的统计量，根据一定置信度下的 t 分布临界值对点位的稳定性进行判断，超过临界值的点为不稳定点，将这些点剔除后，稳定性分析结束。其步骤如下：①监测网图形整体一致性检验；②构造 t 造分布统计量；③假设检验。对于一个给定的置信度 α（一

般取 0.01 或 0.05），若 $|T_n|>t_{\frac{\alpha}{2}}(f_1+f_2)$，则认为点不稳定；否则，认为点是稳定的，依次检验每个点。

（3）平均间隙法。由德国测量学者 H. Pelzer 提出，首先需要对两期监测网进行整体图形一致性检验，如果检验不通过，用矩阵分块法依次对网中各点进行检验，剔除不稳定点，直到整体图形一致性检验通过为止。

整体检验法的基本原理如下。在两期观测中，分别进行平差，得出各点两期的坐标值，且这些点的坐标值对同名点各不相同（但两期的近似坐标是相同的）。若各点（包括原来认为不动的基点和可能动移动的点）在两期观测间没有移动，在同名点的坐标差只反映观测误差，所以由这些坐标差可得出观测值的一个经验方差，这个方差可由两期观测值改正数得到，即通常使用经验方差进行比较和检验。知道 $Q_{XV}=0$，$Q_{LV}=0$，说明平差后观测值改正数 V 与未知数 X 及观测值平差值是相互独立的。因此，由这两个方差的比构成的统计量服从 F 分布。用此量进行检验，看这两个方差是否相等，即是否出自同一统计总体，若是，则说明坐标值的差完全由观测误差所引起，因此判定点位确实没有移动，否则点位产生了移动。

平均间隙法的基本思路如下。先进行两周期图形一致性检验（整体检验），如果检验通过，则可以确认所有的参考点是稳定的，否则要找出不稳定的点。寻找不稳定点的方法是"尝试法"。依次去掉每一个点，计算图形不一致性减少的程度，其中使图形不一致性减少最大的那个点是不稳定的点。排除不稳定的点后再重复上述的过程，直到图形一致性（指去掉不稳定点后的图形）通过检验为止。

（4）稳健迭代权法。通过参考点位移量的大小来调整相应的权来减少位移场扭曲，寻找一个恰当的参考系，获得正确的位移场。

基本原理是，在加权自由网的基础上，按位移分量一次范数为最小的稳健估计方法来确定监测点的位移；利用点位权与位移大小的函数关系，求得相应的迭代权函数，计算出比较切合实际的点位权，从而确定监测网参考系；最后利用平均间隙法原理，检验网中点的稳定性。其基本步骤如下。

1）设在某参考系下求出 $\hat{X}_1$，及参考点的位移向量 d 和其协因数阵 Q_d。

2）求点的稳定性权阵。设在某参考系下求出的 $\hat{X}_1$，变换到与实际相符合的参考系 $D^T X=0$，相似变换后的解为 $\hat{X}_2$，D^T 为未知参考系的系数阵，令 $D^T=H^T\omega$ 为未知参考系的基准，H 为参考系中各点的权重组成的未知权阵。d_D 为各点在实际参考系下的位移向量矩阵，根据位移向量矩阵一次范数最小 $\sum_i \overline{d}_i(k+1)=\min$ 的原则，采用逐次迭代权的方法确定。

（5）组合后验方差检验法。该方法主要用于变动基准点的定位定值。利用基准点的排列组合，构造后验单位权方差的统计量，进行 χ^2 检验，当检验不通过时，说明该组合中存在不稳定的点，对其进行迭代计算，直到检验通过。

（6）模糊聚类法。它能够定量地确定样本的亲疏关系，该方法利用基准点两期数据间的相似程度和相关关系，建立模糊等价矩阵，并根据不同变形值得到基准点的模糊分类结果，达到检验基准点稳定性的目的。

此外，还有基于误判率的贝叶斯判别法、VT 检验法、变形误差椭圆法、全排列组合法、基于自由设站基准点坐标变化法等点位稳定性分析方法，另外还有基于平均间隙法、稳健迭代权法和单点位移法等组合改进方法。

由于变形监测网中存在基准点变动会导致前后期平差基准不同，这样就会造成求解的位移量与实际形变不符，从而导致点位的稳定性出现误判。必须保证前后各期数据平差处理的基准点或参考系一致，这样求得的变形点的位移形变量才符合真实形变。需要综合采用多种方法进行检验验证，以保证基准稳定性检验的正确性。

2. 变形监测基准稳定性分析方法

基准给出了控制网的位置、尺度和方位的定义，实际上是给出了控制网的参考系。对变形监测进行稳定性分析，首先应确立一个对变形分析比较有利的参考系，是变形监测数据处理的一项重要任务。

水电工程平面位移监测网的布置受地形、地质等诸多因素的限制，一般均为狭长的网型，由于绝大部分平面位移监测网的基准点同样选埋在山坡上，很难保证稳定不动，特别是两岸山体岩石风化、覆盖层较厚的情况。因此，平面位移监测网在不同的复测周期通过稳定性分析获得的位移量相对最小的不动点（组）往往不一致，这些不动点（组）可看作与上期等价的基准，利用这些不动点（组）通过自由网平差获取与上期相同基准的校准数据，则达到不同期的平差值均为同一个基准的目的，然后进行位移量、精度等各方面的比较。

由于水电工程平面位移监测网精度要求高、网型复杂、年变化率较小，如果存在显著的基准变化而忽略不管的话，将会造成整个监测网的变形失真，甚至整个电站表面变形数据的失真，因此，基准稳定性判断基本上每一次监测网复测后均需进行，并且不能直接采用简单的限差检验法或 T 检验法，而应根据不同观测期的数据，通过严密的平差模型和统计模型，来定量定性地准确判断监测网中的稳定点组。

水电工程垂直位移监测网的基准布置相对来说更容易设置在很稳定的基岩上，长期稳定性能够得到保障，但由于垂直位移监测网多余观测量很少，一般就是 2～3 个，抵御粗差的能力太低，故基准稳定性检验需要采用抗差能力较强的方法。

目前，在水电工程中，应用较多的是组合检验方法，其基本原理如下。由于不动点（组）在各复测周期内是不一致的，通常采用 Hannover 方法（平均间隙法）＋单点位移分量 T 检验法进行判断。但在网中各点位移量均较大或者不动点很少等情况下，采用上述方法获得的结果不一定可靠，此时采用稳健迭代权法对初步确定的不动点（组）进行校核，以帮助计算者最终确认基准点。

6.3.2　变形监测数据预处理

1. 变形监测数据误差的判别

在大坝安全监测过程中，无论采用多么完善的观测方法和多么精确的观测设备，都不可避免地产生观测误差。从误差出现的规律上来看，观测误差可分为随机误差、粗差及系统误差 3 大类。

（1）随机误差。随机误差是由一系列偶然因素引起的不易控制的观测误差。随机误差是难以避免的，即使在相同条件下，对同一观测项目重复多次进行观测，每次观测的数据都不会重复，这是由于许多互不相关的独立因素的综合作用引起各因素微量变化的结果。就每次观测误差的个体而言，随机误差的出现是没有规律的，但在多次观测后，观测结果的总体是符合统计规律的，可用多次重复观测的方法减小它，也可以从理论上计算出它对观测结果的影响。

（2）粗差。粗差亦称为过失误差，是由于某种过失引起的明显与事实不符的误差，它主要是由于操作不当、读数、记录和计算错误、检测系统的突然故障等疏忽因素而造成的误差。粗差为非正常条件下得到的数据，是不可信的，它能严重影响数据处理的结果，并干扰对建筑物安全评价和监控的结果，因此，有效地识别粗差，不仅是数据分析处理的基础，而且对建筑物有效地实施安全监控都有重要的意义。

粗差其实是一种错误数据，往往在数值上表现出大的异常，与合理值明显相悖。对确定为粗差的数据，应及时重测，来不及重测的应进行处理，可直接将粗差值予以剔除，根据相邻观测值进行补插，或用拟合值予以代替。对于人为原因造成的粗大误差，除了设法从测量结果中发现和鉴别而加以剔除外，更重要的是要加强观测人员的职业素养以及培养工作责任心，以严格的科学态度对待观测工作。在某些情况下，为了及时发现与防止观测值中含有粗大误差，可采用不等精度测量和互相之间进行校核的方法，如对某一观测项目，可由两位观测人员进行测量、读数和记录，或使用两种不同的仪器或两种不同的方法进行观测。

（3）系统误差。系统误差是不随时间变化的、定值的或与某参数成函数关系的有规律的误差。系统误差主要是由观测仪器或观测方法而引起，如仪器本身不完善、仪器老化、测量基准发生变化等。系统误差的数值较大，而且不具有随机误差的抵偿性，不像随机误差那样引起数据的波动，因而不易被发现，因此正确地分析、估计、修正系统误差在数据处理中非常重要。系统误差的表现形式有不变的系统误差、线性系统误差、周期性系统误差、其他规律变化的系统误差以及不定性系统误差。

2. 变形监测数据异常值的判别

根据弹性力学理论，当建筑物在相同温度场、相同水位荷载作用下，如果其结构条件、材料性质及地基性质不变，则其变形量应相同。统计判别法就是根据这一理论，将相同工况下的测值作为样本数据，采用统计方法计算观测数据系列的统计特征值，根据一定的准则找出其中的异常值。

统计判别法使用的准则有：莱以特准则、罗曼诺夫斯基准则、格罗布斯准则、狄克松准则等。

（1）莱以特准则（3σ 准则）。3σ 准则是最常用也是最简单的判别粗大误差的准则，它是以测量次数充分大为前提的。

对于某一观测列，若各测得值只含有随机误差，则根据随机误差的正态分布规律，其残余误差落在 $\pm 3\sigma$ 以外的概率约为 0.3%。如果在观测列中，发现有大于 3σ 的残余误差的观测值，即

$$|v_i| > 3\sigma \qquad (6.3-1)$$

式中：v_i 为观测值残余误差。

则可以认为它含有粗大误差，应予剔除。

采用这一准则对大坝安全监测数据进行粗差识别时，可先取历年同一季节、相同或近似水位的观测值作为同一母体的子样。为保证检验结果的准确性，水位和日期相差应控制在适当的范围内。假设测值子样为 y_1，y_2，$\cdots$，y_n，则可求得样本的均值和标准差。

$$\overline{y} = \sum y_i / n \quad (i = 1, 2, 3, \cdots, n) \tag{6.3-2}$$

$$\sigma = \sqrt{\sum (y_i - \overline{y})^2 / (n-1)} \quad (i = 1, 2, 3, \cdots, n) \tag{6.3-3}$$

式中：y_i 为第 i 个观测值；n 为测值子样总数；$\overline{y}$ 为样本均值；σ 为样本标准差。

当 $|y_i - \overline{y}| < 3\sigma$ 时，则认为测值无粗差，否则，认为测值异常。

(2) 罗曼诺夫斯基准则（T 检验准则）。当观测次数较少时，按 T 分布的实际误差分布范围来判别粗大误差较为合理。罗曼诺夫斯基准则又称为 T 检验准则，其特点是首先剔除一个可疑的测得值，然后按 T 分布检验被剔除的观测值是否含有粗大误差。

假设测值子样为：y_1，y_2，$\cdots$，y_n，若认为观测值 y_j 为可疑数据，将其剔除后按式 (6.3-4) 和式 (6.3-5) 计算平均值及标准差。

$$\overline{y} = \frac{1}{n-1} \sum_{\substack{i=1 \\ i \neq j}}^{n} y_i \tag{6.3-4}$$

$$\sigma = \sqrt{\sum_{\substack{i=1 \\ i \neq j}}^{n} (y_i - \overline{y})^2 / (n-2)} \tag{6.3-5}$$

根据观测次数 n 和选取的显著度 α，即可查得 t 分布的检验系数 $k(n, \alpha)$。若

$$|y_j - \overline{y}| > k\sigma \tag{6.3-6}$$

则认为观测值 y_j 含有粗大误差。

(3) 格罗布斯准则。假设测值子样为：y_1，y_2，$\cdots$，y_n，当服从正态分布时，计算平均值及标准差见式 (6.3-7)、式 (6.3-8)。

$$\overline{y} = \frac{1}{n} \sum_{i=1}^{n} y_i \tag{6.3-7}$$

$$\sigma = \sqrt{\sum_{i=1}^{n} (y_i - \overline{y})^2 / (n-1)} \tag{6.3-8}$$

为了检验 y_i ($i = 1, 2, 3, \cdots, n$) 中是否存在粗大误差，将 y_i 按大小顺序排列成顺序统计量 $y_{(i)}$。

$$y_{(1)} \leqslant y_{(2)} \leqslant \cdots \leqslant y_{(n)} \tag{6.3-9}$$

格罗布斯导出了 $g(n) = \dfrac{y_{(n)} - \overline{y}}{\sigma}$ 及 $g(1) = \dfrac{\overline{y} - y_{(1)}}{\sigma}$ 的分布，取定显著度 α（一般为 0.05 或 0.01），查表可知临界值 $g_0(n, \alpha)$，而

$$P\left(\frac{y_{(n)} - \overline{y}}{\sigma} \geqslant g_0(n, \alpha)\right) - \alpha \tag{6.3-10}$$

及

$$P\left(\frac{\overline{y} - y_{(1)}}{\sigma} \geqslant g_0(n, \alpha)\right) = \alpha \tag{6.3-11}$$

当

$$g_{(i)} \geqslant g_0(n,\alpha) \tag{6.3-12}$$

即判别该观测值含有粗大误差，应予以剔除之。

（4）狄克松准则。而狄克松准则用极差比的方法，得到简化而严密的结果。

狄克松研究了 y_1，y_2，…，y_n 顺序统计量 $y_{(i)}$ 的分布，当 y_i 服从正态分布时，得到 $y_{(n)}$ 的统计量。

$$r_{10}=\frac{y_{(n)}-y_{(n-1)}}{y_{(n)}-y_{(1)}};r_{11}=\frac{y_{(n)}-y_{(n-1)}}{y_{(n)}-y_{(2)}};r_{21}=\frac{y_{(n)}-y_{(n-2)}}{y_{(n)}-y_{(2)}};r_{22}=\frac{y_{(n)}-y_{(n-2)}}{y_{(n)}-y_{(3)}}$$
$$\tag{6.3-13}$$

选定显著度 α，得到各统计量的临界值 $r_0(n,\alpha)$，当测量的统计值 r_{ij} 大于临界值时，则认为 $y_{(n)}$ 含有粗大误差。

对最小值 $y_{(1)}$ 用同样的临界值进行检验，即有

$$r_{10}=\frac{y_{(1)}-y_{(2)}}{y_{(1)}-y_{(n)}};r_{11}=\frac{y_{(1)}-y_{(2)}}{y_{(1)}-y_{(n-1)}};r_{21}=\frac{y_{(1)}-y_{(3)}}{y_{(1)}-y_{(n-1)}};r_{22}=\frac{y_{(1)}-y_{(3)}}{y_{(1)}-y_{(n-2)}}$$
$$\tag{6.3-14}$$

在剔除粗大误差时，狄克松认为，当 $n>7$ 时，使用 r_{10} 效果好；当 $8\leqslant n\leqslant10$ 时，使用 r_{11} 效果好；当 $11\leqslant n\leqslant13$ 时，使用 r_{21} 效果好；当 $n>7$ 时，使用 r_{22} 效果好。

这几种判别准则的适用条件如下。莱以特准则是以观测次数充分大为前提的，因此这种判别准则可靠性不高，但它使用简便，故在要求不高时经常应用。对观测次数较少而要求较高的观测列，应采用罗曼诺夫斯基准则、格罗布斯准则或狄克松准则，其中以格罗布斯准则的可靠性较高，其观测次数也需在 20～100 之间时，才能有较好的判别效果；当观测次数较少时，可采用罗曼诺夫斯基准则。

大坝在经过多年变形监测后，可得到一系列监测量的测值，据此，可建立相应的监控数学模型。目前常用的数学模型有统计模型、确定性模型和混合模型，以统计模型使用最为普遍。建立统计模型所常用的统计回归法，其原理是经典的最小二乘法，当监测数据服从正态分布，最小二乘估计值具有方差最小且无偏的统计特性。

6.3.3 变形监测数据几何分析方法

（1）作图分析。用作图法处理实验数据可形象、直观地显示出物理量之间的函数关系，从而可以通过形象的图像研究对象的性质与变化规律，甚至可以通过外延法得到在实验室条件下无法直接测得的物理量。因此在科研和实际生产中，作图法都是一种被广泛应用的表达工具。将观测资料绘制成各种曲线通常是将观测资料按时间顺序绘制成过程线，也可以绘制不同观测物理量的相关曲线，研究其相互关系。这种方法简便直观，特别适用于初步分析阶段。在实际工作中，为了便于分析，常在各种变形过程线上画出与变形有关因素的过程线。

（2）统计分析。统计分析是用数理统计方法（多元线性回归）分析计算各种观测物理量的变化规律和变化特征，包括其周期性、相关性和发展趋势。这种方法具有定量的概念，使分析成果更具实用性。

（3）对比分析。对比分析是将各种观测物理量的实测值与设计计算值或模型试验值进

行比较分析，相互验证，寻找异常原因，探讨改进运行和设计、施工方法的途径。

对比分析法通常把两个相互联系的指标数据进行比较，从数量上展示和说明研究对象规模的大小，水平的高低，速度的快慢，以及各种关系是否协调。在对比分析中，选择合适的对比标准是十分关键的步骤，选择得合适，才能做出客观的评价，选择不合适，评价可能得出错误的结论。

（4）建模分析。建模分析采用系统识别方法处理观测资料，建立数学模型，用以分离影响因素，研究观测物理量变化规律，进行实测值预报和实现安全控制。常用数学模型有 3 种：统计模型、确定性模型和混合模型。

以大坝堆石体的变形为例，大坝堆石体的变形是在水压、温度、自重和建筑材料老化等影响因素综合作用下产生的结果。根据堆石体变形的影响因素可将其变形分成水压分量、温度分量、时效分量以及观测误差和其他未知因素引起的随机分量。水压分量是由库水位变化引起的变形，主要通过对堆石体的压缩、剪切和坝基变位形成，一般呈周期变化，其对堆石体变形的影响亦呈周期性变化；时效分量是在自重、材料老化等内外因素长期作用下对堆石体产生的压缩、固结等变形，主要表现为随时间推移而逐渐增长的不可逆变形；温度分量是有温度变化引起的变形，一般亦呈周期性变化，研究表明，温度对堆石体的影响不明显。此外，堆石体受温度影响有明显的滞后效应。综合以上各分量，建立堆石体变形回归模型，见式（6.3－15）。

$$Y(t) = F[H(t)] + F[T(t)] + F[\theta(t)] + C \qquad (6.3-15)$$

式中：$Y(t)$ 为堆石体变形（水平位移、垂直位移）监测值在时间 t 的统计值；$F[H(t)]$ 为堆石体变形（水平位移、垂直位移）的水压分量；$F[T(t)]$ 为堆石体变形（水平位移、垂直位移）的温度分量；$F[\theta(t)]$ 为堆石体变形（水平位移、垂直位移）的时效分量；C 为待定常数项。

6.3.4　变形监测数据统计模型分析法

变形监测信息的分析和预报主要根据相关模型对数据进行建模分析，得到变形体变化规律并对其进行预报分析等，主要包括形状、大小等空间状态的变化和分析，包括数据平差处理、稳定性分析等；而数据预测模型理论发展一直是人们研究和关注的重点。如何能正确地分析预测变形体的变形量，在于预测模型是否合适、可靠，越来越多的人致力于建立一种可靠性好、预测精度高的分析模型。要选择一种合适的变形监测预测模型，首先需要对变形体周围地质、水文等环境进行研究，并设计到其他各个领域学科的知识。目前已经研究发展了多种预测模型。

1. 回归分析法

回归分析法是在统计学中最常用到的一种简单的建模方法，对大量数据进行数学处理来确定变量之间相互关系并得到回归方程。根据因变量与自变量的个数的不同，回归分析分为一元回归分析和多元回归分析；根据因变量和自变量的函数表达式的不同分为线性回归分析和非线性回归分析。因此在用回归分析法进行预报分析时，应首先判断自变量与因变量的个数以及回归方程的类型，并且对大量高精度的数据进行观察来最终确定回归模型。

（1）多项式拟合。多项式拟合是曲线拟合的最基本得一种方法，假设某变形监测数据的因变量为 y，自变量为 x，则因变量 y 与 x 的关系见式（6.3-16）。

$$y_i = \lambda_0 + \lambda_1 x_i + \lambda_2 x_i^2 + \cdots + \lambda_m x_i^m \quad (i=1,2,\cdots,n) \tag{6.3-16}$$

根据最小二乘原理可求出方程的系数。

$$A = \begin{bmatrix} x_1 & x_1^2 & \cdots & x_1^m \\ x_2 & x_2^2 & \cdots & x_2^m \\ \vdots & \vdots & & \vdots \\ x_n & x_n^2 & \cdots & x_n^m \end{bmatrix}, X=[\lambda_0,\lambda_1,\cdots,\lambda_m]^T, B=[Y_0,Y_1,\cdots,Y_m]^T \tag{6.3-17}$$

令式（6.3-17）中，n 为特征点重复观测次数，m 为多项式系数，由最小二乘原理可知多项式曲线拟合系数的参数方程式（6.3-18）。

$$X = [A^T A]^{-1} A^T B \tag{6.3-18}$$

则根据求得的预测模型参数估计值，得到曲线拟合模型方程为

$$\hat{y}_i = \hat{\lambda}_0 + \hat{\lambda}_1 x_i + \hat{\lambda}_2 x_i^2 + \cdots + \hat{\lambda}_m x_i^m \quad (i=1,2,\cdots,n) \tag{6.3-19}$$

对其进行可靠性检验之后即可根据曲线拟合方程拟合得到拟合值和进行下一步的预测。

（2）线性回归。线性回归是通过线性回归方程对一个或多个自变量与因变量之间关系，对于给定的大量的 x 和 y 数据组成的观测值方程，确定他们之间的关系可假设为线性。若 y 的影响因素只有一个则为一元线性回归，若存在多个不可忽略的因素，则为多元线性回归。多元线性回归的模型为式（6.3-20）。

$$y_i = k_0 + k_1 x_{i1} + k_2 x_{i2} + \cdots + k_m x_{im} + \sigma_i \quad (i=1,2,\cdots,n), \sigma_i \sim N(0,\sigma^2) \tag{6.3-20}$$

式中：$(k_0, k_1, \cdots, k_m)$ 为回归方程系数；$(x_{i1}, x_{i2}, \cdots, x_{im})$ 为观测值自变量，共有 m 个；y_i 为观测值因变量，共有 n 组观测值；σ 服从正态分布。令

$$k = \begin{bmatrix} k_0 \\ k_1 \\ \vdots \\ k_m \end{bmatrix}, x = \begin{bmatrix} 1 & x_{11} & x_{12} & \cdots & x_{1m} \\ 1 & x_{21} & x_{22} & \cdots & x_{2m} \\ \vdots & \vdots & \vdots & & \vdots \\ 1 & x_{n1} & x_{n2} & \cdots & x_{nm} \end{bmatrix}, \sigma = \begin{bmatrix} \sigma_1 \\ \sigma_2 \\ \vdots \\ \sigma_n \end{bmatrix}, y = \begin{bmatrix} y_1 \\ y_2 \\ \vdots \\ y_n \end{bmatrix} \tag{6.3-21}$$

多元线性回归模型可表示为

$$y = xk + \sigma \tag{6.3-22}$$

由最小二乘法求解上述方程的系数，即

$$\sum_{i=1}^{n} (y_i = \overline{y}_i)^2 = \min \tag{6.3-23}$$

求解得到线性回归模型的参数的估值为

$$\hat{k} = (x^T x)^{-1} x^T y \tag{6.3-24}$$

求得参数估值带回原方程即可得到线性回归预测模型的方程。

（3）逻辑回归。Verhulst-Peral 于 1938 年提出了 Logistic 模型，Logistic 回归模型逻辑回归（Logistic regression）在一般线性回归的基础上加上一个逻辑函数，根据选用的

函数不同逻辑回归模型也不相同，是现阶段变形监测预报分析常用的方法。根据因变量的个数来分，有二分类和多分类两种，目前一般适用的是二分类的 Logistic 回归。假设 y 为变形值，x 为时间，则 t 时刻变形值 $y = x(t)$，且 $\dot{y} = x(t)$ 是一个连续的函数。则初始时刻的变形量为 $y_0 = x(0)$。变形值的变化率为常数 r，则有单位时间内的变形值的变化为式（6.3-25）。

$$x(t + \Delta t) - x(t) = rx(t) \Delta t \tag{6.3-25}$$

根据逻辑模型的公式可得其模型特点为：其变形曲线为一个 S 形曲线，且这个曲线不过坐标原点，当 $t = 0$ 时，$y_0 = \dfrac{x_m}{1 + a}$ 不等于零。当 $t \to \infty$ 时，$y = f(x_m, r) \to x_m$，logistic 模型具有上限。

2. 时间序列分析模型

时间序列分析的特点在于：逐次的观测值通常是不独立的，且分析必须考虑到观测资料的时间顺序，当逐次观测值相关时，未来数值可以由过去观测资料来预测，可以利用观测数据之间的自相关性建立相应的数学模型来描述客观现象的动态特征。

Box - Jenkins 方法以序列的自相关函数和偏自相关函数的统计特性为依据，找出序列可能适应的模型，然后对模型进行估计。通常可以考虑的模型有 ARMA、ARIMA 和乘积型季节模型。

（1）模型的识别。对于一组长度为 N 的样本观测数据，首先要对数据进行预处理，预处理的目的是实现平稳化，处理的手段包括差分和季节差分等。经过预处理的新序列能较好满足平稳性条件。

模型的识别包括差分阶数 d、季节差分阶数 D、模型阶数、滑动平均阶数 q、滞后长度 k 和 m 的识别。识别的工具是自相关函数和偏自相关函数。如果样本的自相关函数 $\hat{\rho}(s)$ 当 $s > q$ 时显著为零，则序列适应的模型是 MA。如果样本的偏自相关函数 $\hat{\varphi}_{ss}$ 当 $s > p$ 时显著为零，则序列适应的模型是 AR。若样本的自相关函数和偏自相关函数均拖尾，并且按负指数衰减，则序列是 ARMA 序列，这时应该从高阶到低阶拟合模型，从中选择最佳的。

当自相关函数缓慢下降，或是具有季节变化，那么观测的序列是具有趋势变动或季节变动的非平稳序列，则需要做差分或季节差分，如果差分后的序列的样本的自相关函数和偏自相关函数既不截尾又不拖尾，而在周期 s 的整倍数时出现峰值，则序列遵从乘积型季节模型，否则遵从 ARIMA 模型。

（2）模型的估计。当模型的阶数确定之后，利用有效的拟合方法。如最小二乘估计、极大似然估计等方法，估计模型各部分的参数。

（3）诊断性检验模型选择。检验所选择的模型是否能较好地拟合数据。它包括模型过拟合和欠拟合检验。通过检验的结果，修改模型。时间序列建模应该基于简约的原则，即用尽可能少的模型参数，对模型做出尽可能精确估计。所以在选择模型时应该反复试探，这是一个识别，建模，再识别，再建模的过程。

3. 灰色系统分析模型

白色系统是全部已知的，系统的信息是充分的，黑色系统是系统内部特征是一无所知、完全不知道的，灰色系统理论是针对信息量少，部分信息未知不确定的情况进行建模、预报分析。将这种部分已知、部分未知的情况用颜色中介于黑白之间的灰色来表示，称为灰色系统。灰色预测模型主要是以 GM 模型为基础，GM 模型分为 GM(1，1) 和 GM(1，N) 模型等。

（1）GM(1，1) 模型。设灰色模型的预测阶数为 n，n 为模型预测的变量数，一般工程预测采用 GM(1，1) 模型，即预测阶数和变量数均为 1，这种模型形式被广泛应用于工程实践中。其基本原理如下所示。

假设有 n 个非负原始观测数据序列，$X^{(0)}$ 为

$$X^{(0)}=\left[x^{(0)}(1),x^{(0)}(2),\cdots,x^{(0)}(n)\right] \tag{6.3-26}$$

对其一次累加即将原始数列中第 1 个数据作为新的数据的第 1 个数据，原始数列的第 2 个数据与第 1 个数据相加的和为新的数列中的第 2 个数据，依次列推所得到的序列为

$$X^{(1)}=\left[x^{(1)}(1),x^{(1)}(2),\cdots,x^{(1)}(n)\right] \tag{6.3-27}$$

其中

$$x^{(1)}(k)=\sum_{i=1}^{k}x^{(0)}(i) \quad (k=1,2,\cdots,n) \tag{6.3-28}$$

如果原始数据均为非负的，随着上述步骤的累加，得到的序列为显示出一些规律特征，此时的序列不是毫无规律的随机序列，而是伪随机序列。则 GM（1，1）灰色预测模型的一阶白化微分方程为

$$\frac{dx^{(1)}(t)}{dt}+ax^{(1)}(t)=b \tag{6.3-29}$$

式中：a，b 分别为预测模型的带求参数。

将式（6.3-29）离散化得

$$\left[x^{(1)}(k+1)-x^{(1)}(k)\right]+az^{(1)}(k)=b \tag{6.3-30}$$

式中：$z^{(1)}(k)=\frac{1}{2}\left[x^{(1)}(k+1)+x^{(1)}(k)\right]$ 为在 $(k+1)$ 时刻对应的 x 的值。

根据式（6.3-30）可作如下设定：

$$B=\begin{bmatrix}-Z^{(1)}(2) & 1\\-Z^{(1)}(3) & 1\\\vdots & \vdots\\-Z^{(1)}(n) & 1\end{bmatrix}, \quad Y=\begin{bmatrix}x^{(0)}(2)\\x^{(0)}(3)\\\vdots\\x^{(0)}(n)\end{bmatrix}, \quad A=\begin{bmatrix}a\\b\end{bmatrix} \tag{6.3-31}$$

则可得

$$Y=BA \tag{6.3-32}$$

根据最小二乘原理可得

$$A=(B^TB)^{-1}B^TY \tag{6.3-33}$$

求解得到估计参数 a，b。因此将 a，b 带入一阶白化微分方程，可求得灰色模型 GM(1，1)的时间响应函数，即

$$\hat{x}^{(1)}(k+1)=\left[x^{(0)}(1)-\frac{a}{b}\right]e^{-ak}+\frac{b}{a} \tag{6.3-34}$$

将式（6.3-34）进行累减计算，即可得到原始数据的值，即

$$\hat{x}^{(0)}(k) = \hat{x}^{(1)}(k) - \hat{x}^{(1)}(k-1) \qquad (6.3-35)$$

根据求得的 GM(1，1) 模型即可进行原始数据的模拟以及模型预测值来预测未来的发展趋势。在对灰色模型进行建模步骤完成之后，还应对所建立的模型进行模型检验，以确定模型的可靠性。灰色模型的检验方法一般分为残差检验、关联度检验和后验差检验。

（2）GM(1，N) 模型。GM(1，N) 模型是在 GM(1，1) 模型的基础上建立的，当观测数据中具有多个影响因子，而且这些影响因子之间不完全无关，它们之间存在这某种关系时，GM(1，1) 模型就不适用与这种情况。因此可以在原来的基础上对 n 个变量用一阶微分方程建立灰色模型，即建立 GM(1，N) 模型。假设存在多个因素的变量，有

$$x_i^{(0)} = [x_i^{(0)}(1), x_i^{(0)}(2), \cdots x_i^{(0)}(n)] \quad (i=1,2,\cdots,m) \qquad (6.3-36)$$

类似于 GM(1，1) 模型的建模过程，首先经过一次累加得到新的序列如下：

$$x_i^{(1)} = [x_i^{(1)}(1), x_i^{(1)}(2), \cdots x_i^{(1)}(n)] \quad (i=1,2,\cdots,m) \qquad (6.3-37)$$

建立 GM(1，N) 模型的白化微分方程组，即

$$\frac{\mathrm{d}x_N^{(1)}}{\mathrm{d}t} + ax_N^{(1)} = b_1 x_1^{(1)} + b_2^{(2)} + \cdots + b_{N-1} x_{N-1}^{(1)} \qquad (6.3-38)$$

将微分方程用离散的形式表示，得到其矩阵形式为

$$y_m = \begin{bmatrix} x_N^{(0)}(2) \\ x_N^{(0)}(3) \\ \vdots \\ x_N^{(0)}(n) \end{bmatrix}, B = \begin{bmatrix} -\frac{1}{2}[x_1^{(1)}(1)+x_1^{(1)}(2)] & x_1^{(1)}(2) & \cdots & x_{m-1}^{(1)}(2) \\ -\frac{1}{2}[x_1^{(1)}(2)+x_1^{(1)}(3)] & x_1^{(1)}(3) & \cdots & x_{m-1}^{(1)}(3) \\ \vdots & \vdots & & \vdots \\ -\frac{1}{2}[x_1^{(1)}(n-1)+x_1^{(1)}(n)] & x_1^{(1)}(n) & \cdots & x_{m-1}^{(1)}(n) \end{bmatrix}, \hat{x} = \begin{bmatrix} a \\ b_1 \\ b_2 \\ \vdots \\ b_{n-1} \end{bmatrix}$$

$$(6.3-39)$$

因此可将式（6.3-39）简化为

$$y_m = B_m \hat{x} \qquad (6.3-40)$$

利用最小二乘方法得到最小二乘法近似解，即

$$\hat{x} = (B^T B)^{-1} B^T y_m \qquad (6.3-41)$$

将其带入 GM(1，N) 模型白化微分方程可得时间响应函数模型，即

$$\hat{x}_1^{(1)}(k+1) = [x_1^{(0)}(1) - \frac{1}{a}\sum_{i=2}^{n} b_{i-1} x_i^{(1)}(k+1)]e^{-ak} + \frac{1}{a}\sum_{i=2}^{n} b_{i-1} x_i^{(1)}(k+1)$$

$$(6.3-42)$$

将式（6.3-42）进行累减，得到 GM(1，N) 灰色预测模型如下：

$$\hat{x}_m^{(0)}(k+1) = \hat{x}_m^{(1)}(k+1) - \hat{x}_m^{(1)}(k) \qquad (6.3-43)$$

建模过程完成之后进行再可靠性检验，若经检验模型合格之后即可进行模拟和预测。

4. Kalman 滤波模型

Kalman 滤波是 20 世纪 60 年代初由卡尔曼（Kalman）等提出的一种递推式滤波算法，用相关因子及因子的变率作为状态因子，利用初始时刻附近的观测量，构建动态平差

模型，进而解出初始状态值，然后利用状态转移矩阵及观测方程构建卡尔曼滤波模型，它的滤波过程反映的是最新时刻与下一时刻之间状态的转换关系。因此一旦滤波模型构成，它就不再依赖用过的数据，是一种对动态系统进行实时数据处理的有效方法。

（1）Kalman 滤波模型构建所依赖的基础方程。

1）状态方程。Kalman 滤波的数学模型包括状态方程（也称动态方程）和观测方程两部分，其形式为

$$\begin{cases} X_k = \Phi_{k,k-1} X_{k-1} + \Gamma_{k-1} W_{k-1} \\ L_k = H_k X_k + V_k \end{cases} \tag{6.3-44}$$

式中：X_k 为 t_k 时刻系统的状态向量（n 维）；L_k 为 t_k 时刻对系统的观测向量（m 维）；$\Phi_{k,k-1}$ 为时间 t_{k-1} 至 t_k 的系统状态转移矩阵（$n \times n$）；W_{k-1} 为 t_{k-1} 时刻的动态噪声（r 维）；Γ_{k-1} 为动态噪声矩阵（$n \times r$）；H_k 为 t_k 时刻的观测矩阵（$m \times n$）；V_k 为 t_k 时刻的观测噪声（m 维）。

2）状态预报方程。

$$\hat{X}_{(k,k-1)} = \Phi_{k,k-1} \hat{X}_{(k-1,k-1)} \tag{6.3-45}$$

式中：$\hat{X}_{(k,k-1)}$ 为由时刻 t_{k-1} 到 t_k 时刻的状态预报值；$\hat{X}_{(k-1,k-1)}$ 为 t_{k-1} 时刻的滤波值。

3）预报误差协方差。

$$D_x(k,k-1) = \Phi_{k,k-1} D_x(k-1,k-1) \Phi_{k,k-1}^T + \Gamma_{k,k-1} D_\Omega(k-1) \Gamma_{k,k-1}^T \tag{6.3-46}$$

4）增益矩阵。

$$J_k = D_x(k,k-1) B_k^T [B_k D_x(k,k-1) B_k^T + D_\Delta(k)]^{-1} \tag{6.3-47}$$

式中：$D_\Delta(k)$ 为观测噪声方差阵。

一般假定观测噪声的方差是一定的，取 $D_\Delta(k)$ 为动态平差中的观测值的中误差协方差阵。

5）状态滤波方程。

$$\hat{X}_{(k,k)} = \hat{X}_{(k,k-1)} + J_k(L_k - \hat{X}_{(k,k-1)}) \tag{6.3-48}$$

6）滤波误差协方差阵。

$$D_x(k,k) = (I - J_k B_k) D_x(k,k-1) \tag{6.3-49}$$

（2）卡尔曼滤波法的实现步骤。

1）首先确定滤波的初值，包括状态向量的初值 X_0 及其相应的协方差阵 $D_x(0)$、观测噪声的协方差阵 $D_\Delta(k)$ 和动态噪声的协方差阵 $D_\Omega(k)$。

2）建立卡尔曼滤波模型，确定系统状态转移矩阵 $\Phi_{k,k-1}$、动态噪声矩阵 $\Gamma_{k,k-1}$ 和观测矩阵 $B_{k,k-1}$。

3）在以上准备工作完成后就可以开始计算了，得出预测值 $\hat{X}_{(k,k-1)}$、预报协方差阵 $D_x(k,k-1)$、增益矩阵 J_k。

4）输入一组观测数据，进行卡尔曼滤波，得出该组观测值的最佳预测值 $\hat{X}_{(k,k)}$ 和方差阵 $D_x(k,k)$。

5）再回到3），进行递推计算。

5. 人工神经网络模型

人工神经网络最初出现在生物学中，是通过对人体大脑处理大量复杂信号工作机理的研究，在网络拓扑关系知识的基础上建立的数学模型。

人工神经网络的基本原理是以一神经元为基础构成元件的，假设 x_1，x_2，$\cdots$，x_n 为从其他神经元传递过来的输入信息，w_{ij} 为神经元 i 与神经元 j 之间连接的权值，如果 w_{ij} 为正则表示突触处于兴奋状态、反之则为抑制状态，其变化程度可根据 w_{ij} 大小来判断。θ 表示一个阈值或者偏置。神经元之间的输入输出关系为式（6.3-50）。

$$y_i = f(\sum_{j=0}^{n} w_{ij} x_j - \theta) \tag{6.3-50}$$

式中：y_i 为激活函数，可以对净激活量与输出进行映射。

设 X 为输入向量、W 为权重向量，则有式（6.3-51）。

$$\begin{cases} X=[x_0, x_1, x_2, \cdots, x_n], W=[w_{i0}, w_{i1}, w_{i2}, \cdots, w_{in}]^T \\ y_i = f(XW - \theta) \end{cases} \tag{6.3-51}$$

因此激活函数对人工神经网络的预测结果的好坏具有非常重要的作用。

BP 算法即是多层神经网络权值修正的反向传播学习算法，是儒默哈特（D. E. Rumelhart）等在 20 世纪 80 年代提出的。这种算法由于解决了多层前向神经网络的学习问题，一经出现就受到了广泛关注，很快应用各种实践和研究当中，并取得了很好的效果。BP 算法的基本思想是根据输入层输入的数据逐层计算，当到达最后一层也就是输出层时，将输出层的结果和预期结果求出残差值，若参差不满足精度要求，则进行逆向计算，根据残差向导数第二层反传，一直传到输入层。将误差值分配给中间各层，每层再根据分得的误差值修改各层中神经元的权值。再利用修正后的权值正向传播，不断循环这个过程知道输入层结果满足要求为止。

6. 频谱分析

频谱分析是指将时域信号变换至频域加以分析的方法。频谱分析的目的是把复杂的时间历程波形，经过傅里叶变换分解为若干单一的谐波分量来研究，以获得信号的频率结构以及各谐波和相位信息。频谱分析是动态观测时间序列研究的一个途径，它将时间域内的观测数据序列通过傅里叶级数转换到频域内，进而对其分析、研究。它有助于确定时间序列的准确周期并判别隐蔽性和复杂性的周期数据。对于时间序列 $x(t)$ 的傅里叶级数展开式为式（6.3-52）。

$$x(t) = A_0 + \sum_{n=1}^{\infty} (a_n \cos 2\pi nft + b_n \sin 2\pi nft) \tag{6.3-52}$$

在某一时间下记录的数值信号其意义可以体现为由许多和不同频率的谐波分量的总和，而通过计算每个谐波频率所具有的振幅，如最大振幅以及与之相对应的主频率等，可以间接地推算出变形周期性变化所具有的规律。

7. 组合模型

在进行变形监测的实际过程中，如果只选择某一个单一预测模型来进行预报分析，由于受到其适用性的限制，必然会失去某些信息，不能全面地反映变形情况和发展趋势，特别是在对预测精度要求很高且数据量大、复杂的系统中。因此组合预测模型的出现解决了这一难题。在变形监测预报中，某些单一预测模型基于定性分析，某些则基于定量分析，由于侧重点不同，因此每个模型都有自己的优缺点和特征。组合模型顾名思义就是在对单个模型进行深入研究分析之后，以一种组合的方式将它们组合成为一种兼具各个优点，使其互相弥补不足的新的模型。组合模型根据其组合的方式分为串联式和并联式两种。

（1）串联式组合。在对变形数据进行分析时，不难发现有时数据并不以非常平滑的趋势进行变化，在某段时间可能会发生波动，串联式模型就是将这种平滑的趋势项和波动数进行分开讨论，通过对变形体的变形原因进行分析，选取某种合适的单项模型进行建模，即对变形信息的趋势项进行预测，再选择另一种模型对预测残差值进行建模，即对变形信息的波动项进行预测，并将两种模型的预测值整合在一起形成新的组合模型，主要原理是假设有一组变形监测观测值为式（6.3-53）。

$$X^{(0)}(t)=[x^{(0)}(1),x^{(0)}(2),\cdots,x^{(0)}(n)] \tag{6.3-53}$$

式中：$X^{(0)}$ 为观测值。

则选择一个模型 L_1 对其进行预测，得到其预测值为式（6.3-54）。

$$\hat{X}^{(0)}(t)=[\hat{x}^{(0)}(1),\hat{x}^{(0)}(2),\cdots,\hat{x}^{(0)}(n)] \tag{6.3-54}$$

式中：$\hat{X}^{(0)}$ 为预测值。

则预测值为组合模型中的趋势项，根据预测值和实际观测值求得残差值为式（6.3-55）。

$$e^{(1)}(t)=x^{(0)}(t)-\hat{x}^{(0)}(t)=[e^{(1)}(1),e^{(1)}(2),\cdots,e^{(1)}(n)] \tag{6.3-55}$$

选择模型 L_2 对残差序列建模得到波动项的预测值，并根据波动项的预测值和趋势项预测值得到最终串联组合模型的预测模型为式（6.3-56）。

$$\begin{cases} \hat{e}^{(1)}(t)=[\hat{e}^{(1)}(1),\hat{e}^{(1)}(2),\cdots,\hat{e}^{(1)}(n)] \\ \hat{x}(t)=\hat{x}^{(0)}(t)+\hat{e}^{(1)}(t) \end{cases} \tag{6.3-56}$$

（2）并联式组合。并联式组合主要通过确定对单个预测模型进行加权平均，充分利用各自优势来提高整个模型的预测精度。组合模型中由于各单一模型之间的相关关系不同可以分为线性和非线性的两种。线性组合认为各个模型之间相互之间没有内在关联，以其预测值乘以相应的权值之和组成的新的模型。假设 F 为组合模型，f_i 为模型 i 的预测值，w_i 为模型 i 的权值，共有 m 个单一模型。

$$F=\sum_{i=1}^{m}f_i w_i \quad (i=1,2,\cdots,m) \tag{6.3-57}$$

单个模型的权值应为非负的且它们的权值之和为1，对于权系数的值，如果根据数学原理来解算，求得的权系数很可能会出现负数的情况，但是每个预测模型对工程实践都是基于一定的原理进行预测的，在组合模型中出现模型权值为负数的情况是没有任何意义的，因此为了确保组合的正确型，权系数还应为非负数。即应满足式（6.3-58）的条件。

$$\begin{cases} \sum_{i=1}^{m}w_i=1 \\ w_i\geqslant 0 \quad (i=1,2,\cdots,m) \end{cases} \tag{6.3-58}$$

假设非线性组合模型的预测值 F'，则其线性组合方程为式（6.3-59）。

$$F = \phi(f_1, f_2, \cdots, f_m) \tag{6.3-59}$$

根据定权方式的不同可分为定权组合模型和变权组合模型，定权组合模型是将各单一模型在组合中以一种平均的方式进行分配，即它们在组合中占用的比重是一样的，权值相等。变权组合模型的模型之间权值是不同的，这是因为对于不同的工程实践，每个模型对其影响有差异，有的模型预测精度高、适用型好，有的则相对较差，对影响程度高、精度好的模型以一定的准则改变其权值的大小，这样随着时间的变化来调整的方式即为变权组合模型。由于定权组合模型相对简单，因此其应用比变权模型应用广泛，而变权方式比较复杂，应用相对较少。变权方式中以什么规则来改变权值是主要的难点和研究方向。

6.3.5　变形监测数据确定性模型分析法

确定性模型从工程设计角度出发，利用荷载、变形体的几何性质和物理性质以及应力与应变间的关系来建立数学模型。确定性模型的建立思路是结合建筑物及其地基的实际工作状态，用有限元法计算荷载作用下的变形场，然后与实测值进行优化拟合，以求得调整参数（改正由于物理参数或边界条件取得不准确而引起的误差），从而建立准确的变形确定模型。

1. 确定函数法

确定函数法以有限元法为主，在一定的假设条件下，利用变形体的力学性质和物理性质，通过应力与应变关系建立荷载与变形的函数模型，然后利用确定函数模型，预报在荷载作用下变形体可能的变形。确定性模型具有"先验"的性质，比统计模型有更明确的物理概念，但往往计算工作量较大，并对用作计算的基本资料有一定的要求。但是如果在有限元上划分得合理，并且对观测建筑物的物理学参数选取选择得较为精确，那么此种方法无疑是一种快捷、省力的方法。

变形的确定性模型是利用变形体的结构、物理性质所建立起来的变形-荷载的关系模型。变形有不同类型，相应地，有不同类型的变形确定性模型，具体而言，有位移确定性模型、应力确定性模型等。

建立位移确定性模型，就是建立这个模型的具体表达式。建立大坝位移确定性模型的思路是首先假设坝体和基岩的物理参数，用有限元计算不同外荷载（水位或温度）下的位移，通过对位移计算值的拟合，得到水位分量和温度分量的表达式。由于采用假设的物理参数，须对拟合的表达式施加调整参数，调整参数修正假设的物理参数与实际的物力参数的偏差所引起的模型系数的误差。由于时效分量的产生原因复杂，它综合反映了坝体和基岩在多种因素影响下的不可逆变形，难以用确定性方法得到其表达式，因而它仍采用统计模式。

2. 反分析方法

反分析方法仿效系统识别理论，将正分析成果作为依据，通过一定的理论分析，借以反求建筑物及其周围的材料参数，以及寻找某些规律和信息，及时反馈到设计、施工和运行中去，它包含有反演分析和反馈分析。

反演分析是将正分析的成果作为依据，通过相应的理论分析，借以反求大坝等水工建筑物和地基的材料参数及其某些结构特征等。

反馈分析是综合运用正反馈与反演分析的成果，一方面通过相应的理论分析，从中寻找某些规律和信息，及时反馈到设计、施工和运行中去，达到馈控的目的；另一方面还为未建坝的设计、施工反馈信息，达到优化设计、施工的目的，从而最大限度地从观测资料中提取信息。

岩土工程中，根据现场量测信息的不同，可以将反分析法划分为应力反分析法、位移反分析法和应力（荷载）与位移的混合反分析法。三者之中因为位移信息比较容易量测，且精度较为可靠，故位移反分析法在岩土工程中使用最为广泛。根据求解的手段不同，反分析法可分为解析法和数值法。解析法概念明确、计算速度快，但只适宜求解简单几何形状和边界条件下的线弹性和线黏弹性问题。数值法则较解析法更为优越，尤其适用于解决岩土工程中的非线性问题。数值法又可分为逆解法、直接法和正反耦合法等。逆解法采用与正分析相反的解析过程，反推得到逆方程，从而求得待求反演参数。该方法具有计算速度快，可一次性求出所有待定参数的优点，但它只适用于简单的线弹性问题。直接法采用正分析的过程和格式，利用最小误差函数通过迭代优化、逐次修正待定参数直至得到最优值。该方法可利用现有比较成熟的正分析程序，适用于各种非线性的复杂岩土问题。但该法的缺点是计算时间长，对计算机的硬件要求高。正反耦合法则将直接法与逆解法相结合起来，在弹性区域用逆解法，塑性区域用直接法，再利用区域分裂法将二者结合起来求解问题。该方法可大大减少计算工作量，提高分析效率，但由于目前尚不能较好地解决反分析解的唯一性，计算结果难以收敛等原因而较少使用。

6.4 水电工程变形监测新技术应用案例

6.4.1 组合检验法在监测基准稳定性分析中的应用

1. 工程概况

漫湾水电站是澜沧江中游河段最先开发的大型水电站，以发电为主。工程位于云南省云县和景东县交界的漫湾镇，距昆明市约 450km。漫湾水电站枢纽区外部变形监测控制网由垂直位移监测控制网和水平位移监测控制网组成，其中水平位移监测控制网分为主网、副网。

2. 垂直位移监测控制点的稳定性分析

（1）整体检验法和单点检验法。整体检验法对变形监测网作几何图形一致性的检验，以判明该网在两期观测之间是否发生了显著位移，如果通过检验，则认为所有参考点是稳定的，否则在单点检验基础上。通过尝试法依次寻找动点，直至图形一致性检验（去掉动点后）通过。

原假设 H_0：$H_X = (X_2 - X_1) = 0$。备选假设 H_1：$H_X = (X_2 - X_1) \neq 0$ 时，在显著水平为 α 下，构造一个统计量，见式（6.4-1）。

$$\begin{cases} F = \dfrac{R/f_d}{\Omega/(2n-2r)} = \dfrac{d^T Q_{dd}^- d}{f_d \sigma_0^2} \sim F_\alpha(f_d, 2n-2r) \\ \sigma_0^2 = \dfrac{V_1^T P_1 V_1 + V_2^T P_2 V_2}{2n-2r} \end{cases}$$

$$(6.4-1)$$

式中：f_d、n、r 分别为未知数个数、观测总数和必要观测数。

按照拟稳平差进行一等水准网两期观测平差，其整体检验法和单点检验法计算结果见表 6.4-1，F 检验显著水平 $\alpha = 0.05$，t 检验显著水平 $\alpha = 0.05$。

表 6.4-1　　　　　一等水准网两期观测整体检验和单点检验结果表

整体检验结果：统计量 $F = 3.10$，检验量 $F_{0.025} = 8.51$

单 点 检 验 结 果

序号	点名	位移量/mm	统计量 t	检验量 $t_{0.025}$	通过（√）/不通过（×）
1	BL1	−0.10	2.21	2.76	√
2	BL2	−0.05	1.21	2.76	√
3	BL3	0.03	0.66	2.76	√
4	BL4	0.12	1.87	2.76	√
5	BM10	0.04	0.05	2.76	√
6	BM11	−0.18	0.25	2.76	√
7	BM12	0.51	0.9	2.76	√
8	BM13	0.42	0.87	2.76	√
9	BM2	−0.11	0.28	2.76	√
10	BM3	0.08	0.14	2.76	√
11	BM4	0.24	0.36	2.76	√
12	BM5	0.61	0.83	2.76	√
13	BM6	0.08	0.10	2.76	√
14	BM7	−0.90	1.07	2.76	√
15	BM9	−0.43	0.53	2.76	√
16	LS0	−0.35	0.40	2.76	√
17	LS1	0.40	0.46	2.76	√
18	LS2	−0.25	0.29	2.76	√
19	LS3	0.67	0.78	2.76	√
20	LS4	0.28	0.33	2.76	√
21	LS5	0.51	0.59	2.76	√
22	LS7A	0.63	0.79	2.76	√
23	LS8	0.93	1.07	2.76	√
24	44	0.89	1.03	2.76	√
25	二 21	−0.84	1.01	2.76	√

从表 6.4-1 可以看出，$F < F_{0.025}$，说明两期观测的水准网在图形一致性检验中通过；单点检验结果显示所有控制点位移都不显著，从后面的稳健迭代权法检验结果再次判断单点都是稳定的。

（2）稳健迭代权法。也称为一次范数最小估计，将位移视为模型误差，运用稳健迭代权估计具有较强定位模型误差的能力，将自由网平差中基准变换公式中基准的权阵以稳健迭代权估计法的权函数代替进行迭代计算，以求得较理想的基准。

令 d 和 Q_d 是所有点的位移向量和其协因数阵，它们是相对于监测网平差时的某一参考基准，所选的基准不同，d 和 Q_d 也不同。不同的基准之间位移向量和协因数阵转换见式 (6.4-2)。

$$\begin{cases} \bar{d} = [I - G (G^T P_X G)^{-1} G^T P_X] d = \mathrm{Sd} \\ Q_{\bar{d}} = S Q_{\bar{d}\bar{d}}^- S^T \end{cases} \qquad (6.4-2)$$

式中：P_X 为定义参考基准时各参考点的权，由于事先不知道各点的稳定程度，因此很难确定权 P_X，取 $P_X = \mathrm{diag}(1,1,1,1)$。

采用一次基数最小估计法定权，在第 $i+1$ 次迭代时的权为式 (6.4-3)。

$$X_{(i+1)} = Diag[1/D_i(i) + c] \qquad (6.4-3)$$

当两次迭代计算后位移向量的模的差值小于某个下限值，则迭代计算完成。

这里采用一次范数最小准则只是为了定义一个较理想的参考系，使位移场少受扭曲，有利于变形模型的初步鉴别，而不是参数估计。

稳健迭代权计算成果见表 6.4-2。由计算成果知道，所有点的统计量均小于检验量，表明位移不显著。两种不同计算方法得到的关于一等水准网点稳定性结论是一致的，说明水准网各点在两期观测期内是稳定的。

表 6.4-2　　　　　　　　　一等水准网两期观测稳健迭代权计算成果表

序号	点名	统计量 t	检验量 $t_{0.025}$	通过（√）/不通过（×）
1	BL1	−1.74	2.76	√
2	BL2	−1.32	2.76	√
3	BL3	−0.06	2.76	√
4	BL4	1.04	2.76	√
5	BM10	0.02	2.76	√
6	BM11	−0.29	2.76	√
7	BM12	0.85	2.76	√
8	BM13	0.81	2.76	√
9	BM2	−0.35	2.76	√
10	BM3	0.09	2.76	√
11	BM4	0.32	2.76	√
12	BM5	0.79	2.76	√
13	BM6	0.07	2.76	√
14	BM7	−1.10	2.76	√
15	BM9	−0.57	2.76	√
16	LS0	−0.43	2.76	√
17	LS1	0.43	2.76	√
18	LS2	−0.32	2.76	√
19	LS3	0.74	2.76	√
20	LS4	0.30	2.76	√

续表

序号	点名	统计量 t	检验量 $t_{0.025}$	通过（√）/不通过（×）
21	LS5	0.56	2.76	√
22	LS7A	0.76	2.76	√
23	LS8	1.04	2.76	√
24	44	1.00	2.76	√
25	二21	−1.04	2.76	√

3. 水平位移监测控制点的稳定性分析

根据两期网的观测数据进行稳定性分析。

（1）两次观测同精度检验。原假设 H_0：$\sigma_1^2 = \sigma_2^2$。备选假设 H_1：$\sigma_1^2 \neq \sigma_2^2$ 时，在显著水平为 α 下，构造一个统计量 $P = S_1^2 / S_2^2$，检验量 $F = F_{\alpha/2}(f_1, f_2)$，$f_1$，$f_2$ 分别是各期观测多余观测总数。当 $P < F$ 时，则接受原假设，否则认为两期观测不是同精度。

主网本次相对于上一年度观测来说

$$P = S_1^2 / S_2^2 = 0.42^2 / 0.38^2 = 1.22$$

$$F = F_{\alpha/2}(m-1, n-1) = F_{0.025}(128, 102) = 1.35$$

$P < F$，接受原假设，说明本次和上次观测同精度，可以采用单点检验法进行检验。

（2）整体检验和单点检验分析。原假设 H_0：$H_X = (X_2 - X_1) = 0$，备选假设 H_1：$H_X = (X_2 - X_1) \neq 0$ 时，在显著水平为 α 下，构造一个统计量见式（6.4-4）。

$$\begin{cases} F = \dfrac{R/f_d}{\Omega/(2n-2r)} = \dfrac{d^T Q_{dd}^- d}{f_d \sigma_0^2} \sim F_\alpha(f_d, 2n-2r) \\ \sigma_0^2 = \dfrac{V_1^T P_1 V_1 + V_2^T P_2 V_2}{2n-2r} \end{cases} \quad (6.4-4)$$

式中：f_d、n、r 分别为未知数个数、观测总数和必要观测数。

按照拟稳自由网平差进行平面网两期观测平差，按照整体检验法和单点检验法计算，其结果见表 6.4-3。F 检验显著水平 $\alpha = 0.05$，t 检验显著水平 $\alpha = 0.05$。

表 6.4-3　　　　　　　　　平面网两期观测整体检验和单点检验结果表

整体检验结果：整体检验量 $F = 4.41$，检验量 $F_{0.025} = 1.47$				
单 点 检 验 结 果				
点名	位移量（$\Delta x / \Delta y$）	统计量 t	检验量 $t_{0.025}$	通过（√）/不通过（×）
34	−0.35	1.17	2.03	√
	−0.91	2.42	2.03	×
Ⅱ32	0.15	0.38	2.03	√
	0.18	0.78	2.03	√
33	0.2	0.58	2.03	√
	0.73	2.08	2.03	×

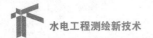
整体检验结果：整体检验量 $F = 4.41$，检验量 $F_{0.025} = 1.47$

单 点 检 验 结 果

点名	位移量（$\Delta x/\Delta y$）	统计量 t	检验量 $t_{0.025}$	通过（√）/不通过（×）
39	-0.63	0.99	2.03	√
	2.48	2.75	2.03	×
41	0.61	0.90	2.03	√
	2.44	4.06	2.03	×
38	-3.03	2.08	2.03	×
	-2.26	1.80	2.03	√
42	-1.7	2.05	2.03	×
	2.98	3.46	2.03	×
43	-1.38	2.10	2.03	×
	1.73	2.65	2.03	×
44	-2.64	4.17	2.03	×
	0.82	1.03	2.03	√
Ⅱ01	-2.43	2.21	2.03	×
	-0.43	0.23	2.03	√
Ⅲ20	-1.79	2.22	2.03	×
	0.17	0.22	2.03	√
Ⅲ31	-1.67	2.48	2.03	×
	-0.05	0.06	2.03	√

从表 6.4-3 可以看出，$F > F_{0.025}$，说明本次复测与上次复测时的平面网在两次观测图形一致性检验中失败。单点检验成果中点 42 和点 43 所有坐标分量检验均未通过，点 34、33、39、41、38、44、Ⅱ01、Ⅲ20、Ⅲ31 的纵向或横向坐标未通过，但各点统计量大于检验量的幅度总体较小，最大的相差约 2 倍，说明位移量值不大。采用通过尝试法依次寻找动点，直至图形一致性检验（去掉动点后）通过的方法，其检验成果见表 6.4-4。

表 6.4-4　　　　　　　　　平面网两期观测分块检验结果表

统计量 F	检验量 $F_{0.025}$	稳定点
0.42	2.26	33、38、Ⅱ32

（3）稳健迭代权法。同理，采用稳健迭代权法对两期观测的成果进行稳定性分析，其结果见表 6.4-5。

稳健迭代权计算成果，点 Ⅱ32、33、43 的统计量小于检验量，与线性假设检验法比较，点 Ⅱ32、33 相同，并且均是主网的点，最终采用此两点作为稳定点。

表 6.4-5　　　　　　　　　平面网两期观测稳健迭代权检验结果表

点名	统计量 $(\Delta x/\Delta y)$	检验量	结果	点名	统计量 $(\Delta x/\Delta y)$	检验量	结果
34	−0.61	2.03	√	42	−1.91	2.03	√
	−2.38	2.03	×		3.09	2.03	×
Ⅱ32	0.06	2.03	√	43	−1.91	2.03	√
	−0.44	2.03	√		1.70	2.03	√
33	0.34	2.03	√	44	−3.73	2.03	×
	0.17	2.03	√		0.62	2.03	√
39	−0.89	2.03	√	Ⅱ01	−2.17	2.03	×
	2.98	2.03	×		−0.39	2.03	√
41	1.16	2.03	√	Ⅲ20	−2.13	2.03	×
	3.28	2.03	×		−0.55	2.03	√
38	−2.21	2.03	×	Ⅲ31	−2.32	2.03	×
	−2.52	2.03	×		−0.64	2.03	√

6.4.2　测量机器人＋GNSS 变形监测自动化技术的应用

1. 工程概况

糯扎渡水电站位于云南省思茅市翠云区和澜沧县交界处的澜沧江下游干流上，是澜沧江中下游河段 8 个梯级规划的第 5 级。糯扎渡水电站枢纽工程安全监测自动化系统采用卫星定位系统（GNSS）和测量机器人对大坝表面变形进行监测，通过建立可靠的 GNSS 和测量机器人自动化变形监测系统，对监测点进行全天候 24h 不间断观测，其观测数据的采集、传输、处理分析和管理等工作，均在无人值守的情况下完成，并实现数据计算、分析、预警的一体化和远程控制功能。系统建成后，具有精度高、自动化程度高、可靠性高、稳定性高等特点。

2. 系统构成

整个系统由数据采集系统、数据传输系统、防雷系统、控制及分析系统、供电系统组成。测量机器人自动化监测系统结构见图 6.4-1，GNSS 自动化监测系统结构见图 6.4-2。

3. 数据采集系统

(1) GNSS 采集部分。GNSS 数据采集系统由 2 个基准站，52 个连续观测的监测站组成，基准点分别设置在外部变形监测网的 Ⅱ03 和 Ⅱ49 两个网点（具体位置会根据现场情况和 GNSS 信号测试结果适当调整），52 个监测站分别设置在 DB-L1-TP-02，DB-L2-TP-04，DB-L3-TP-01～09，DB-L4-TP-03、07、10，DB-L5-TB-01～12，DB-L6-TP-01～13 和 DB-L8-TP-01～13。在基准点和监测站上安装徕卡 AR10 扼流圈天线，GMX902GG 监测型接收机，360°全向棱镜，用专用连接螺丝、天线支撑架，有效地把 AR10 扼流圈天线和 360°棱镜同观测墩顶部强制对中器进行固定，然后在 AR10

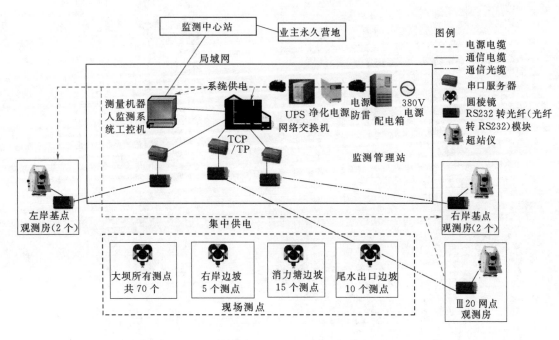

图 6.4-1　测量机器人自动化监测系统结构示意图

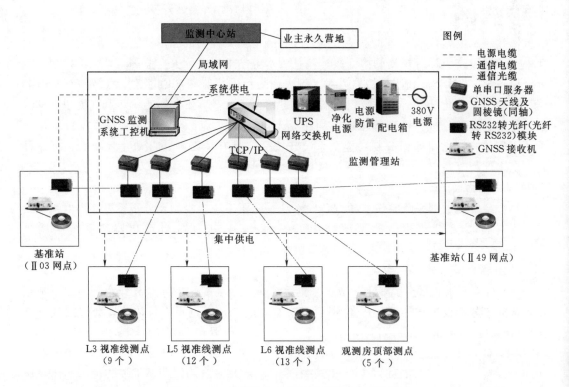

图 6.4-2　GNSS 自动化监测系统结构示意图

扼流圈天线同观测墩之间用专用支架进行螺丝固定，然后把 GMX902GG 监测型接收机安装于设备保护箱内，用徕卡 10m 馈线将 AR10 扼流圈天线和 GMX902GG 接收机进行有效地连接，中间安装馈线避雷器，GNSS 天线旁边安装一根避雷针，将避雷针用避雷引下线同大坝主体的地网连接。

（2）测量机器人采集部分。整个系统将采用 5 台徕卡超站仪，完成对大坝 DB-L1-TP-01～04、DB-L2-TP-01～07、DB-L3-TP-01～09、DB-L4-TP-01～12、DB-L5-TP-01～12、DB-L6-TP-01～13、DB-L8-TP-01～13，右岸坝肩边坡沿坝轴线监测断面的 5 个测点、溢洪道消力塘边坡最高两个监测断面的 15 个测点及尾水隧洞出口边坡两个监测断面的 10 个测点的测量工作，就必须特别注意 5 个基准点的选址，后视点直接利用枢纽区的外部变形监测网点，具体位置根据现场安装时候的情况而定，在网点上设置 360°棱镜。校核点主要对工作基点进行定期校核，一般为枢纽区的外部变形监测网点。

4. 数据传输系统

整个系统的监测数据全部采用光纤进行传导到控制中心，该系统中 54 个 GNSS 点、5 台超站仪和气象传感器都必须各自独立采用 4 芯光纤进行传导，所有光纤进行开槽埋地穿管保护。

5. 控制及分析系统

实现数据观测采集、数据解算处理、整编分析、预警、报警、数据库管理、报表（图形）输出、设备管理等功能的自动化。其中，计算模块能处理不同时段数据（如 6h、12h、24h），并具备单历元实时解算功能，能把每个测点数据转化到所在坝段建立的独立坐标系坐标。控制系统软件采用 GNSS Spider 和 GeoMoS，数据库采用开放数据接口，便于二次开发，允许第三方以 DLL 或 COM 组件方式访问数据访问数据。

6.4.3 地面三维激光扫描变形监测技术的应用

1. 工程概况

隔河岩水电站位于清江下游湖北省长阳土家族自治县境内。枢纽工程由大坝、发电厂房和升船机三大建筑物组成。大坝为双曲重力拱坝，最大坝高 151m，坝顶长 653.5m，坝顶高程 206m，150m 以下采用拱坝结构，150m 以上则为重力坝，结构较为特殊，正常蓄水位为 200m，总库容 34 亿 m³。发电厂房为引水式发电厂房，安装 4 台 30 万 kW 水轮发电机组，设计年发电量 30.4 亿 kW·h。

2012 年 6 月 1—5 日，采用地面三维激光扫描系统对拱坝进行变形监测。在隔河岩大坝下游架设地面三维激光扫描系统，固定仪器不动，周期性对拱坝进行重复三维激光扫描，见图 6.4-3。

2. 数据采集

在隔河岩拱坝下游，固定摆放地面三维激光扫描仪。在一天的早、中、晚不同温度时段，对拱坝进行精细扫测，并在大坝上布设 3 个反射标靶，采用大坝坐标系统。在利用点云数据进行三维建模的过程中，数据采集是很重要的一个环节，它直接关系到最后创建出的三维模型质量。要想获得精确并且冗余度低的数据，必须减少在扫描过程中人为引入的

图 6.4-3　隔河岩大坝地面三维
激光扫描监测现场

误差。数据采集工作流程见图 6.4-4。

3. 数据预处理

（1）校准。校准是为了统一扫描仪坐标系 SOCS 和相机坐标系 CMCS 两个坐标系，这两个坐标系统一后才能准确地贴纹理。

（2）噪声点的消除。测量中由于测量仪器以及其他方面的因素，噪声点的存在不可避免，而噪声点对重建工作有很大的影响。因此，在进行点云数据操作之前先进行消除噪声的工作。另外和目标无关的非主体部分也可视为噪声一并除去。

（3）点云的过滤。扫描仪工作过程中首先进行垂直方向的线扫描，然后按照设定的水平角分辨率水平转动，再进行垂直方向线扫描，这样的工作过程虽然很有规律的，但是得到的点云依然散乱，建模之前对点云进行平滑是必

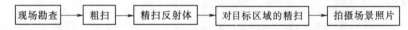

图 6.4-4　数据采集工作流程图

要的。另外对于相当一部分建模对象，原始点云数据的密度过大，无疑增加了数据量，数据简化也是必要的。

（4）拼接。拼接之前要确定一个统一的坐标系，不使用全站仪的情况下可以用项目坐标系 PRCS 作为统一的坐标系。PRCS 通常即选择第一个或最后一个扫描位置的局部坐标系。

（5）三角化。三角化后即得到由点云重建的网格模型。

（6）贴纹理。完成以上 5 步就可以得到待建模对象的纹理网格模型了。

4. 地面三维激光扫描变形数据处理

（1）对第一次扫描的点云数据进行处理，删除不必要的点，采用 RealWorks 软件建立模型，见图 6.4-5。

（2）将 3 个不同时刻扫描的点云进行清理，过滤不必要的点，将 3 次点云进行叠加处理，看点云信息的重合情况，见图 6.4-6。从图 6.4-6 可以看出，地面三维激光扫描仪固定不动的情况下，对大坝进行扫描，不同时刻的数据重合性很好，基本一致。

（3）在第一次扫描建立的隔河岩拱坝模型基础上，将其作为隔河岩变形基准参考面，将第二次扫描的拱坝数据叠加在变形基准参考面上，选择一个球形面，将其法方向作为第二次扫描数据与和基准参考面比较的参考方向，见图 6.4-7。

（4）选择该球面法方向的拱坝 6 个不同的坝段的横断面，比较参考面和比较面之间的差值，由于变化很小，比例尺的最小格网只能到 0.387m，第一次扫测的参考基准面与第

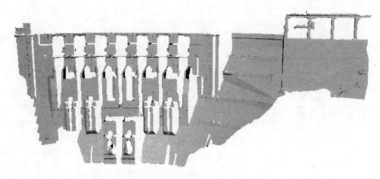

图 6.4-5　地面三维激光扫描建立的隔河岩大坝三维模型图

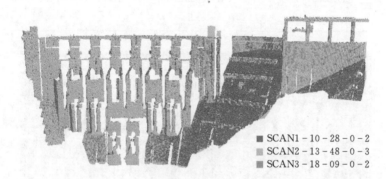

■ SCAN1-10-28-0-2
■ SCAN2-13-48-0-3
■ SCAN3-18-09-0-2

图 6.4-6　三个不同时刻的点云数据进行叠加效果图

二次扫测的比较面的变化较小，在亚厘米级范围内变化。

（5）选择球面法方向来判断两次扫描点云的变化，由于变化量很小，不能够精细反应拱坝的变化。考虑到拱坝在温度作业下，会产生一定量的变形。将不同时刻的点云数据，向垂直坝轴方向（Y 方向）投影，并选择一个固定投影面的位置，计算不同时刻拱坝点云在投影面上的体积及变化值，结果见表 6.4-6，从 3 次不同扫描结果来看，14：48 时刻扫描拱坝的体积变小，表面拱坝整体向内发生稍微变化。

（6）在坝体上，选择 12 个比较平整的坝面点云，选择不同时刻范围内的点云数据，构造一个平面，见图 6.4-8，并统计其平面的法向量。由于不同时刻点云扫描位置的格网划分位置不一样，使得求不同时刻平面的距离没有意义。而不同温度，拱坝不同位置的平面变化不一样，从而会使得两次扫描平面的法方向发生变化，变化结果见表 6.4-7。

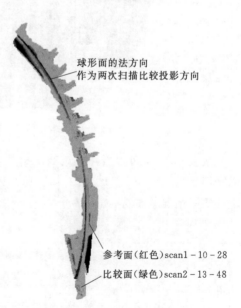

球形面的法方向
作为两次扫描比较投影方向

参考面（红色）scan1-10-28

比较面（绿色）scan2-13-48

图 6.4-7　不同时刻的点云数据球形面示意图

表 6.4-6　　　　　　　不同时刻扫描点云数据在 Y 方向投影的体积和表面积表

扫描时刻	体积/m³	表面积/m²	备　注
10：08	800116.064	19164.670	X：$-19.639\sim109.661$m Y：$-198.617\sim-14.117$m Z：$-285.000\sim-215.432$m
13：48	800105.174	19192.360	X：$-20.637\sim109.863$m Y：$-198.655\sim-14.155$m Z：$-285.000\sim-215.436$m
18：09	800683.166	19171.390	X：$-20.633\sim109.567$m Y：$-198.634\sim-14.234$m Z：$-285.000\sim-217.740$m

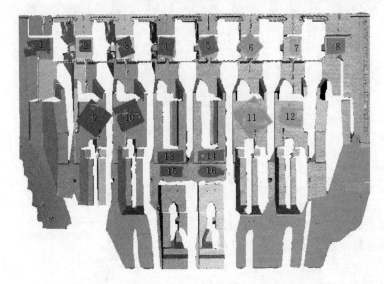

图 6.4-8　典型点云构造的平面编号位置分布图

从表 6.4-7 可以看出，第 2 次扫描与第 1 次扫描相比，典型平面的法方向发生变化的平面是 5、6、10、11、12、13、15、16，表明中间点云平面的发生变形，与隔河岩拱坝的实际情况基本符合。

表 6.4-7　　　　　　　　不同时刻典型构造平面法方向变化统计表

平面序号	10：08 时刻平面法向量/mm			13：48 时刻平面法向量/mm			18：09 时刻平面法向量/mm			13：48 与10：08 的法向量的夹角/(″)	18：09 与10：08 的法向量的夹角/(″)
	x	y	z	x	y	z	x	y	z		
1	0.341	0.940	0.000	0.341	0.940	0.000	0.341	0.940	0.000	0.00	0.00
2	0.258	0.966	0.014	0.258	0.966	0.014	0.258	0.966	0.014	0.00	0.00
3	0.193	0.981	0.007	0.193	0.981	0.007	0.193	0.981	0.007	0.00	0.00

续表

平面序号	10：08 时刻平面法向量 /mm			13：48 时刻平面法向量 /mm			18：09 时刻平面法向量 /mm			13：48 与 10：08 的法向量的夹角 /(″)	18：09 与 10：08 的法向量的夹角 /(″)
	x	y	z	x	y	z	x	y	z		
4	0.110	0.994	0.003	0.110	0.994	0.003	0.110	0.994	0.003	0.00	0.00
5	0.038	0.999	0.006	0.037	0.999	0.006	0.037	0.999	0.006	206.18	206.18
6	0.042	0.999	0.014	0.043	0.999	0.013	0.042	0.999	0.014	291.64	0.00
7	0.120	0.993	0.014	0.120	0.993	0.014	0.120	0.993	0.014	0.00	0.00
8	0.190	0.982	0.017	0.190	0.982	0.017	0.190	0.982	0.017	0.00	0.00
9	0.263	0.965	0.006	0.263	0.965	0.006	0.262	0.965	0.006	0.00	199.02
10	0.190	0.982	0.012	0.190	0.982	0.011	0.190	0.982	0.012	206.19	0.00
11	0.040	0.999	0.010	0.041	0.999	0.009	0.041	0.999	0.010	291.67	206.12
12	0.114	0.993	0.020	0.114	0.993	0.019	0.114	0.993	0.019	206.28	206.28
13	0.111	0.994	0.001	0.110	0.994	0.002	0.110	0.994	0.001	290.80	204.98
14	0.037	0.999	0.009	0.037	0.999	0.009	0.037	0.999	0.009	0.00	0.00
15	0.113	0.994	0.000	0.113	0.994	0.001	0.113	0.994	0.000	206.18	0.00
16	0.036	0.999	0.024	0.035	0.999	0.025	0.036	0.999	0.025	291.71	206.21

6.4.4　InSAR 变形监测技术的应用研究

1. 星载 InSAR 技术在向家坝水库边坡监测中的应用研究

（1）工程概况。向家坝水电站水库库岸一典型边坡东段边坡高程 380～600m，东西长约 1km，边坡以拦腰公路为界，南部高高程区为自然边坡，地形坡度 20°～35°，植被茂密以灌木为主，拦腰公路内侧设有护坡抗滑桩挡墙；北部为低高程区，阶地地形，平坦开阔，建有阶地混凝土挡墙与护坎、房屋、道路及绿化区带。东段边坡施工末期在 2014 年发现的地表变形，源于排水不畅致地下水位异常升高，地下水位升高在地表可见渗水。2016 年排水措施陆续实施，边坡地下水位逐步降低，位移速率显著减缓，2018 年后边坡变形趋于稳定。该边坡具山坡地、阶地、道路与绿化地等复合地表特征，以及高质量的地表 GNSS 测点位移观测成果，研究星载 InSAR LOS 方向在该边坡的变形监测精度具有典型意义。

（2）InSAR 影像数据处理。在可用于科研的 SAR 卫星中，哨兵 1 号（Sentinel - 1）是近几年来数据较为完整的 SAR 卫星，它是欧洲航天局哥白尼计划（GMES）中的地球观测卫星，由两颗卫星组成，载有 C 波段合成孔径雷达，可提供连续图像数据（白天、夜晚和各种天气）用于 InSAR 变形监测实验研究。

实验研究选取哨兵 1 号（Sentinel - 1）作为观测卫星，结合该边坡地形及变形特征，影像数据取典型时段 2014 年 10 月 9 日至 2017 年 12 月 28 日为时间跨度，共集 58 景降轨影像数据。为便于观测区在统一影像中干涉提取监测点的形变时间序列，对 58 景降轨影像数据进行了宽幅干涉（Interferometric Wide、IW）、VV 极化和一致入射角处理，为提高处理精度，同时选取了对应的 58 个精密轨道数据和标称精度为 10m 的 DEM 高程模型。

InSAR 数据处理线路见图 6.4-9。

图 6.4-9　InSAR 数据处理线路图

1）影像配准与重采样。影像的配准是指通过一定的方法将覆盖同一目标区域的两幅或多幅影像的像元在空间位置上进行匹配并一一对应的过程。即在主影像（master image）与从影像（slave image）确定后，找出主影像和从影像之间的同名点，以同名点求出主从影像变换模型的参数，然后根据变换模型对从影像重新采样。后期干涉处理要求主从影像的配准精度至少需要达到亚像元级。

2）基线估算。基线分为时间基线和空间基线。在星载雷达干涉技术中，时间基线是指做干涉处理的两景影像卫星成像的时间间隔，时间基线越短，相干性越好。而空间基线是指做干涉处理的影像成像时卫星之间的距离。空间基线误差大小不仅影响着平地相位的计算和地形信息的提取，还关系到差分干涉结果的精度，影响最后形变信息的提取。而在重复轨道干涉技术中，由于重复轨道卫星在两个不同时间获取 SAR 影像时所处的位置不会完全重合、平行，所以每个干涉像对的空间基线都是不一致的，Sentinel-1 卫星利用轨道控制技术以保证卫星定位精度，在做干涉之前应对时空基线进行估算以便于后期对干涉结果的分析。

3）干涉图生成。差分干涉即是将需要干涉的影像相位值共轭相乘，得到每个像元的干涉相位，这个复数相位的角度值是一个反正切函数，故干涉图的相位取值为（$-\pi$，π）。干涉图中包含了地形相位、形变相位等，受地形相位的影响，干涉条纹比较密集，必须根据所选取的 DEM 计算地形相位，再用干涉处理得到的干涉图减去 DEM 模拟来的相位，得到差分干涉图，图中干涉条纹以目标物体的形变为主。

4）相位解缠。由于干涉图相位取值范围是（$-\pi$，π），所以经过去平效应和滤波之后的干涉相位仍然不是形变相位，而是以 2π 为变化周期的缠绕相位，故求解形变量需要先对相位进行解缠，即从干涉图中恢复真实相位。相位解缠大致有 3 种常用方法，即路径积分法、最小二乘法和网络流法。实验采用了最新的 2D+1 相位解缠法。2D+1 相位解缠是基于二维相位解缠改进的解缠方法，即先进行二维相位解缠，再通过时间维来控制二维相位解缠的误差，借以提高解缠的可靠性。

5）相位重建与地理编码。相位重建是指将解缠之后的形变相位向形变值的转换。理论上，解缠得到的形变相位是体现在成像几何坐标系统中的相位，得到的相位差不是相邻像素之间的绝对相位差，故需要在该区域内选取一定的参考点，结合解缠之后的相位梯度进行相位重建，以提取形变信息。该变形信息为 SAR 影像坐标系 LOS 方向的形变量，经对测点地理编码并将坐标转换后可应用于实际工程变形分析。为便于本边坡位移对比研究分析，将获取的降轨 SAR 影像测点信息转换到 WGS-84 坐标系下，然后将最终形变值导入至谷歌影像。

（3）对比分析研究。为便于对比分析星载 InSAR 与 GNSS 观测成果，研究 InSAR 观测精度，结合形变影像的直观展示，将两类观测形变信息统一转换为 WGS-84 坐标系，同时将地面 GNSS 监测获取的三维形变值投影至 LOS 方向，形成同方向的两类位移。

实验研究期间，为验证边坡位移区段，利用星载 InSAR 对该边坡进行了整体监测。东段边坡结合地形条件与变形特征分为 6 个区，综合 GNSS 测点分布及观测时段，比对用代表性测点在各区选取位移曲线图中 InSAR 观测点以相应 GNSS 点号加后缀"S"表示。典型星载 InSAR 测点与 GNSS 测点累计位移曲线图见图 6.4 - 10。

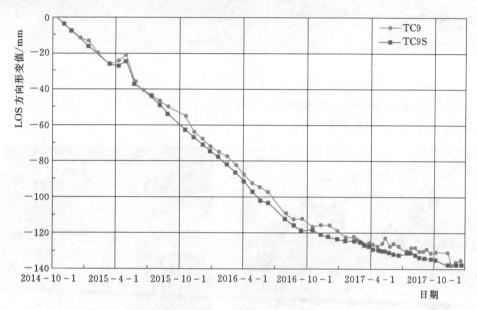

图 6.4 - 10 典型星载 InSAR 测点与 GNSS 测点累计位移曲线图

分析研究表明，InSAR 以雷达地表反射成像测得 GNSS 标墩所在位置或邻近地表的变形，雷达反射成像稳定的标墩邻近地表能代表标墩基础位移时，两者观测值有很好的一致性，如混凝土抗滑桩冠梁顶面测点；不能完全代表时，因两者测点位置相近但不重合，两类位移曲线相关，位移差值较少呈系统性。

为验证 InSAR 监测结果的可靠性并评价本次实验精度，以 GNSS 测点位移间隔值为真值，以 InSAR 间隔位移值为观测值，求得 InSAR 在 LOS 方向的变形量差值 $\Delta \leqslant \pm14\text{mm}$、中误差 $\leqslant \pm5.7\text{mm}$，说明 InSAR 位移观测可靠，在 LOS 方向能以毫米级精度观测位移，该方向上的观测精度基本可以满足土质边坡的观测要求。

2. IBIS - L 地基雷达干涉测量技术在黄登水电站高危边坡监测中的应用研究

（1）工程概况。黄登水电站位于云南省兰坪县境内，采用堤坝式开发，是澜沧江上游古水至苗尾河段水电梯级开发方案的第 5 级水电站。上游与托巴水电站，下游与大华桥水电站相衔接。

黄登水电站枢纽采用左岸发电、右岸导流的形式布置。本次采用 IBIS - L 系统，对止在施工过程中的坝址区右岸缆机平台边坡进行了监测，缆机平台边坡形态特征见图 6.4 - 11。

（2）实验方案。在被监测的开挖边坡对岸（见图 6.4 - 12）制作观测墩平台用于架设 IBIS - L 系统，保证系统在监测过程中的稳定性，雷达的水平高度与被监测的边坡区域底部大致平行。利用 IBIS - L 系统对目标进行连续观测，主要监测对象为左右边坡短时内整

图 6.4 - 11　缆机平台边坡形态特征

体形变趋势及位移信息，其中图 6.4 - 13 中棕色框区域为已加固边坡，是右岸缆机平台中重点监测区域。雷达观测参数见表 6.4 - 8。

图 6.4 - 12　现场监测平台　　　　图 6.4 - 13　右岸缆机平台开挖边坡

表 6.4 - 8　　　　　　　　　雷 达 观 测 参 数

雷达倾角/(°)	15	开始日期	2012 年 12 月 9 日
观测距离/m	1000	结束日期	2012 年 12 月 12 日
观测时长	3d 7h	获取雷达影像数	886
采样频率/min	6		

（3）实验结果及分析。观测场景内被监测边坡的雷达反射信号强度见图 6.4 - 14，图中（x，y）坐标为以雷达为坐标原点的雷达坐标系，不同颜色代表不同分辨单元的信号反射强度，单位为 dB。

由图 6.4 - 14 可知，右岸缆机平台的整体反射效果较好，通过目标不同反射特性可将目标物与反射强度图对应，见图 6.4 - 15。

红色虚线代表现场施工道路，在雷达反射强度图中表现为无反射信号，黄色虚线框为加固边坡区域，雷达反射强度图中的对应位置用黄色虚线框标出。

为便于分析将雷达反射强度图划分 5 个区域进行区域分析，见图 6.4 - 16。

其中，A 为加固边坡最上部，B、C 为加固边坡所在区域，D、E 为边坡下部被施工道路划分开的岩石区域。

将 $A \sim E$ 5 个区域进行划分，计算各个区域的形变趋势，通过计算的环境改正系数对观测值进行环境改正，每隔 12h 统计计算该区域的形变趋势，目标的形变量为相对于雷达

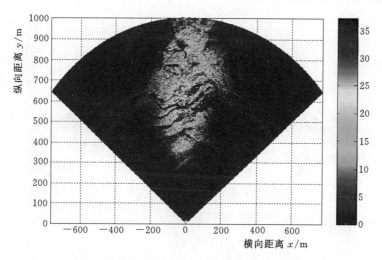

图 6.4-14　观测场景内雷达信号反射强度图

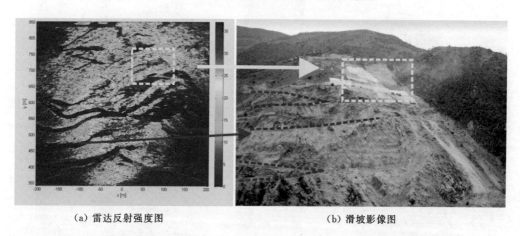

（a）雷达反射强度图　　　　　　　　　　（b）滑坡影像图

图 6.4-15　右岸缆机平台滑坡雷达反射强度图与实物对应关系

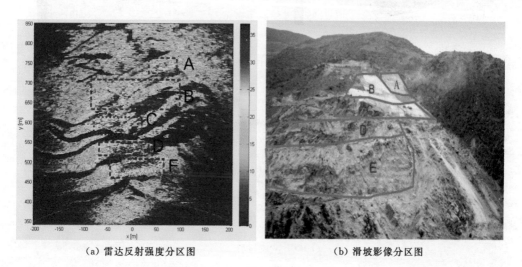

（a）雷达反射强度分区图　　　　　　　　　（b）滑坡影像分区图

图 6.4-16　右岸缆机平台滑坡区域划分图

观测起始时间点的累计形变，正值表现为远离雷达视线向、负值为靠近雷达视线向。以 A 区域为例，其形变见图 6.4-17。

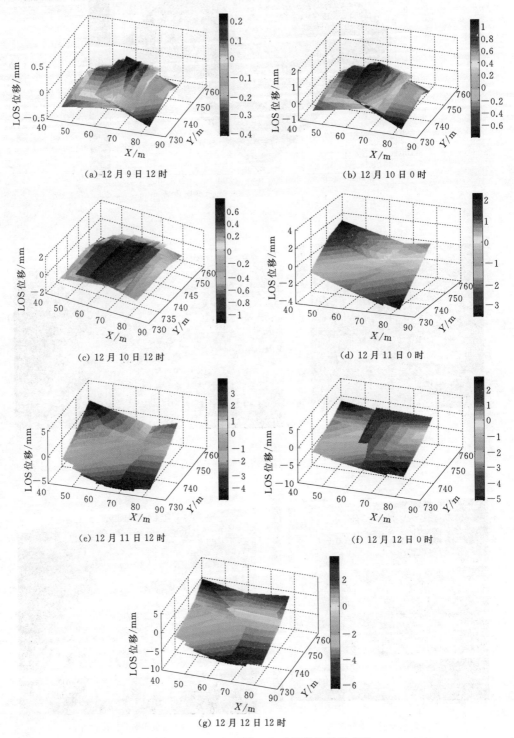

图 6.4-17 A 区域 7 个时间段区域形变图

由图 6.4－17 可知，在前 3 个观测时间段内整个区域形变量小，并未发生明显形变，累计形变在 1mm 以内，雷达坐标（80，735）附近区域出现靠近雷达视线向移动，即向下滑动趋势，在后 4 个观测时间段内该区域位移相对前 3 个观测时间段内下滑趋势更加明显，在整个观测时间内累计形变达到 6mm，而其他区域较为稳定并未发生明显形变，在雷达坐标（60，760）～（80，750）区域产生了远离雷达的小范围移动，其幅值较小为 1mm 左右。

因监测区域内的道路在雷达发射强度图中表现为无反射信号，故通过目标区域内的不同物体及不同结构的反射信号特征可将目标区域划分 5 个区域，通过对 5 个区域内进行整体分析可知，在观测时间内，道路底部的基岩区域结构稳定未发生明显形变，加固边坡整体结构稳定，并未发生明显形变。12 月 11 日 09：09 及 12 月 12 日 09：11 其形变量相对其他时间段较大，平均产生 0.7mm 的下滑形变，观测周期内其累计形变不超过 1mm，边坡东北向的底部曾在 12 月 11 日 09：00 附近发生超过 1mm 的变动，初步怀疑为施工影响产生的区域形变。在加固边坡的东北向顶部产生了下滑趋势，个别小区域在观测周期内产生了累计形变将近 6mm 的形变，形变平均速率约为 1mm/d，部分时间段内加固边坡顶部的不同区域间的形变量差值超过 1mm。

6.4.5　变形监测数据处理综合分析应用

1. 工程概况

杨家槽滑坡体位于隔河岩水库左岸，下距隔河岩水利枢纽约 23km，现为鸭子口新镇所在地。滑坡体上人口稠密，上面居住有人口近千人，其稳定性关系到鸭子口镇人民生命财产的安全，影响重大。该滑坡体前缘剪切出口高程为 130m，后缘高程 570m，滑坡面积 0.26km²，体积约 880 万 m³，为一大型基岩滑坡。据地质勘察证实，该滑坡体可分为上、下两个滑坡体，二者之间为一面积约 800m² 的基岩露头。上滑体因不受水库蓄水的影响，其稳定性较好。下滑体受库水影响明显，且其上人口和建筑物不断增加，观测资料显示下滑体位移较大，且在下滑体前缘部位出现过局部坍塌现象。因此大量的观测孔均布设在下滑体上，针对下滑体进行研究。

2. 确定性函数分析法

杨家槽滑坡体岩土力学参数反分析主要包括以下几个步骤：①设计有限元正分析计算方案的力学参数组合样本；②用 2 号、3 号、5 号、7 号 4 个观测孔不同深度的相对水平位移增量进行反分析，处理实际位移观测数据；③用不同的力学参数组合方案代入有限元正分析过程，整理计算出上述 4 孔不同深度的相对水平位移增量的有限元计算值；④设计多层前馈神经网络的结构，将有限元计算值作为网络的输入样本，将力学参数组合值作为网络的输出样本；⑤用遗传 BP 混合算法对神经网络的权值和阈值进行优化，得到最优的函数逼近网络；⑥将实际位移观测值输入网络的输入层，网络的输出值即为反演得到的滑坡体岩土力学参数。其流程见图 6.4－18。

3. 滑坡体实际位移观测值

利用了杨家槽滑坡体上 2 号、3 号、5 号、7 号 4 个钻孔倾斜仪观测孔的深部位移增量。钻孔倾斜仪测得的是顺坡向和沿河流两个正交方向的水平相对位移，每个孔由孔口往

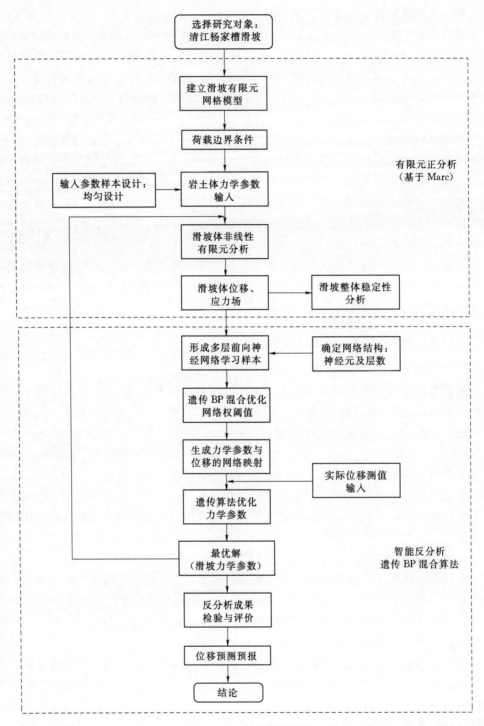

图 6.4-18 反分析流程图

下取四个点的相对位移增量值参与反分析。为了更真实地反演各土层的岩土力学参数，尽量将这些点选在各土层的分界面处，其布置见表 6.4-9。

表 6.4-9　　　　　　　　　　　　反分析位移特征点布置表

特征点号		特征点位置（距孔口）/m	对应有限元网格节点号	在滑体深度方向的位置
7 号孔	特征点 1	−0.5	7367	孔口
	特征点 2	−20.0	6453	Ⅱ层中部
	特征点 3	−47.0	5203	中滑带
	特征点 4	−62.5	4411	底滑带
	孔底	−88.0	3239	
2 号孔	特征点 1	−0.5	7264	孔口
	特征点 2	−18.0	6674	Ⅱ层中部
	特征点 3	−34.5	5246	中滑带
	特征点 4	−52.0	4467	底滑带
	孔底	−79.0	2813	
5 号孔	特征点 1	−0.5	7299	孔口
	特征点 2	−18.0	6819	Ⅱ层中部
	特征点 3	−34.5	5281	中滑带
	特征点 4	−52.0	4493	底滑带
	孔底	−63.0	3168	
3 号孔	特征点 1	−0.5	7523	孔口
	特征点 2	−2.5	6923	中滑带
	特征点 3	−12.0	5366	基岩
	特征点 4	−40.0	4528	基岩
	孔底	−70.5	3024	

注　为叙述方便，后面用×孔-×代替特征点号，如 7 孔-1 表示 7 号孔的第一个测点。

　　相对水平位移均为各点与观测孔底的相对水平位移，反分析采用 1993 年 5 月 27 日（增量步 4）至 1993 年 7 月 20 日（增量步 5）的相对水平位移增量，反分析结果检验采用 1993 年 7 月 20 日（增量步 5）至 1993 年 9 月 14 日（增量步 6）的相对位移增量。各点的相对水平位移见图 6.4-19～图 6.4-21。

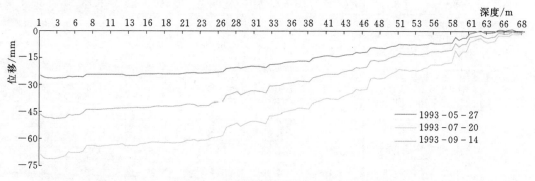

图 6.4-19　3 号孔观测孔水平位移与深度关系曲线图

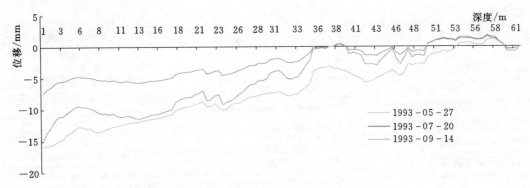

图 6.4 - 20　5 号孔观测孔水平位移与深度关系曲图

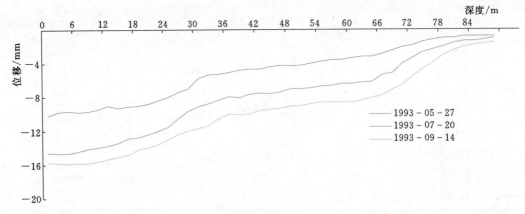

图 6.4 - 21　7 号孔观测孔水平位移与深度关系曲线图

4. 有限元正分析

有限元正分析采用 Duncan - Chang 非线性弹性 E - K 模型和 Mohr - Coulumb 弹塑性模型进行分析，得到滑坡体位移样本值，见表 6.4 - 10，表中所列数值为各点相对于孔底的水平位移增量。

表 6.4 - 10　　　　　　　　　滑坡体不同观测点的计算位移表　　　　　　　　　单位：mm

样本号	7孔-1	7孔-2	7孔-3	7孔-4	5孔-1	5孔-2	5孔-3	5孔-4
1	23.19	15.87	7.46	39.69	20.33	15.92	8.00	18.14
2	8.93	6.33	3.15	12.34	6.46	5.15	2.98	6.98
3	12.77	8.63	2.42	23.11	11.40	8.46	2.42	9.99
4	7.69	5.29	16.38	11.25	5.89	4.60	1.58	6.01
5	9.55	5.75	1.58	19.24	8.65	5.70	1.67	7.47
6	6.08	4.14	1.37	9.68	5.04	3.96	1.49	4.75
7	19.34	11.62	9.03	41.38	18.81	12.51	10.04	15.13
8	8.43	5.75	4.41	14.40	7.41	5.80	4.37	6.60
9	12.52	4.37	2.73	33.40	11.78	4.32	2.60	9.80

样本号	7孔-1	7孔-2	7孔-3	7孔-4	5孔-1	5孔-2	5孔-3	5孔-4
10	4.59	3.11	1.89	8.23	4.09	3.13	1.86	3.59
11	3.22	2.19	1.47	4.84	2.47	1.93	1.40	2.52
12	3.72	2.30	1.47	7.38	3.42	2.39	1.58	2.91
13	8.56	6.10	6.51	12.83	6.94	5.61	6.05	6.69
14	8.80	5.64	5.25	17.91	8.46	5.98	5.49	6.89
15	4.09	2.88	2.73	6.90	3.61	2.85	2.51	3.20
16	5.21	2.30	2.00	12.83	4.94	2.39	1.95	4.07
17	2.73	1.84	1.58	4.72	2.38	1.84	1.67	2.13
18	6.57	1.73	1.47	19.84	6.27	1.84	1.58	5.14
19	10.91	7.94	8.09	21.05	11.02	8.74	8.84	8.54
20	15.38	5.29	5.15	42.47	15.01	5.61	5.49	12.03
21	4.34	2.88	2.84	8.23	3.80	2.94	2.79	3.40
22	2.60	1.73	1.79	4.11	2.09	1.66	1.67	2.04
23	2.98	1.73	1.58	6.53	2.85	1.75	1.67	2.33
24	2.11	1.50	1.47	3.63	1.90	1.47	1.49	1.65
25	13.27	8.63	8.19	30.49	14.54	10.58	10.51	10.38
26	5.83	4.14	4.31	10.29	5.51	4.42	4.46	4.56
27	6.70	2.99	2.94	16.70	6.46	3.13	3.07	5.24
28	2.85	1.96	2.00	5.08	2.57	2.02	1.95	2.23
29	7.44	1.61	1.58	22.39	7.22	1.75	1.67	5.82
30	2.36	1.50	1.47	4.36	2.19	1.56	1.58	1.84
31	1.98	1.38	1.37	3.03	1.62	1.29	1.30	1.55

5. 多层前馈网络结构设计

本节反演的力学参数有 9 个，特征位移值有 16 个，将特征位移值作为神经网络的输入向量，力学参数作为神经网络的输出向量，则网络的输入层神经元有 16 个，输出层神经元有 9 个。网络结构设计选用 3 个隐层，第 1 隐层神经元 30 个，第 2 隐层神经元 24 个，第 3 隐层神经元 18 个。输入层与第 1 隐层之间的传递函数为 tansig 函数，第 1 隐层与第 2 隐层之间的传递函数为 tansig 函数，第 2 隐层与第 3 隐层之间的传递函数为 logsig 函数，第 3 隐层与输出层之间的传递函数为 purelin 函数。网络结构为：16-30-24-18-9。

6. 遗传 BP 混合算法优化神经网络

按照遗传 BP 混合算法的算法程序对神经网络进行优化，种群经过 2000 代进化，总的网络误差 $Mse=0.04327$，满足精度要求。每一代最优个体的适应度函数值与每一代种群的平均适应度函数值进行比较，见图 6.4-22，网络误差随进化代数变化过程见图 6.4-23。从图 6.4-23 中可以看出，当遗传算法进化到 1200 代后趋于稳定，接近全局最优值。因网络的权值矩阵和阈值矩阵较大，这里不再列出。

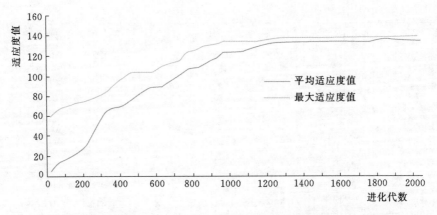

图 6.4-22　最大适应度值与平均适应度值

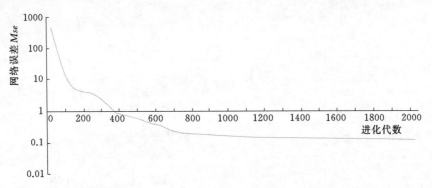

图 6.4-23　网络误差随进化代数变化过程图

7. 反分析结果

将 4 个观测孔 16 个特征点处的实际相对位移增量（1993 年 7 月 20 日与 1993 年 5 月 27 日的相对位移之差）输入训练好的神经网络中，网络输出即为通过反分析得到的杨家槽滑坡体岩土力学参数，具体结果见表 6.4-11。

表 6.4-11　　　　　　　　　相对水平位移增量反分析结果表

岩土层	k	C	n
中滑带	306.2	11.8	0.64
底滑带	384.3	14.5	0.76
Ⅱ 层	367.0	24.6	0.47
网络总误差	$Mse=0.04327$		

反分析的目的并不是求得与岩土体室内或室外试验完全一致的力学参数，而是求得综合考虑了岩土体的地质构造、岩土体特征、环境因素、工程条件以及其他多种因素的"宏观等效参数"。反分析的意义在于，一方面对滑坡体的岩土力学参数有一个综合等效的估量，更重要的是与现场安全监控和滑坡体稳定性分析结合起来，对滑坡体的安全性作出合理的评价和符合实际的预测，为政府的安全决策提供可靠的依据。表 6.4-11 中反分析得

到的岩土力学参数与试验参数有一定差别，是在一个更大的范围得出的等效力学参数。另外，实验方法提供的部分参数用于工程设计时有一定的安全储备，总的说来是偏于保守的。而反分析结果的有效性和可靠性，还要视下面介绍的检验和评价方法而确定。

8. 反分析结果检验与评价

（1）反分析结果检验。检验和评价反分析结果的可靠性，可先用反分析得到的滑坡体岩土力学参数进行有限元正分析，将有限元正分析计算出的某一时刻（1993 年 9 月 14 日，增量步 6）的位移增量值（预测值）与滑坡体该时刻测得的实际位移增量值进行比较，然后检验二者的符合程度。采用后验差法对反分析结果进行统计检验。

假设实测位移序列为 $u_m(i)$，预测位移序列为 $u_c(i)$，二者之间的残差为式（6.4-5）。

$$\varepsilon(i) = u_m(i) - u_c(i) \quad (i = 1, 2, \cdots, n) \tag{6.4-5}$$

式中：n 为特征点的个数。

若 S_1 为量测位移的均方差，S_2 为残差的均方差，则有式（6.4-6）和式（6.4-7）。

$$S_1^2 = \frac{1}{n} \sum_{i=1}^{n} [u_m(i) - \overline{u}]^2 \tag{6.4-6}$$

$$S_2^2 = \frac{1}{n} \sum_{i=1}^{n} [\varepsilon(i) - \overline{\varepsilon}]^2 \tag{6.4-7}$$

其中

$$\overline{u} = \frac{1}{n} \sum_{i=1}^{n} u_m(i) \, ; \overline{\varepsilon} = \frac{1}{n} \sum_{i=1}^{n} \varepsilon(i) \tag{6.4-8}$$

后验比值为

$$C = \frac{S_2}{S_1} \tag{6.4-9}$$

误差概率为

$$p = P\{|\varepsilon(i) - \overline{\varepsilon}| < 0.6745 S_1\} \tag{6.4-10}$$

反分析结果评价指标见表 6.4-12。经过有限元正分析计算，得到各特征点的相对位移增量（增量步 6 与增量步 5 的相对位移差值），即各特征点的预测值，见表 6.4-13。

表 6.4-12　　　　　　　　　　　反分析结果评价指标表

评价指标	优良	合格	勉强	不合格
p	＞0.95	＞0.80	＞0.70	≤0.70
C	＜0.35	＜0.50	＜0.65	≥0.65

表 6.4-13　　　　　　　　　　测点位移预测值与位移实测值对比表

测点号	对应结点号	预测值/mm	实测值/mm	差值 Δ/mm
7-1	7367#	6.13	8.40	2.27
7-2	6453#	3.45	6.70	3.25
7-3	5203#	3.21	4.40	1.19
7-4	4411#	1.02	2.50	1.48
2-1	7264#	3.75	6.70	2.95
2-2	6674#	2.86	3.70	0.84

测点号	对应结点号	预测值/mm	实测值/mm	差值 Δ/mm
2-3	5246$^\#$	2.11	2.30	0.19
2-4	4467$^\#$	1.23	2.00	0.77
5-1	7299$^\#$	4.09	5.10	1.01
5-2	6819$^\#$	2.37	3.40	1.03
5-3	5281$^\#$	2.15	3.00	0.85
5-4	4493$^\#$	1.65	1.90	0.25
3-1	7523$^\#$	-8.24	-12.60	-4.36
3-2	6923$^\#$	-5.33	-8.60	-3.27
3-3	5366$^\#$	-0.48	-1.40	-0.92
3-4	4528$^\#$	-0.47	-1.20	-0.73

（2）反分析结果评价。根据式（6.4-6）～式（6.4-10）计算预测值与实测值的统计变量，有式（6.4-11）～式（6.4-14）。

$$\bar{u}=1.64 \qquad \bar{\varepsilon}=0.43 \tag{6.4-11}$$

$$S_1^2=28.25 \qquad S_2^2=3.78 \tag{6.4-12}$$

$$C=\frac{S_2}{S_1}=0.3658 \tag{6.4-13}$$

$$\rho=P\{|\varepsilon(i)-\bar{\varepsilon}|<3.5850\}=\frac{14}{16}=0.8750 \tag{6.4-14}$$

按照表6.4-12的标准，以上反分析结果属于合格标准，即反分析的结果是有效的。

（3）滑坡整体稳定性分析。滑坡体位移反分析的目的之一就是对滑坡体的整体稳定性进行评价，因此还必须考虑滑坡体在各种最不利荷载条件下的稳定性，表6.4-14所列为各种最不利荷载组合情况。

表 6.4-14　　　　　　　　　　滑坡稳定性验算荷载组合表

荷载工况	荷载分类					
	滑坡体自重（高地下水位）	滑坡体自重（低地下水位）	库水位160m（低水位）	库水位200m（高水位）	坡面恒载	地震荷载
工况一	√		√		√	
工况二	√		√		√	√
工况三		√	√		√	
工况四		√	√		√	√
工况五		√		√	√	
工况六		√		√	√	√
工况七	√			√	√	
工况八	√			√	√	√

　　杨家槽滑坡体由堆积体、滑带和岩石基底组成，滑移最可能发生在滑带和扰动带上。近几年的观测资料也显示，中滑带发生滑移的可能性要比其他层面大。本节在分析杨家槽滑坡体的整体稳定性时，只验算中滑带、底滑带和扰动带 3 个面的稳定性。经过对滑坡几种最不利荷载组合下的整体稳定性验算，得到安全系数值，见表 6.4 - 15。

表 6.4 - 15　　　　　　　　不同荷载组合下的整体稳定安全系数 F_s 值表

荷载工况		工况一	工况二	工况三	工况四	工况五	工况六	工况七	工况八
F_s	中滑带	1.323	1.271	1.410	1.355	1.387	1.346	1.375	1.326
	底滑带	1.416	1.340	1.458	1.411	1.422	1.374	1.435	1.389
	扰动带	1.504	1.427	1.524	1.493	1.518	1.452	1.546	1.490

　　计算结果表明，杨家槽滑坡体目前是稳定的，其中在相同的荷载组合下，底滑带、扰动带的安全系数普遍较中滑带的安全系数高，说明中滑带发生滑移的可能性较底滑带大些，这也符合地勘资料对中滑带的描述，即颗粒细，稍湿呈可塑状，抗剪强度低。

第 7 章

水电工程 3D GIS 与 BIM 集成

7.1 水电工程 3D GIS 概况

7.1.1 发展历程简介

1997 年，水利部提出，要综合利用 3S 技术，对水利水电测绘科技的现代化进行改造，在 GIS 这一环节最初的应用中，主要以流域为单位建立为水利水电服务的专题地理信息系统。系统最基本的地理信息包括地形地貌、地物、水系、各种独立地物、居民点、道路、境界等，在此基础上加入了各种专题信息如水工建筑物、各种水利设施、降雨量、蒸发量、地下水资源、灌溉情况、土地利用现状、土壤侵蚀状况、历年洪水及淹没状况及社会经济信息等，主要以二维 GIS 平台为主。

自 2001 年开始，逐步出现了以 3D GIS 为平台的应用，这一阶段的 3D GIS 主要应用在水电水利工程的建设三维可视化过程中，利用该项技术，可以将复杂的施工过程利用动态的三维方式进行展示。例如，混凝土坝的施工三维动态可视化，通过计算分析不同方案下大坝施工的具体技术指标，可得到合理的大坝混凝土浇筑进度计划，并应用 GIS 技术在混凝土坝施工数字模型的基础上，用三维动态的方式进行展示，从而为施工组织设计与管理提供强有力的可视化分析手段。

2010 年后，3D GIS 在水电工程中的应用得到了快速深化和拓展，从服务内容而言，从三维仿真等单一业务逐步拓展成为水电工程全生命周期的应用过程；从应用平台而言，从传统的桌面端逐步拓展至 Web 端与移动端相结合；从功能而言，不仅满足水电工程基本的三维可视化需要，更可以集成各类 BIM 数据、施工数据、运维数据等，将整个复杂的勘察设计、施工建设、运行维护过程及成果以数字化、直观化、可视化的方式进行表达。

7.1.2 3D GIS 应用的特点与优势

1. 三维可视化

3D GIS 将传统的二维水电工程数据扩展到了第三个维度，从而使信息抽象层次降低，能够更好地表现空间对象的本来面目。特别对于地质构造复杂的区域，受传统方式局限性的影响，设计过程复杂且非常不直观，而 3D GIS 技术可以在多维度对该类信息进行展示，为水电工程的三维可视化提供了革命性的支持。

2. 动态多尺度表达

水电工程往往涉及狭长状的区域，在该区域中，不同位置所需数据的精度也各不相同，一方面在 3D GIS 平台中可以满足不同精度、不同种类的数据集成、展示，且描述各类数据之间的关系，这是传统水电工程勘测设计手段难以实现的；另一方面，相比 2D

GIS，3D GIS 平台更具时效性，可以将不同时期的水电工程数据进行集中应用、动态更新等，全方位满足不同时期水电工程业务工作开展的需要。

3. 交互式感知

3D GIS 平台除了将各类数据进行集成应用以外，更可以将水电工程作为一个业务实体，与该业务实体进行动态交互式操作，以大型、多尺度、高度仿真的实时可视化提供了丰富、逼真的平台，水电工程参建工程师可以根据平台做出准确而快速地判断，进而解决水电工程开发建设过程当中存在的问题。

4. 三维环境下的空间分析与模拟仿真

水电工程空间信息的分析过程，往往是复杂、动态和抽象的，在数量繁多、关系复杂的空间信息面前，如淹没分析、地址分析、日照分析、空间分析、通视分析等常见分析功能是传统的 2D GIS 无法实现的，借助 3D GIS 平台，不仅可以轻易实现各种类型的分析，更可以将各类工程信息置于三维可视化平台中，根据需要，对工程进行模拟、仿真等，进而发现水电工程设计工作中存在的不足，进行改进。

7.1.3　3D GIS 在水电工程领域的应用现状

1. 水电工程选址中的应用

（1）三维图像显示、模拟飞行与属性查询。三维立体显示，可进行放大、缩小、漫游、旋转等操作，在预先设定路线的情况下，进行三维贯穿飞行模拟。可以对专题信息进行查询和检索，对穿越地形表面的工程线路的曲线距离和曲面面积进行测量。

（2）淹没分析。利用 GIS 技术与水动力水文模拟相结合，再根据数字高程模型（DEM）提供的三维数据，预测、模拟显示洪水淹没区，并进行灾害评估。

（3）土石方量计算。通过土石方量分析，可以快速计算在各种设计方案条件下开挖及回填土石方量，便于总体工程量及工程造价估算。

（4）输水线路布置。三维表现环境中，可以观察水电工程所在和穿过的地形、植被和基础设施等环境，为设计方案的优选提供依据。

（5）剖面分析。可以获取高程、岩层厚度、坡度等其他类型信息，这些剖面信息为设计方案的优选提供重要依据。

（6）三维可视化施工导流动态数字模型构造。大型水电工程施工导流是一项复杂的系统工程，可用 3D GIS 逼真地描述施工期内洪水如何导向、导流度汛对施工的影像、施工导流方案是否符合主体工程施工进度等工程设计及决策人员所关心的问题。

2. 水电工程设计与建设可视化

采用基于 3D GIS 可视化平台技术，采集水电工程建设区域三维地形与影像，形成真实的三维可视化场景，并将水电工程设计与建设所涉及的施工场地、建筑物布置、设计图纸、工程施工进度、应急预案等相关的信息有效整合存储，并在三维可视化场景中进行工程设计与建设管理。将复杂施工过程以三维可视化方式表现和模拟，为全面、准确、快速地分析掌握工程施工全过程提供有力的分析设计工具。

3. 水库区环境保护中的应用

水电工程的库区经常面临水污染的问题，来自岸上的工业废水和生活污水，以及船舶产生的含油污水，都会给库区环境造成很大的破坏。通过 3D GIS，可以对库区环境进行评价、模拟和预测，并能够直观地显示结果，从而提供科学的决策依据。

（1）环境评价。3D GIS 用于环境评价比较形象直观，将 3D GIS、遥感等信息技术与相应的环境空间分析模型、环境分析评价模型结合，可以模拟数据的动态变化，描述污染物在空间上的扩散。并且，能将分析评价结果以虚拟的三维立体方式展现出来，使分析评价者可以直观地观察、操纵和修改所得到的结果。

（2）环境模拟和预测。通过分析各污染物与相关因素的原始数据，得出该污染物形成的一般规律和演变趋势，依据这一规律和演变趋势，能够预测未来某段时间内环境的状况。

4. 水库区地质灾害的监测与预警

水电工程大多处于高山峡谷，所处地区地质构造复杂、地质信息众多，给地质工程勘测、设计与施工带来了很大的困难。传统的二维、静态的地质处理与分析难以满足实际需求，在三维场景条件下开展地质灾害调查、监测、分析、预警是今后的发展趋势。

5. 水库征地移民辅助设计

基于三维地理信息系统，可以开展大规模的水库移民分析工作，包括水库淹没范围分析和淹没实物统计、水库工程移民中的移民环境容量分析、规划搬迁和安置人口分析等。

6. 水库区道路规划及可视化

在进行对外线路设计时，通过三维场景可以了解到整个路线设计区域的地形地貌情况，可更有效地避开不利的地形地质条件及森林等环境，减少对环境的影响。此外，通过高精度的数字地面高程模型 DEM，以方便线路设计和优化流域对外交通的路径，进行填挖方计算，使对外交通整体规划更加科学合理。

7. 智慧水电站的应用

随着 3D GIS 技术的不断发展，三维数字水电站正成为数字水电站到智慧水电站升级的主要建设内容之一。基于 3D GIS 可视化综合管理平台，整合水电站规划设计施工信息、地貌环境信息、监测信息、运维信息等，提高信息的聚合与融合能力，这些信息的融合与集成应用可以在水电站管理、灾害预警和治理中发挥重要的作用，为"智慧水电站"的建设奠定重要基础。

7.1.4 水电工程中的 3D GIS 与 BIM 集成技术

1. 3D GIS 与 BIM 集成

BIM 技术在工程建设项目中，已广泛应用于项目生命周期不同阶段的数据、过程、资源管理中，是对工程项目的完整描述，一方面，充分体现了其协同使用，以及良好的开放与交互特点；另一方面，3D GIS 的研究对象集中于地表物体及环境固有的数量、质量、分布特征、联系及规律外加对信息的采集、存储。根据其特性进行描述，可以理解为 3D GIS 是应用大空间尺度的，比如道路、电力、通信、供水等，而 BIM 是负责单体工程信息管理的，如建筑、结构、机电等。两种技术均在其应用领域取得了广泛的应用并具有成熟的案例和经验，在此条件下，结合两者优势进行互补的技术思想孕育而生。图 7.1-1 为某项目 3D GIS 与 BIM 系统集成效果。

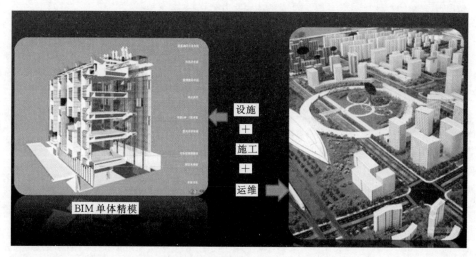

图 7.1－1　某项目 3D GIS 与 BIM 系统集成效果图

　　BIM 的整个生命周期从设计、施工到运维都是针对 BIM 单体精细化模型的，但是其不可能脱离周边的宏观的地理环境要素，成为空中楼阁。而 3D GIS 一直致力于宏观地理环境的研究，提供各种空间查询及空间分析功能，并且在 BIM 的运维阶段可以为其提供决策支持。

　　在早期的 3D GIS 平台与 BIM 集成过程中，多数应用仅停留在数据格式转换的阶段，即通过模型转换等工作，将 BIM 模型所形成的成果直接放置到 3D GIS 系统平台中进行展示，类似于形成效果图的方式，是 3D GIS 平台与 BIM 集成的初步应用。

　　随着 3D GIS 平台、BIM 模型技术的发展及项目需求场景的不断深入，两者深度结合的技术思想逐渐形成，通过无缝集成 BIM 数据，实现从宏观到微观、从室外到室内、从地上到地下的一体化管理方式，同时结合 3D GIS 平台的多维信息展现手段，进行广泛的应用，实现各类工程设施规划、设计、施工、运营等工程全生命周期的可视化、科学化、精细化管理。

　　2. 3D GIS 与 BIM 集成技术特点

　　水电工程设计涉及的专业众多，受到地理环境、地质条件、交通条件、经济因素等多方面的影响，很多水电站的设计都涉及上百千米，甚至几百千米的范围。目前的 BIM 模型设计软件支持的空间范围都比较小，无法承载大范围的海量基础地理数据，也不具备对地理信息进行分析统计的功能；BIM 模型精细程度高，数据量大，可视化预处理时间长。而 GIS，特别是 3D GIS 基于空间数据库技术，面向海量三维地理空间数据的存储、管理和可视化分析应用，支持大范围的空间数据集。大量高精度的 BIM 模型可作为 3D GIS 系统中一个重要的数据来源。水电工程 BIM 技术与 GIS 技术比较见表 7.1－1。

　　3D GIS 与 BIM 应用领域的不同导致其具有不同的数据标准，数据模型上两者采用了不同的对象几何表达方式和语义描述方法。前者是针对建筑设计和分析应用的几何表达，具有丰富的建筑构造、建筑设施的几何语义信息；后者更加强调对空间对象的多尺度表达，并顾及对象几何、拓扑和语义表达的一致性。实现 3D GIS 与 BIM 的集成应用，应首先理清两种数据模型间数据表达的差异性，进而探讨二者的集成思路和方法。

表 7.1-1 水电工程 BIM 技术与 GIS 技术比较表

序号	功能比较	BIM 技术	3D GIS 技术
1	4D 模拟	BIM 中 4D 模拟应用于施工过程中的冲突检测和提高项目管理的沟通效率	除了用于对冲突检测,以 3D GIS 为基础的 4D 模拟,还可用于地理空间环境的物流业务整合
2	规划功能	主要应用于室内规划。空间几何信息被存储在建筑模型中。室内空间信息可用于暖通空调施工空间使用分析和能源消耗分析	主要应用于勘测设计,如工程选址,应急救灾等,很少用于室内规划。也应用于评价建筑规划对城市布局的影响和城市的场景中阴影的分析与评价
3	空间关系	建筑构件之间的空间关系不是以连接关系的形式存储。几何信息作为建筑构件的属性之一,不同构件几何属性定义不一样	3D GIS 系统用来收集、存储、分析、管理和呈现与位置有关的数据,但对于建筑信息只能描述其外形,对于建筑中的属性信息是没法描述的
4	拓扑结构	BIM 中拓扑结构工具不成熟,既不能分析空间关系,也不能应对不同的数据集	3D GIS 中拓扑结构工具十分成熟,可用来存储和模拟不同行业的空间关系数据
5	分析功能	BIM 提供便捷的分析功能,例如布尔运算、实体造型、交叉分析、长度测量、面积和体积计算以及数量统计	3D GIS 提供基于矢量和栅格的空间分析,可进行覆盖/相交/合并分析、最短路径分析、网络分析、表面积计算等
6	三维模型	BIM 主要适用于自动化管理的需要,三维模型的几何属性与功能属性相联系,建筑构件包含丰富的属性信息。而三维构件的空间关系以层析结构方式保存	3D GIS 更多的是建立有利于空间分析数字地表模型,属性主要包括地表区域的坡度、长、宽、高度、可见性、剪切和填充体积、表面积、地表的 3D 可视化和其全景视图,此外存储一些与功能关联的基本属性
7	坐标体系	BIM 采用直角坐标系。数据转换时需要世界地理系统或其他投影系统支持	可以使用任何坐标系统或投影。同时也将数据转换为几个不同的测绘单位拟通用数据,这是 GIS 超过 BIM 的一个很大优势
8	本质区别	BIM 中新设施在建设时可以与设计的形状、大小、空间关系、属性信息相比较	3D GIS 是城市中有关的地形和现有建筑分布的描述。侧重于数据库管理系统(DBMS)功能,在一个通用的平台上查询、显示空间和属性数据

3. 3D GIS 与 BIM 集成应用的特殊价值

在水电工程领域,通过集成 3D GIS 与 BIM 技术,可以利用 3D 模型技术和 GIS 技术对水电工程建筑的规划设计、施工管理、运营管理等全生命周期过程形成支撑,具体意义表现为以下几个方面。

(1) 项目可行性研究阶段。3D GIS 技术能够提供丰富的数据和分析地理空间信息,从而帮助项目管理者建立地形、地貌等数字模型。它不仅能够建立各种类型专业的数据地图,而且形象地展现水工建筑物与周边环境的空间关系。由于水工建筑物通常比较复杂,BIM 在可行性设计阶段,可以结合 GIS 提供的准确的地理信息,设计模拟出场地的利用情况,为水电工程的设计出多个可选择方案,为决策者做出合理决策建议提供支撑。

(2) 水电工程设计阶段。BIM 用三维模型直观、生动地表达出水工建筑物的各个细节,实现建筑物内部不同专业的碰撞检测功能,大大减少了设计工作量,3D GIS 技术可集成涉及 BIM 的各个专业，形成整体涉及效果，从宏观上对设计方案进行评价。BIM 和 3D GIS 的整合使得设计准确，参数精确，也为后期的运营维护提供了良好的基础。

（3）施工阶段的场地布置。水电工程项目管理者，可以采用 BIM 技术和 3D GIS 技术，同时考虑水电工程项目场地的有利条件，预测水工建筑物的结构选型，选择最优的水电工程场地。

（4）施工质量和安全控制。基于 BIM 和 3D GIS 集成的模型，可以实施全程工程监控和报警预警系统，准确定位各个施工细节和预测未来的可能性。施工阶段还可以进行 4D 进度设计和管控，能够良好的控制施工进度。

（5）工程后期的运维管理。施工结束后，为业主提供无纸化的电子模型交付。3D GIS 和 BIM 集成可以分析动态信息，如项目管理者可以监控设备的运营是否安全，在 3D 模型的情况下，可以清楚地显示各个控件的运营情况。再结合 BIM 模型对于水工建筑物内部构造的几何信息和非几何的属性信息的分析和管理应用，更大地发挥 BIM 模型在水利工程的运营阶段的作用。

7.2　水电工程 3D GIS 与 BIM 集成流程

7.2.1　BIM 模型分解与转换

1. BIM 模型转换

一般而言，BIM 数据主要包含两类信息，即三维形体信息和属性信息。其中，三维形体信息是与 3D GIS 平台融合过程中的重点关注对象，包含相关的体型、纹理、贴图等；而属性信息包含了对三维形体信息的描述内容，在融合过程中，需要保持 BIM 模型信息的完整性、关联性以及业务结构性。

在水电工程 3D GIS 与 BIM 平台集成过程中，模型的分解与转换是最为突出的技术难点。一方面，BIM 设计软件多，每种软件平台生产的 BIM 模型格式各异，主要流行的 BIM 平台包括 Autodesk Revit、Bentley、CATIA、MagiCAD、BIM 5D、鲁班等，都具有各自的技术体系以及在 BIM 设计中的主要应用领域；另一方面，水电工程 BIM 勘测设计过程中涉及专业众多，均具有各自的特点。3D GIS 与 BIM 平台融合的过程中，首先要解决模型格式统一的问题，包括格式及属性的统一。

在实现 BIM 模型转换的基础上，必须保证转换精度以及拓扑关系、模型外观的正确性。

2. BIM 模型解析

（1）BIM 模型解析。每一种软件平台下的 BIM 模型，其几何数据结构不尽相同，而且很多软件的模型格式并不公开，需要借助提供的基于开发工具的 SDK 来实现对模型文件的读写。IFC 目前是国际通用的 BIM 标准，现在很多 BIM 软件都采用其作为数据交换的标准。本章以 IFC 标准为例，阐述 3D GIS 与 BIM 平台集成的相关流程。

1）IFC 模型的结构。IFC 模型可以划分为 4 个功能层次，即资源层（Resource Layer）、核心层（Core Layer）、交互层（Interoperability Layer）和领域层（Domain Layer）。每个层次都包含一些信息描述模块，并且模块间遵守"重力原则"：每个层次只能引用同层次和下层的信息资源，而不能引用上层资源。这样上层资源变动时，下层资源不受影响，保证信息描述的稳定。

2）几何模型提取。在几何表达方面，BIM 模型通常采用的表达方式有 3 种：边界表示法（B-rep），扫描体（Sweep Volume）以及构造实体几何模型（CSG）。边界表示法是通过多个组成面拼接来呈现整个模型。扫描体是通过将平面对象沿路径拉伸或者绕轴旋转拉伸而得到。构造实体几何模型（CSG）通常通过将立方体、球体、圆柱体、圆锥体等基本体素作为基元实体类型，然后对这些基本实体进行几何变换、布尔运算以及剖割、局部修改等操作形成更加复杂的几何实体。

（2）BIM 几何模型重构。BIM 几何实体模型重建以一个派生类实例为操作单位，方法对于任何派生类实例是通用的，因此通过遍历全部实例便可以实现对整个 BIM 模型的几何数据处理，重建几何实体模型的流程见图 7.2-1。

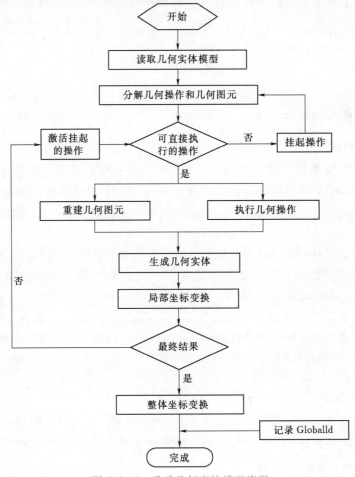

图 7.2-1　重建几何实体模型流程

首先，读取几何实体模型数据，数据可以来自 IFC 文件也可以来自 BIM 数据库。BIM 的实体几何数据以 IFC 几何资源实体表达，实体分为表示运算符的实体和表示几何图元的实体，构成由运算符和几何图元组成的二叉树结构，最终表示的实体模型便是通过遍历该二叉树并进行坐标变换得到的结果。因此需要通过分析几何实体将其解析成几何操作和几何图元。由于二叉树具有多层嵌套关系，对于一个上层的几何操作可能需要首先调用底层的几何操作，将其返回的结果作为输入参数进行运算。因此，判断当前几何操作是否为可直接执行的操作，如果为"否"则继续执行分解几何操作和几何图元步骤，如果为"是"则重建几何图元并执行几何操作。

7.2.2　BIM 模型数据集成

BIM 模型的构建贯穿于建筑工程的全生命周期，是对建筑生命周期工程数据的积累、扩展、集成和应用的过程，是为建筑工程生命周期信息管理而服务的。BIM 模型的创建是一个过程，这个时间跨度长、参与方众多、信息交换复杂。对这个过程的有效管理是实现 BIM 信息集成的重要基础，它的实现既需要相应的管理方法，又需要有效的技术手段。而目前的研究主要针对 BIM 的数据描述和信息表达，针对信息提取与集成过程的研究较为有限。

BIM 的信息提取与集成是对建筑生命期工程数据的积累、扩展、集成和应用的过程，涉及多个建筑工程参与方的互动，具有以下特点。

（1）时间跨度长。建筑工程项目从项目策划、设计、施工、到运营维护时间跨越几十年甚至上百年。如果仅考虑信息提取较为密集的设计和施工阶段时间跨度通常在 2～3 年之间。

（2）参与方众多。BIM 信息的交互涉及包括业主、设计方、施工方、供货方、运营方等众多参与方，每个参与方具有不同的数据创建职责和数据获取需求。

（3）信息交换复杂。建筑工程参与方众多的特点使得工程信息的来源众多，且由于各参与方的工作存在时间上的交织，会造成对 BIM 信息的并发访问。

为了实现模型语义的提取及表达，提出 BIM 元数据模型。BIM 元数据模型采用 EX-PRESS 语言描述对 IFC 模型中实体、属性集以及 IFD 之间复杂的内在关系进行提取和存储，通过访问少量的主体实体便可获得与之相关的实体、属性集等信息。结合互动式的应用程序界面，可以简化子模型视图的定义过程。另外，基于 BIM 元数据模型提出了子模型视图的定义过程，并针对子模型视图缺少标准的描述格式的问题，通过 XML 语言定义了子模型视图 XML schema，XML 格式可以方便地被计算机读取和处理。针对 BIM 子模型视图的信息交换与集成进行研究，解决长事务访问、并发访问、数据一致性等问题。

1. BIM 元数据模型

这里提出的 BIM 元数据模型（BIM Metadata Model，BMM）是指用于组织管理 BIM 模型中实体的分类信息、实体与实体间的继承关系、实体与属性集间的关系，以及实体与 IFD 关系的数据模型，旨在为子模型定义提供全面的、上下文关联的信息，从而更加有效地实现基于子模型的信息交换。简言之，BMM 是在对 BIM 模型深入分析的基础上建立的模型，是对 BIM 及相关知识提取和总结的结果，使得 BIM 模型更易理解及应用。BIM 元数据模型由 4 个部分组成，见图 7.2-2。其中，主体实体部分是定义。

建立 BIM 元数据的信息主要来自于 BIM 模型本身，包括以自然语言描述的 IFC 规范及以 EXPRESS 文件格式定义的 IFC 模型，还包括由 IFD 库提取的相关信息。这些信息通过不同的方法和途径转换为 BMM 数据。

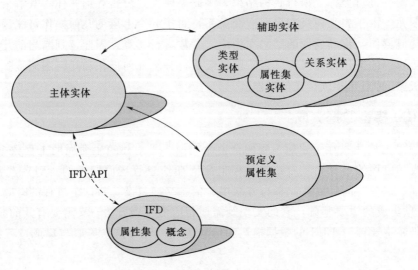

图 7.2-2　BIM 元数据模型概念图

BMM 数据的定义的信息包括默认单位、世界坐标系、坐标空间的维数、在几何表达中使用的浮点数的精度、通过世界坐标系定义正北方向。这些信息的确定需要于项目实施前在各参与方间达成一致，一经创建便应尽量保持只读状态，从而避免由于单位、世界坐标系的不同导致数据的不一致与冲突。

2. 实体数据的提取

子模型视图存储了用于信息交换的实体类型，由主体实体和辅助实体构成，均为可独立交换的实体。而对于某一实体其属性值对应的实体类型，既可为可独立交换的实体又可为资源实体。在实体数据的提取过程中，依次提取实体的显示属性，若显示属性为引用类型则按照递归的方式继续调用提取实体的算法。

3. 子模型数据的提取

由于 BIM 模型实体间存在着复杂的关联关系，一个实体实例可能被多个实体实例引用。为了避免实体提取过程中出现重复提取，进而造成数据的不一致和冲突，在实体的提取过程中，将成功提取的实体存储在一个以 GUID 为关键字的字典结构中。每次提取实体前首先在该字典中检索实体是否已被提取，若已被提取则直接由实体字典获取实体引用，若未被提取则调用上述的实体提取算法。

子模型数据的提取流程见图 7.2-3。首先初始化实体字典结构，并读取子模型视图，生成实体类型列表。然后对实体列表中的每一个类型进行遍历，并根据实体类型在数据库中查询对应的数据库记录。对数据库记录集进行遍历，每一条记录对应一个实体实例，并由一个 GUID 作为主键。由于 BIM 模型的复杂引用关系，当前的实体可能在之前的过程中已经建立。因此根据 GUID 在实体字典中查询实体是否存在，若存在则处理下一条记录，若不存在则应用上节中的方法提取实体，并将成功提取的实体添加到数据字典中。数据的提取过程不删除数据库中的记录，在提取的同时为相应的数据记录标记实体的访问方式。

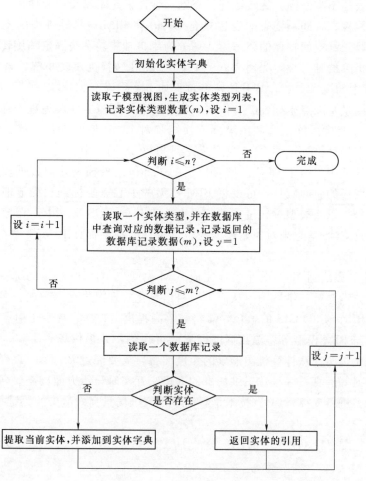

图 7.2-3　子模型数据的提取流程图

7.2.3　BIM 与 3D GIS 场景融合

独立或者局部坐标系下进行设计的 BIM 模型,在经过模型格式整合转换后,其空间参考依然处于独立坐标系下。将大量 BIM 模型与 3D GIS 场景整合过程中,不仅需要处理单体 BIM 模型中大量子级组件间正确的空间拓扑关系,同时还需要保证相邻 BIM 实体模型间具有正确的相对空间关系,前者可以通过 BIM 软件中的模型族坐标系和全局坐标系的几何坐标转换,保证模型子部组件空间关系的正确性,而后者则需要通过使用 BIM模型测量点与实际测量点位坐标建立定位参考信息,以实现 BIM 模型在 3D GIS 系统坐标系的正确定位,实现两者空间基准的统一。

三维对象空间姿态的数学表达方式一般有 3 种:欧拉角、旋转矩阵和四元素。欧拉角以对象分别绕 X、Y、Z 三轴旋转的角度记录姿态。旋转矩阵可以理解为方向向量变换的乘数,一个方向向量左乘旋转矩阵便可得到旋转后的方向。四元素以三维虚数的方式表达三维对象的姿态。欧拉角参数最少,且易于理解,被广泛应用于各类三维软件,但欧拉角有其弱点，如表达不唯一等。旋转矩阵具有唯一性，但是不易交换和使用。四元素表达简单，且计算性能良好，同一姿态的表达只有两种，在 BIM 设计软件中的支持较好。按旋转模式的不同，三维空间物体的姿态模式可分为绕自轴旋转和绕固定轴旋转。

利用旋转矩阵的唯一性，先将 Yaw、Pitch、Roll 转换为旋转矩阵，再利用旋转矩阵反算 BIM 软件中的视点参数，其具体转换过程如下：①确定 3D GIS 场景的坐标参考系统与项目的实际测量基准点坐标；②获取建筑实体对象在场景中实际地理坐标和姿态，构造建筑模型的坐标变换矩阵；③利用坐标变换矩阵对 Revit 模型进行平移、旋转和缩放变换，从而将具有局部坐标系的 BIM 模型统一到 3D GIS 场景中。

在实际的处理中，由于 BIM 模型转换后的子部级组件模型几何数据较多，导致所有模型进行坐标变换的时间较长，可以将 BIM 模型的中心点坐标到三维地理环境中模型中心坐标的偏移量，以及模型旋转量、缩放量存入新建的 POS 文件中，在导入三维地理系统场景时，通过 POS 信息来对原始模型的位置进行变换，保证 BIM 模型在 3D GIS 中无缝融合。

将 BIM 模型集成到 3D GIS 平台，完成 BIM 模型与 3D GIS 场景的统一，可从宏观层面对项目设计方案进行三维展示，从而为项目信息化管理提供动态直观、多角度形象的三维仿真环境。BIM 与 3D GIS 的融合，需将数字高程模型数据、数字正射影像图数据、数字线画图数据与 BIM 模型等多源数据进行集成可视化，并提供场景平移、缩放，旋转等全方位的可视化视角。从计算机图形学的角度而言，需要经过 BIM 与 3D GIS 数据的透视变换、纹理映射等运算，并且在三维场景的人机交互实时显示方面，需要高效的计算机图形显示效率对其进行支撑。LOD 技术是目前实现三维场景高效渲染的关键技术。

7.3 水电工程 3D GIS 与 BIM 集成应用案例

7.3.1 黄登水电站三维协同设计

1. 应用背景

黄登水电站主要施工区域布置有数十个分类复杂的大型施工区，施工交通系统纵横交错，主体建筑物中挡水建筑物、地下厂房、导流建筑物等均包含大量的体型庞大且结构复杂的建筑设施，设计流程与专业协调非常复杂，涉及规划、勘测、水工、厂房、机电、施工等主要设计专业，因此，采用信息化和可视化设计技术，实现整体设计的全面协调化。

（1）BIM 在 3D GIS 中的概念化设计与可视化表达。利用 3D GIS 在可视化、参数化、信息化方面的优势，为工程设计、方案比选等提供了新的平台和技术支持，特别是在初步设计阶段，其概念化建模型式，如道路、水域、植被、建筑、场地等为设计师提供了快速直观的设计表达方式。利用 3D GIS，在其他 BIM 建模软件的支持下，可快速实现工程从整体到细部的可视化和信息化，实现模型文件设计信息的自动连接与更新。

（2）航拍影像与地形定位设计与分析。利用 3D GIS 贴图优势，实现航拍或卫星影像与地形数据的精确贴图，并通过强大的高程分析及区域分析功能，让设计环境更加真实化。

（3）工程信息可视化索引与数据关联。在 3D GIS 可视化环境中，通过模型信息载入并关联到设计文件,在浏览漫游中可随时了解相关信息,进行细部观察或者进行修改变更,实现工程整体的可视化信息索引,提供直观、高效的数据支持。

2. 平台架构

黄登水电站施工总布置三维设计以 Civil 3D、Revit、Inventor 等软件为各专业 BIM 建模基础,以 3D GIS 为施工总布置可视化和信息化整合平台,以 Project Wise 进行方案部署、项目概况、工程信息、设计信息等数据的同步控制,利用 Hydro BIM 设计平台进行各专业协同设计与信息互联共享,其关联模型见图 7.3-1。

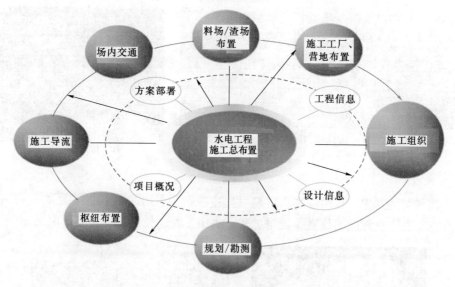

图 7.3-1　协同设计与信息互联共享关联模型图

3D GIS 平台提供快速直观的建模和分析功能,可轻松、快速帮助布设施工场地,有效传递设计意图,并进行多方案比选。图 7.3-2 为黄登水电站总设计方案集成效果。

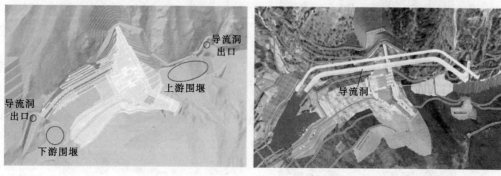

图 7.3-2　黄登水电站总设计方案集成效果图

3. 应用内容及效果

(1)场内交通辅助设计。在 3D GIS 强大的地形处理能力以及道路、边坡等设计功能的支撑下,通过装配模型可快速动态生成道路挖填曲面,准确计算道路工程量,并进行直观表达。道路交通模型集成效果见图 7.3-3。

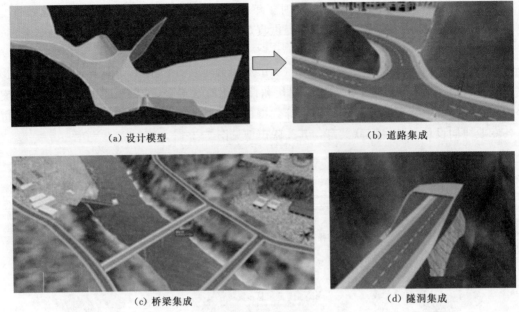

（a）设计模型　　　　　　　　　　　　　（b）道路集成

（c）桥梁集成　　　　　　　　　　　　　（d）隧洞集成

图 7.3－3　道路交通模型集成效果图

（2）渣场料场布置。利用渣场、料场三维设计成果，并准确计算工程量，且通过 3D GIS 实现直观表达及智能的信息连接与更新。渣场、料场模型集成效果见图 7.3－4。

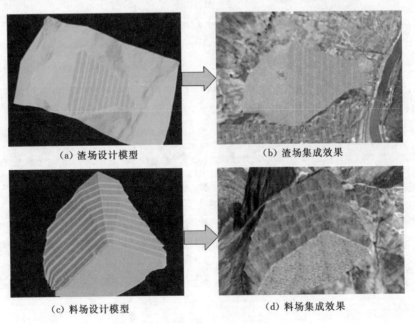

（a）渣场设计模型　　　　　　　　　　　（b）渣场集成效果

（c）料场设计模型　　　　　　　　　　　（d）料场集成效果

图 7.3－4　渣场、料场模型集成效果图

（3）营地布置。施工营地布置主要包含营地场地模型和营地建筑模型，见图 7.3－5。其中营地建筑模型通过设计后，导入 3D GIS 平台进行三维信息化和可视化建模，可快速实现施工生产区、生活区等的布置，有效传递设计意图。

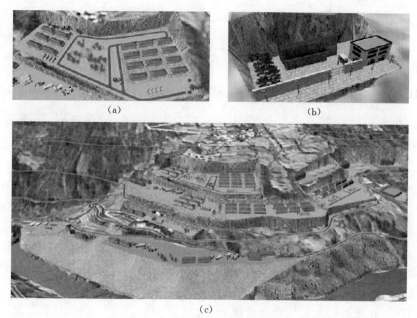

图 7.3-5　施工营地布置模型图

（4）施工总布置设计集成。在建模过程中，将设计信息与设计文件进行同步关联，实现整体设计模型的碰撞检查、综合校审、漫游浏览与动画输出。其中，3D GIS 平台将信息化与可视化进行完美整合，不仅提高了设计效率和设计质量，而且大大减少了不同专业之间协同和交流的成本。

在图 7.3-6 中，在进行施工总布置三维数字化设计中，通过模型的信息化集成，可

图 7.3-6　施工总布置集成效果图

实现工程整体模型的全面信息化和可视化，而且通过 3D GIS 的漫游功能，可从坝体到整个施工区，快速全面了解项目建设的整体和细部面貌，并可输出高清效果展示图片及漫游制作视频文件。

7.3.2　3D GIS 与 BIM 集成的水电工程智能管理云平台

1. 应用背景

（1）水电厂业务数据与空间数据管理。数据管理系统是水电厂智能管理平台的基础，是平台各项功能模块的实施应用的保障。从数据结构和数据存储方式等方面分析，水电厂智能管理平台的数据可以分为业务数据与空间数据两个方面。业务数据主要包括电厂日常管理所涉及的水文泥沙数据、气象、生态环境数据、日常巡检数据等内容；空间数据主要包括水工建筑 BIM 数据、水电厂周边基础地理信息数据（包括水系、交通、行政区划、居民地等人文地理与自然地理要素）、水电厂周边 DOM 与 DEM 数据、360°全景数据、水电厂周边地质结构数据等。

总结水电厂智能管理平台所包含的各方面数据，分析其数据模型、数据结构、数据存储方式等内涵。在此基础上，从数据管理效率、数据维护成本、数据安全性能等方面选择适用于水电厂业务数据与空间数据管理的数据库管理工具，进而建立数据概念模型、逻辑模型、物理模型，形成水电厂业务数据与空间数据相互关联的数据库管理系统，为水电厂智能管理平台提供统一、高效、安全的数据服务接口。

（2）水电厂空间数据三维可视化与空间分析。通过分析水电厂地理空间数据的类别、特征，结合水电厂智能化管理的需求，对水电厂 DOM 数据、DEM 数据、水工 BIM 数据、二维基础地理信息数据、全景数据等进行集成，构建水上水下、室内室外一体化的水电厂三维场景，从宏观和微观层面反映水电厂各类管理要素的空间分布，在此基础上，结合遥感解译技术、空间数据挖掘技术、空间数据增量更新技术、水库与水工巡检技术等，分析水电厂各类管理要素的时间与空间变化规律，为水电厂智能管理提供科学有效的决策支持。

（3）水工建筑 BIM 模型与 3D GIS 集成。三维 GIS 对于宏观层面的管理具有得天独厚的优势，而水工建筑的 BIM 模型则更加侧重于微观层面的精细化设计，利用两者发展的最新成果，实现宏观与微观的集成，对提高水电厂的智能化水平、降低管理成本、创造更大经济效益具有重要的意义。通过分析典型水工建筑 BIM 的数据格式，研究 BIM 模型数据的分解与转换、BIM 语义信息的过滤与提取技术，实现水工建筑 BIM 实体模型到 3D GIS 模型的转换。此外，通过 BIM 局部参考系统到 3D GIS 统一坐标系统的转换，结合地形整平及地形开挖技术，将局部高保真的水工建筑 BIM 模型嵌入大范围 3D GIS 景观中，实现水工建筑 BIM 模型与 3D GIS 场景的无缝集成，在此基础上，可以实现水工建筑 BIM 模型与 3D GIS 场景属性信息的统一管理与分析。

（4）水电厂库区巡检与水工建筑物巡检技术。随着移动互联网等新兴技术的快速发展与应用，通过移动化、信息化、智能化的技术手段提高水电厂外业巡查的工作效率，已经成为水库管理信息化发展的必然趋势。在智能水电厂数据库建设、三维数据展示与分析、水工建筑 BIM 模型集成的基础上，借助移动智能终端、GPS 快速定位、移动互联网等技术，实现外业巡查期数建立、巡查 GPS 轨迹跟踪、巡查属性信息与多媒体信息采集、空间属性查询与分析、图形标注与量测等方面的功能，进而实现水电厂库区与水工建筑外业巡查工作的信息化、移动化、智能化，极大改善传统的水电厂巡检作业模式，提高水库外业巡查的工作效率，有效助力水电厂智能化建设。

（5）水电厂环境量自动监测。环境量监测，尤其是水环境的监测是水电厂管理工作中的重要环节，水温、水质、气象，以及厂房内的温湿度、工频电磁场、噪声等环境量都可以通过仪器直接或间接进行监测。通过建立各项环境量监测传感器与水电厂智能管理平台之间的实时通信连接，构建集网络传输、数据接入、业务应用、信息发布等于一体的综合监控和服务管理体系，实现环境量变化信息的动态监控，缩短监测时间间隔。在此基础上，通过数据统计与分析，可以及时发现环境量要素的超限等突变状况，并预测其变化发展趋势，实现对污染源和环境质量监测数据的实时化、智能化管理，为电厂环境保护工作的开展提供及时、周到、专业的服务。

（6）水电厂水文泥沙数据集成分析。水文泥沙是水电厂库区管理的关键问题，对于判定水库库容变化、反映河道泥沙淤积变化历程，总结水库泥沙淤积和演变规律意义重大。水电厂水文泥沙数据集成分析技术是实现需要在综合分析水电厂库区流域范围内的地表径流及含沙量等水沙参数的基础上，借助新兴的信息技术开发工具，实现水文数据的规范管理、报表生成、科学分析等功能，为水电厂库区管理、运行维护和防洪调度提供强有力的信息化决策支持。

2. 平台架构

通过分析水电厂智能管理所要实现的主要技术目标，总结基于 HydroBIM - 3S 集成技术的水电厂智能管理平台的体系架构，见图 7.3 - 7。

其中，硬件层表示平台数据采集等方面硬件组成，空间数据采集设备主要包括航空摄影测量系统、三维激光扫描系统等水电厂地理空间数据采集装备，环境量监测设备主要包括空气质量、气象、水环境等自动监测仪器，水文泥沙监测设备主要包括水文监测仪器、泥沙采集与分析仪器等。对于各类监测数据的入库及分析，则需要构建专业化数据通信网络，实现数据层与硬件层的数据传输。数据层是平台数据存储和统一调度的核心，实现对水文泥沙监测、环境量监测、库区及水电设备巡检等业务数据，以及电厂周边 DOM、DEM、水工建筑 BIM 等空间数据的规范化的管理。数据层能够为接受来自硬件层的数据流，同时为上层服务及应用提供高效的数据访问接口。服务层主要包括环境量、水文泥沙、移动巡检等业务数据的专业化统计分析服务，以及空间数据分析、BIM 与 3D GIS 数据转换与集成等服务，服务层是平台业务逻辑实现的关键，能够实现多专业、高复杂度的数据分析运算，从而为平台功能体系提供服务端的支撑。应用层是平台与用户交互的窗口，是服务层向上提供服务的门户，用户通过应用层能够直观感知空间数据的三维可视化成果，实现复杂多样的空间分析，统一管理和分析环境量及水沙等业务数据，实现移动巡检与服务层和数据层的数据和功能交互。

3. 应用内容及效果

将基于 HydroBIM - 3S 集成技术建立的水电厂智能管理平台应用于糯扎渡水电厂的管理工作，其应用内容及应用效果主要体现在以下几个方面。

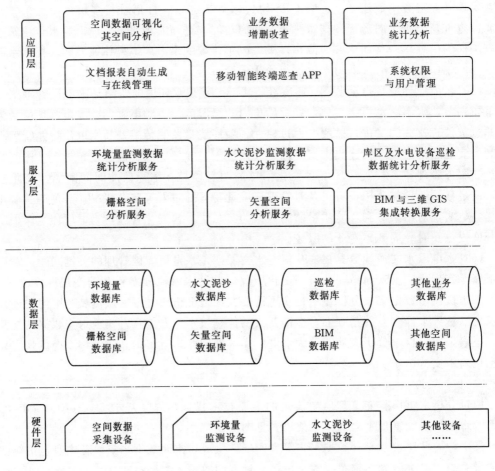

图 7.3 - 7　水电厂智能管理平台体系架构图

（1）高效的业务数据与空间数据管理手段。糯扎渡水电厂管理的空间数据包括电厂周边大范围的高分辨率 DOM 数据、DEM 数据、水工建筑 BIM 数据等，业务数据包括库区及水电设备巡检数据、环境量自动监测数据、水文泥沙统计分析数据等。依托水电厂智能管理平台中的业务数据与空间数据管理技术，借助 ArcSDE 中间件、Oracle Spatial 空间数据引擎、Oracle 关系数据管理工具，实现了糯扎渡水电厂空间数据与业务数据的高效管理，为水电厂管理的其他模块提供了良好的空间数据与业务操作接口。

（2）良好的室内外空间数据三维可视化集成效果。糯扎渡水电厂所管理的空间范围较为复杂，室外涉及坡度高差变化较大的山体沟壑，室内包含建筑结构负责、水电设施密布的厂房。依托水电厂智能管理平台的 BIM 模型与 3D GIS 集成、空间数据三维可视化等技术的应用，糯扎渡水电厂的空间数据可视化实现了对电厂 DOM 数据、DEM 数据、基础地理信息矢量数据、全景数据、水工建筑 BIM 数据的集成展示，达到了室内室外一体化的良好的三维可视化效果，见图 7.3 - 8、图 7.3 - 9。此外，通过集成库区及水电设备巡检的位置数据、环境量监测站点的位置数据等内容，以可视化方式再现了糯扎渡水电厂管理对象的空间分布状态，为该水电厂智能管理提供了直观生动的空间位置服务。

图 7.3-8　糯扎渡水电厂 DOM、DEM 数据三维可视化效果图

图 7.3-9　糯扎渡水电厂水工建筑 BIM 数据与 3D GIS 可视化集成效果图

（3）多样化的三维地理空间分析方法。在糯扎渡水电厂空间数据三维可视化的基础上，应用水电厂智能管理平台的丰富多样的空间分析方法，可实现糯扎渡水电厂三维空间范围内的要素查询、空间量测、坡度坡向分析、断面分析、视域分析、土方量计算、淹没分析等功能，见图 7.3-10～图 7.3-12。

（4）移动化的水电厂库区巡检办公。传统的糯扎渡水电厂库区及水电设备巡检工作主要依靠电厂工作人员手工记录与手工整理的方式完成，存在工作量大、数据成果不规范、成果管理成本高等问题。通过应用水电厂智能管理平台中的库区及水电设备移动巡检技术，借助移动 GIS 智能终端的 App 应用（见图 7.3-13），可以实现糯扎渡水电厂生态环境、地质灾害、水工建筑、电力生产设备等巡检工作的移动化办公，实现巡检信息的数字

图 7.3-10　坡度坡向分析效果图

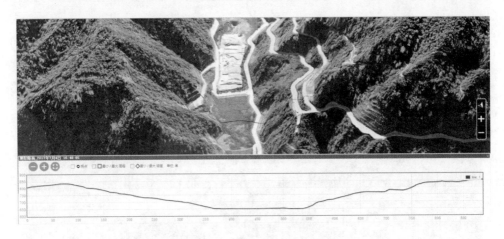

图 7.3-11　断面分析效果图

图 7.3-12　视域分析效果图

化采集与规范化组织。并且，通过移动端与智能平台服务器端的数据交互，实现巡检报告的自动化编制与数字化管理。

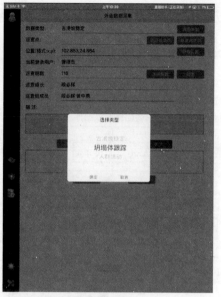

（a）App 主界面　　　　　　　　　　　　　（b）巡检信息采集

图 7.3 - 13　糯扎渡水电厂移动巡检界面

（5）自动化的水电厂环境量监测。糯扎渡水电厂环境量监测内容包括 10 个大类、18 个子类、84 个监测站点、598 个监测因子，监测内容繁杂、空间分布广泛。通过应用水电厂智能管理平台中的环境量自动监测技术，可实现糯扎渡水电厂环境量监测数据的全天候实时获取、监测仪器的远程调控、监测成果的科学统计分析、监测报告的自动编制与规范管理等，有效提升糯扎渡水电厂环境量监测管理的工作效率和监测成果的深层次应用。

7.3.3　Web 端 GIS 与 BIM 集成应用

1. 应用背景

地理信息 Web 服务（GIS Web Service）是 Web Service 技术在 GIS 领域中的应用，是指使用数据和相关功能以完成基本地学处理任务的 Internet 应用程序。这些任务包括地址匹配、邻近搜索、路径选择、制图等。具体地说，地理信息 Web 服务是部署在服务供应商所提供的网络可访问平台上的软件模块，是 GIS 业务逻辑的软件实现，它通过由服务描述定义的地理信息 Web 服务接口与外界实现交互。

在 BIM 客户端做设计时，如果需要 GIS 的数据支持，BIM 软件前端可向注册服务器 UUID 查询 GIS 服务描述（WSDL）。BIM 设计端根据服务描述，选择所需的地理信息服务（WMS、WFS 等）；然后根据服务描述的地址连接到 GIS 服务，按照服务标准（WMS、WFS）索取数据。例如 Autodesk 公司的 Infraworks 软件，通过连接 GIS 服务器的 WFS 服务获取矢量数据。BIM 服务端提供 BIM 的标准服务，包括 IFD Library、BIM 数据服务等。

2. 应用内容及效果

基于云 GIS 平台，BIM 模型和 GIS 地形场景数据能够进行整合，实现 BIM 单体微观模型和 GIS 宏观场景的有机结合。通过软件二次开发、Web 和数据库技术，对微宏观模型进行动态控制，建立了基于 BIM 与 GIS 的三维工程场景可视化与管理系统，实现了 BIM 模型信息查看、GIS 模型进度显示、工程进度数据多样化展示等功能，其系统流程见图 7.3 - 14。

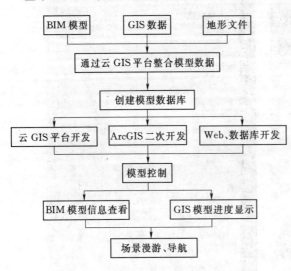

图 7.3 - 14　基于 BIM 与 GIS 的三维工程场景可视化与管理系统流程

（1）模型准备。三维场景需要 BIM 模型数据、GIS 数据以及地形文件数据。BIM 模型根据精细程度可以分为 LOD0～LOD4 这 5 个级别，在建模时可根据实际需求选择不同级别。GIS 模型主要是一些道路的 shp 文件，用于展现道路的具体形状、长度、路宽等信息。通常使用 ArcGIS 软件建模，首先需要将 dwg 格式的道路设计文件导入 ArcGIS 软件，并设置相应的坐标系统以及精确的坐标信息；然后提取 dwg 文件里的线数据，将其转化为 shp 线数据，再使用线生成面工具生成 shp 面数据；最后根据一定规则对 shp 文件进行分割和编号。

地形文件为一个表面具有影像图的三维地形图，作为云 GIS 平台的三维底图，用于展现宏观的三维地形地貌信息，由正射影像图与高程数据融合而来。影像图可以通过自行航拍正射影像图获得，也可以从 Google 地图途径获取，根据实际需求选择具体精度。一般情况下，精度越高，显示效果越好，但是成本相应也会增加。

（2）场景匹配。加载地形文件作为地图；然后将导出为通用数据交换格式的 BIM 模型导入，同时设置与地形文件相对应的坐标系统以及单位、经纬度等信息；再将 GIS 模型导入到系统中，导入过程中同样需要设置坐标系统以及需要导入的 GIS 数据库。把模型数据导入云 GIS 平台，完成场景匹配之后，将会形成最终的项目文件。

（3）BIM 模型显隐性控制、属性信息显示。BIM 模型的显隐性控制主要是通过云 GIS 平台的二次开发来实现。首先需要获取到 BIM 模型的文件索引，导入 BIM 模型的时候，根据 BIM 文件的名称自动创建文件索引选项，通过代码编写正确的索引路径即可获取到该文件索引；然后通过调用云 GIS 平台提供的控制可见性的类函数，参数对应 BIM 模型文件索引 ID 号，可以相应的设置可见性为可见或隐藏。通过对 BIM 模型显隐性的控制，就可以根据实际需要方便地查看任意部位、任意专业的 BIM 模型，其信息查询效果见图 7.3 - 15。

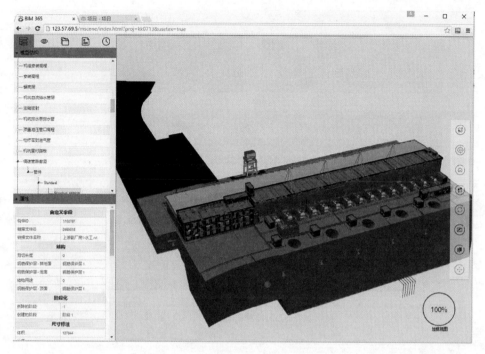

图 7.3 - 15　BIM 模型信息查看界面

第 8 章

总结与展望

　　驱动水电测绘科技进步的因素有 3 点：①水电工程全生命周期活动对测绘工作的需求；②水电测绘单位技术与装备的投入；③测绘科学技术与装备的发展。前两项是内因，是水电测绘科技进步的源泉和根本原因，决定着水电测绘科技进步的性质和发展方向；第三项是外因，是水电测绘科技进步的必要条件，对于水电测绘科技进步，起加速或延缓的作用。近 30 年来，随着我国国民经济建设的飞速发展，带动水电建设事业迎来了难得的发展机遇，产生了大量的测绘需求，水电测绘单位不断引进、消化、吸收先进的测绘科技与装备，不断提升水电工程测绘技术应用水平；在外部条件上，几乎同时期在全球工业化、信息化日新月异的时代背景下，测绘科技与装备取得了迅猛发展，全面而彻底地改变了传统水电测绘的作业模式和作业方法，带动了水电工程测绘迈向创新发展之路。

　　当今的水电工程测绘，无论从工作内容的角度，还是从技术的内涵上已经远远突破了传统的认知，能为各种规模、各种地域环境条件下的水电工程提供所需的地理信息产品和服务，在水电工程漫长的全生命周期过程中发挥着重要作用。水电工程测绘工作内容已不仅是单纯提供二维的图纸和资料，而是为水电工程三维设计、数字水电站提供从三维地形模型、全数字化的施工信息以及自动化监控系统，到支持设计和运管的地理信息服务软件。水电工程测绘的任务和角色也在发生着变化，通过获取海量的空间地理信息，与其他专业信息进行综合分析，使测绘从单一学科走向多学科的交叉，面向更广泛的用户提供产品和服务，而不再局限于设计和施工。

　　从内涵上说，水电工程测绘新技术包括了大地测量、工程测量、摄影测量与遥感、海洋测绘、地理信息系统、不动产测绘等测绘地理信息专业相关的新技术、新设备和新方法，并且将在更多方面越来越多地融合测绘地理信息新技术。

　　(1) 大地测量。大地测量技术在水电工程中的应用主要包括大地基准与参考框架的应用，涉及空间和大地坐标系的转换、椭球的投影变换、连续运行参考站网和精化大地水准面模型的应用等；大范围的控制测量及其数据处理等方面，涉及卫星定位测量、GAMIT/GLOBK 等高精度 GPS 测量数据处理软件的应用等。大地测量技术各方面的应用已经比较成熟和普及，能够满足不同规模水电工程测绘基准建立和投影变形控制的需求。

　　(2) 工程测量。工程测量技术在水电工程中应用非常广泛。控制测量包括了测图控制网、施工控制网和变形监测控制网的测量；断面地形测绘包括了各种大比例尺的全站仪或 GNSS 全野外数字化测绘方法；建筑施工测量包括了大坝工程、引水发电系统、地下洞室工程、公路和桥梁、输电线路、营地房屋等方面的施工测量技术；变形监测包括了大地测量方法、遥测方法和各种专项测量方法等。随着仪器设备的数字化、智能化水平的不断提高，数据采集工作正在变得简单高效，与之对应的高效率的数据处理和分析软件正在不断地补充完善，为水电工程质量管理、工程量计量、施工进度和安全管理等方面提供坚实的技术保障。

（3）摄影测量与遥感。摄影测量与遥感技术主要应用在水电工程 4D 产品的生产上，以机载和星载为主，传感器包括数码航摄仪、激光雷达、倾斜相机、星载相机、合成孔径雷达等。随着无人机技术的发展，以无人机作为载体的摄影测量使作业变得更加方便和灵活，在日常测绘和应急测绘中发挥着关键作用。不同的传感器可以满足不同的需求，数码航摄仪利用垂直摄影方式获取彩色影像制作 4D 产品；激光雷达利用多次回波技术可以穿透茂密的植被获取真实的地形数据；倾斜相机利用多个不同角度相机可以更有效地获取地物的侧面纹理和顶部信息，用于建立实景三维空间模型和 4D 产品；合成孔径雷达可穿透云层和雨雾，全天候作业，作为光学或者人工无法测量的补充手段；数据后处理软件逐渐向大型化、集成化、并行计算发展，以支持不同的传感器，提升计算效率。近年来，摄影测量与遥感技术的发展应用，极大地延伸了水电工程测量的广度、维度和细粒度，满足水电工程对复杂地形的测绘要求。

（4）海洋测绘。海洋测绘技术主要应用在水电工程水库水下地形测绘中，随着多波束、侧扫声呐技术的发展，基于简易船只和水下机器人开展精细水下地形扫测成为可能，为高分辨率、高精度水库库容测量、冲刷淤积测量提供解决方案；无人测量船、陆海一体化测绘技术的出现，使水库水下地形测绘手段和方法不断丰富和提高；在库容、冲刷淤积计算分析和水下水上地形可视化等数据处理方面提升效率和质量。

（5）地理信息系统。地理信息系统技术在水电工程中的应用起步较晚，但随着多源、多尺度空间数据集成应用的需要以及 GIS 技术的发展，在水电工程规划、设计、建设和运行各阶段开展了多方面的应用研究。早期的地理信息系统应用于水库淹没实物指标调查统计，但水电工程设计、建造和运行维护涉及的大量的建筑和设备信息的管理和维护是地理信息系统维持长期生命周期的基础，通过 BIM 与 3D GIS 的集成，保证 BIM 模型转换精度、拓扑关系、模型外观的正确性，保持 BIM 模型信息的完整性、关联性以及业务结构性，通过 3D GIS 强大的可视化、空间分析和模拟仿真能力，满足不同用户对信息的使用需求。

（6）不动产测绘。不动产测绘技术在水电工程中主要应用在水库淹没实物指标调查、建设征地与移民测量等方面。当前，以 RS 和 GIS 技术为主要手段，采用优于 0.2m 分辨率的航空影像和 0.5m 的卫星遥感影像，完成土地利用现状地形图测绘，基于地理信息系统完成实物指标调查。在建设征地界桩测量方面，已广泛使用 GNSS RTK 和 CORS RTK 为主的测绘技术。

传统的测绘技术由于受到观测仪器和方法的限制，只能在地面某一局部区域进行测量工作，而空间导航定位、航空航天遥感、地理信息系统、互联网和计算机等现代新技术的发展及其相互渗透和集成，为我们提供了从地球整体观察和测绘的工具。传统的技术边界变得越来越模糊，通过技术的交叉融合，传统的测绘产品和服务模式将会发生巨大地改变。水电工程测绘基准的建立与维持将更多依赖于连续运行参考站网与精化的局域似大地水准面模型；水电工程设计所需的各种地形图不必再根据测量任务书进行外业测量，可通过预先获取的不同分辨率的遥感影像或点云数据，在内业快速测制地形图；在水电工程施工现场，架设智能全站仪或单基站 CORS 系统，则施工员可利用棱镜或 RTK 接收机在现场实时获取放样数据，便于施工快速进行；基于遥感数据、陆海一体化数据采集、集成，不仅是获取了传统的测量成果，而是对水库实景进行了完全数字化测量，可以足不出户就了解水库的所有现状；测绘专业可将各种建筑施工信息、机电及仪器设备安装信息等集成到地理信息系统平台，建立完整的数据库，成为数字水电站的大脑。

　　未来水电工程测绘技术的发展不仅包含现代地球空间信息科学的核心内容，而且体现了多学科的交叉与渗透，并特别强调计算机技术的应用。水电工程测绘技术将对与水电工程相关的空间数据和信息从采集、处理、量测、分析、管理、存储到显示和发布的全过程覆盖。这些特点标志着水电工程测绘技术从单一学科走向多学科交叉；从利用地面测量仪器进行局部地面数据的采集到利用各种星载、机载和船载传感器实现对宏观到微观数据的采集；从单纯提供静态测量数据和资料到实时/准实时提供空间信息。

　　未来水电工程测绘技术人才的培养将会是技术应用型、复合型人才的培养，从测绘专业知识的角度，应掌握大地测量、测绘工程、卫星导航定位测量、摄影测量与遥感、地理信息系统、海洋测量等多方面的专业知识；从基础知识的角度，应掌握计算机软件及编程技术、水电工程概论等。并且，测绘技术人员应能够理论结合实际，在生产项目实际应用和管理中学以致用，走不同特色的发展之路。

参 考 文 献

[1] 中国测绘地理信息学会. 测绘科学与技术学科发展报告（2014—2015）[M]. 北京：中国科学技术出版社，2016.

[2] 李德仁，苗前军，邵振峰. 信息化测绘体系的定位与框架 [J]. 武汉大学学报·信息科学版，2007，32（3）：198 - 192，196.

[3] 方源敏，陈杰，黄亮，夏永华，宋炜炜. 现代测绘地理信息理论与技术 [M]. 北京：科学出版社，2017.

[4] 胡捍东. 大数据时代下测绘地理信息产业的机遇和挑战 [J]. 测绘与空间地理信息，2005，38（12）：150 - 152.

[5] 国家能源局. 水电发展"十三五"规划（2016—2020 年）[R/OL].（2016 - 11 - 30）[2018 - 6 - 20]. http://news. bjx. com. cn/html/20161130/792793. shtml.

[6] 党亚民，章传银，陈俊勇，等. 现代大地测量基准 [M]. 北京：测绘出版社，2015.

[7] 魏子卿. 2000 中国大地坐标系 [J]. 大地测量与地球动力学，2008，28（6）：1 - 5.

[8] 孔祥元，郭际明，刘宗泉. 大地测量学基础 [M]. 武汉：武汉大学出版社，2005.

[9] 范一中，赵丽华. 任意带高斯正形投影直角坐标系的最佳选取问题 [J]. 测绘通报，2000，8：7 - 8.

[10] 施一民. 论测量控制网定位的各种处理方法 [J]. 同济大学学报，2002，30（11）：1331 - 1336.

[11] 潘正风，程效军，成枢，等. 数字测图原理与方法 [M]. 武汉：武汉大学出版社，2009：2 - 3.

[12] 王树根. 摄影测量原理与应用 [M]. 武汉：武汉大学出版社，2009：1 - 14.

[13] 孙家抦. 遥感原理与应用 [M]. 武汉：武汉大学出版社，2009：1 - 3，25.

[14] 冯文灏. 近景摄影测量 [M]. 武汉：武汉大学出版社，2002.

[15] 赖旭东，李咏旭，陈佩奇，等. 机载激光雷达技术现状及展望 [J]. 地理空间信息，2017，15（8）：1 - 4.

[16] Shabou A，Baselice F，Ferraioli G. Urban Digital Elevation Model Reconstruction Using Very High Resolution Multichannel In SAR Data [J]. Geoscience and Remote Sensing，2012，50（11）：4748 - 4758.

[17] 张永红，张继贤，林宗坚. 由星载 INSAR 生成 DEM 的理论误差分析 [J]. 遥感信息，1999（2）：12 - 5.

[18] 杨国东，王民水. 倾斜摄影测量技术应用及展望 [J]. 测绘与空间地理信息，2016，39（1）：13 - 18.

[19] 杨勇久，高峰，向宇. 倾斜航空摄影的原理与特点 [J]. 中国测绘学会学术年会，2010：341 - 344.

[20] 汪承义，陈静波，等. 新型航空遥感数据处理技术 [M]. 北京：化学工业出版社，2016.

[21] 谢国雪. 无人机倾斜摄影系统的三维可视化应用研究 [D]. 南宁：广西师范学院，2016.

[22] 杨桃，刘湘南. 遥感图像解译的研究现状和发展趋势 [J]. 国土资源遥感，2004，（2）：7 - 10.

[23] 孙显，付琨，王宏琦. 高分辨率遥感图像理解 [M]. 北京：科学出版社，2011.

[24] 张小红. 机载激光雷达测量技术理论与方法 [M]. 武汉：武汉大学出版社，2007.

[25] 李清泉，李必军，陈静. 激光雷达测量技术及其应用研究 [J]. 武汉测绘科技大学学报，2000，25（5）：387 - 392.

[26] Axelsson P. Processing of Laser Scanner Data - algorithms and Applications [J]. ISPRS Journal of Photogrammetry and Remote Sensing，1999，54（2/3）：138 - 147.

[27] Baltsavias E P. Airborne Laser Scanning：Basic Relations and Formulas [J]. ISPRS Journal of

Photogrammetry and Remote Sensing，1999，54（2/3）：199-214.

［28］ 李征航，等．GPS 测量与数据处理 ［M］．武汉：武汉大学出版社，2017（4）：32-39.

［29］ 冯林刚，赵永贵．星基差分 GPS-StarFire 系统 ［J］．测绘通报，2006（11）：6-8.

［30］ 章传银，郭春喜，陈俊勇，等．EGM2008 地球重力场模型在中国大陆适用性分析 ［J］．测绘学报，2009，38（4）：283-289.

［31］ 刘斌，郭际明，史俊波，吴迪军．利用 EGM2008 模型与地形改正进行 GPS 高程拟合 ［J］．武汉大学学报·信息科学版，2016，41（4）：554-558.

［32］ 张正惕，胡辉，胡方西，等．回声测深仪在水下地形测量中的应用 ［J］．海洋技术，1998，17（4）：39-43.

［33］ 陈钧，万军，施卫星．双频测深仪测深研究 ［J］．海洋测绘，2008，28（6）：70-73，78.

［34］ 周丰年，田淳．利用 GPS 在无验潮模式下进行江河水下地形测量 ［J］．测绘通报，2001（5）：28-30.

［35］ 邹永刚，刘雁春，肖付民，等．单波束测深中声波覆盖区域模型研究 ［C］//中国测绘学会第十八届海洋测绘综合性学术研讨会论文集，2006：94-98.

［36］ 刘雁春．海道测量定位与测深的延时效应 ［J］．海洋测绘，1999（1）：27-34.

［37］ 赵建虎，刘经南．多波束测深及图像数据处理 ［M］．武汉：武汉大学出版社，2008.

［38］ 刘雁春．海洋测深的波束角效应及其改正 ［J］．海洋测绘，2003（6）：20-27.

［39］ 崔晓东，简波，李富强，等．单波束测深波束角效应的自动改正方法 ［J］．山东科技大学学报·信息科学版，2017，36（1）：29-37.

［40］ 杜玉柱．地形法计算库容的公式分析 ［J］．水文，2008，28（4）：54-56.

［41］ 丁玉江，付兆明，李云，熊成龙．多波束测深技术在漫湾电站水库安全管理中的运用 ［C］//水电 2013 大会——中国大坝协会 2013 学术年会暨第三届堆石坝国际研讨会论文集，2013：194-201.

［42］ 张利军，刘东庆．水电工程施工控制网精度指标分析 ［J］．电力勘测设计，2017（S1）：243-244，249.

［43］ 田雪冬，郭际明，郭麒麟，等．GNSS 定位技术在水利水电工程中的应用 ［M］．武汉：长江出版社，2009.

［44］ 郭际明，梅文胜，张正禄，等．测量机器人系统构成与精度研究 ［J］．武汉测绘科技大学学报，2000，25（5）：422-425.

［45］ 高旺，高成发，潘树国，等．基于快速星历的 GAMIT 高精度基线解算研究 ［J］．测绘科学，2015，40（2）：22-25，38.

［46］ 李祖锋．尺度比稳健估计及参考椭球参数确定 ［J］．测绘工程，2016，12：1-4.

［47］ 李祖锋，巨天力，张成增，缪志选．基于重力场模型高程拟合残差求定 GPS 正常高 ［J］．测绘工程，2010（4）：24-26，29.

［48］ 欧斌．地面三维激光扫描技术外业数据采集方法研究 ［J］．测绘与空间地理信息，2014，37（1）：106-108.

［49］ 魏垂场．用免仪高、目标高同时对向三角高程观测法替代二、三等水准测量的研究 ［J］．水利与建筑工程学报，2008，6（3）：86-88.

［50］ 程效军，鲍峰，顾孝烈．测量学 ［M］．5 版．上海：同济大学出版社，2016.

［51］ 焦素朗．长江三峡水利枢纽工程施工测量技术研究 ［D］．武汉：华中科技大学，2015.

［52］ 石震．GAT 陀螺全站仪精度评定方法研究 ［D］．西安：长安大学，2008.

［53］ 楼楠，汤廷松，等．超站仪的特点分析及功能测试 ［J］．测绘技术装备，2006，8（3）：45-48.

［54］ 张正禄，郭际明，等．超站仪定位系统概述 ［J］．测绘信息与工程，2001，2：40-42.

［55］ 卢丹丹，吴熙，等．三维竣工测量的研究与应用 ［J］．城市勘测，2010（6）：47-50.

［56］ 潘智．水电站地下隧洞施工测量 ［J］．黑龙江水利科技，2012，40（10）：89-92.

［57］ 李时征，姚亚军，刘宁．GPS监控技术在糯扎渡水电站大坝施工中的应用［J］．西北水电，2012（3）：39-42.

［58］ 黄声享，尹晖，蒋征．变形监测数据处理［M］．武汉：武汉大学出版社，2007.

［59］ 岳建平．变形监测技术与应用［M］．北京：国防工业出版社，2014.

［60］ 陈永奇．工程测量学［M］．北京：测绘出版社，2016.

［61］ 谷云静．水库大坝安全自动化监测问题研究［D］．兰州：兰州理工大学，2011.

［62］ 陈子进，吴斌，梅连友，等．全站仪坐标差分法在高边坡变形监测中的应用［J］．土木建筑与环境工程，2005，27（3）：130-134.

［63］ 卢晓鹏．基于三维激光扫描技术的滑坡监测应用研究［D］．西安：长安大学，2010.

［64］ 戴加东，王勇．静力水准自动化监测系统在变形观测中的应用［J］．山西建筑，2011，37（18）：198-199.

［65］ 杨利．引张线自动化监测在混凝土大坝中的应用［J］．水电与抽水蓄能，2017，3（1）：96-98.

［66］ 王宜军．变形监测数据处理与预测分析系统设计与实现［D］．成都：西南交通大学，2011.

［67］ 黄声享，罗力．三峡库区滑坡监测基准的稳定性分析及结果［J］．武汉大学学报·信息科学版，2014，39（03）：367-372.

［68］ 郭剑，谢新宇，杨青松，等．典型边坡InSAR变形监测研究与分析［J］．中南水力发电，2019（2）：7-12.

［69］ 周文焕．"3S"技术与水利水电测绘科技的现代化［J］．水利水电工程设计，1997（2）：60-62.

［70］ 张宗亮，等．HydroBIM-水电工程设计施工一体化［M］．北京：中国水利水电出版社，2016.

索　引

1954 年北京坐标系 …………… 12

1956 年黄海高程系统 ………… 14

1980 西安坐标系 ……………… 13

1985 国家高程基准 …………… 15

3D GIS …………………………… 240

BIM 模型 ………………………… 245

CGCS2000 国家大地坐标系 ……… 14

DEM 叠加法 ……………………… 124

DTM 法 …………………………… 162

EGM2008 ………………………… 31

GB - SAR ………………………… 188

GNSS 变形监测 ………………… 186

GNSS 控制网（GNSS 网）测量 …… 145

GNSS 实时监控 ………………… 157

InSAR 变形监测 ………………… 223

T 检验法 ………………………… 197

WGS - 84 坐标系 ……………… 16

DEM 法 …………………………… 123

边角网测量 ……………………… 145

变形监测 ………………………… 9

变形监测控制网 ………………… 181

波束角效应改正 ………………… 99

侧扫声呐系统 …………………… 119

测绘基准 ………………………… 12

测图控制网 ……………………… 20

超站仪 …………………………… 158

冲刷淤积 ………………………… 124

冲淤监测 ………………………… 91

磁悬浮陀螺全站仪 ……………… 158

大地水准面精化 ………………… 25

单波束测深系统 ………………… 96

等高线法 ………………………… 123

低空无人机航空遥感 …………… 47

抵偿高程面 ……………………… 20

地理信息 Web 服务 …………… 259

地面三维激光扫描 ……… 65，187

地面摄影测量 …………………… 72

断面法 …………………………… 123

多波束测深系统 ………………… 96

反分析 …………………………… 234

方格网法 ………………………… 160

非量测数码相机 ………………… 47

高分辨率卫星遥感 ……………… 55

高斯投影 ………………………… 20

固定翼无人机 …………………… 48

合成孔径雷达 …………………… 70

横断面测量 ……………………… 91

横摇偏差 ………………………… 108

机载激光雷达遥感 ……………… 60

极坐标（差分）法 ……………… 184

极坐标法 ………………………… 170

几何分析 ………………………… 202

计量测量 ………………………… 140

检核导线 ………………………… 171

建设征地与移民测绘 …………… 91

精密单点定位 …………………… 124

精密高程测量 …………………… 186

竣工测量 ………………………… 140

控制测量 ………………………… 6

库容 ……………………………… 91

连测 ……………………………… 21

模糊聚类法 ……………………… 198

平均高程面 ……………………… 20

平均间隙法 ……………………… 198

前方交会法 ……………………… 184

倾斜测量 ………………………… 191

倾斜模型 ···································· 54

倾斜摄影测量 ···························· 50

倾斜相机 ································· 51

确定性模型 ····························· 211

三角形网法 ···························· 183

三维协同设计 ·························· 250

深泓线 ·································· 134

声速改正 ································· 99

声速剖面 ································ 113

施工 CORS 网 ·························· 149

施工测量 ·································· 9

施工导线 ······························ 171

施工放样 ························· 140，157

施工控制 ······························ 140

视准线法 ······························ 184

艏摇偏差 ······························ 111

数码航摄仪 ···························· 41

数字地形测绘 ···························· 7

数字高程模型 ·························· 40

数字线划图 ···························· 40

数字栅格地图 ·························· 41

数字正射影像图 ························ 41

水电工程测绘 ····························· 2

水电工程信息集成 ······················ 10

水库测绘 ································ 90

水下地形测量 ····························· 8

似大地水准面 ·························· 125

统计模型 ······························ 203

稳定性分析 ···························· 197

稳健迭代权法 ·························· 198

无人测量船 ···························· 118

限差检验法 ···························· 197

旋翼无人机 ···························· 48

延时误差 ······························ 108

遥感测绘 ······························ 37

遥感图像解译 ·························· 72

液体静力水准测量 ···················· 189

异常值 ································· 200

引测 ···································· 20

应变测量 ······························ 191

有限元正分析 ·························· 232

智能管理 ······························ 254

专用控制网 ···························· 151

准直测量 ······························ 189

自动化监测系统 ························ 192

自驾仪 ································· 47

纵断面测量 ···························· 91

纵摇偏差 ······························ 111

组合后验方差检验法 ··················· 198

坐标差分法 ···························· 186

《中国水电关键技术丛书》
编辑出版人员名单

总责任编辑：营幼峰

副总责任编辑：黄会明　王志媛　王照瑜

项目负责人：刘向杰　吴　娟

项目执行人：李忠良　冯红春　宋　晓

项目组成员：王海琴　刘　巍　任书杰　张　晓　邹　静
　　　　　　李丽辉　夏　爽　郝　英　范冬阳

《水电工程测绘新技术》

责任编辑：宋　晓　夏　爽

文字编辑：黄　浠

审稿编辑：王照瑜　方　平　宋　晓

索引制作：肖胜昌

封面设计：芦　博

版式设计：芦　博

责任校对：梁晓静　黄　梅

责任印制：崔志强　焦　岩　冯　强

排　　版：吴建军　孙　静　郭会东　丁英玲　聂彦环

6.3　Data analysis of deformation monitoring 197

6.4　Application examples of new technology for deformation monitoring in
hydropower projects 212

Chapter 7　3D GIS and BIM Integration in Hydropower Engineering 239

7.1　Overview of 3D GIS in hydropower engineering 240

7.2　3D GIS and BIM integration process in hydropower engineering 245

7.3　3D GIS and BIM integration application case in hydropower engineering 250

Chapter 8　Summary and Outlook 263

References 267

Index 270

Content

General Preface

Chapter 1　Overview ·· 1
1. 1　Current status of surveying and mapping in hydropower engineering ·············· 2
1. 2　Development direction of surveying and mapping technology in hydropower
　　　engineering ··· 6

Chapter 2　Coordinate Datum in Hydropower Engineering ···························· 11
2. 1　National and regional datum ·· 12
2. 2　Hydropower engineering datum ··· 18
2. 3　Application cases of new technologies for establishing datum in hydropower
　　　engineering ··· 25

Chapter 3　Digital Topographic Mapping for Hydropower Engineering ············· 35
3. 1　Digital topographic mapping ··· 36
3. 2　Remote sensing topographic mapping techniques in hydropower engineering ········ 41
3. 3　Application examples of remote sensing topographic mapping technology ·········· 78

Chapter 4　Reservoir Survey and Mapping in Hydropower Engineering ············· 89
4. 1　Progress technology of reservoir mapping ··· 90
4. 2　Reservoir area control measurement technology ··································· 92
4. 3　Underwater topographic mapping technology in hydropower engineering ·········· 96
4. 4　Reservoirs specific survey technique in hydropower engineering ················ 120
4. 5　Application cases of new technology for reservoir surveying and mapping ········ 124

Chapter 5　Construction Survey in Hydropower Engineering ························· 139
5. 1　Progress in construction measurement technology ································· 140
5. 2　Construction survey control network ··· 143
5. 3　Construction layout measurement ·· 153
5. 4　Engineering measurement and completion measurement ···························· 159
5. 5　New technology application cases of hydropower engineering construction
　　　Measurement ··· 162

Chapter 6　Deformation Monitoring in Hydropower Engineering ···················· 177
6. 1　Progress in deformation monitoring technology ··································· 178
6. 2　Deformation monitoring technology in hydropower engineering ·················· 181

of China.

As same as most developing countries in the world, China is faced with the challenges of the population growth and the unbalanced and inadequate economic and social development on the way of pursuing a better life. The influence of global climate change and extreme weather will further aggravate water shortage, natural disasters and the demand & supply gap. Under such circumstances, the dam and reservoir construction and hydropower development are necessary for both China and the world. It is an indispensable step for economic and social sustainable development.

The hydropower engineering technology is a treasure to both China and the world. I believe the publication of the Series will open a door to the experts and professionals of both China and the world to navigate deeper into the hydropower engineering technology of China. With the technology and management achievements shared in the Series, emerging countries can learn from the experience, avoid mistakes, and therefore accelerate hydropower development process with fewer risks and realize strategic advancement. The Series, hence, provides valuable reference not only to the current and future hydropower development in China but also world developing countries in their exploration of rivers.

As one of the participants in the cause of hydropower development in China, I have witnessed the vigorous development of hydropower industry and the remarkable progress of hydropower technology, and therefore I am truly delighted to see the publication of the Series. I hope that the Series will play an active role in the international exchanges and cooperation of hydropower engineering technology and contribute to the infrastructure construction of B&R countries. I hope the Series will further promote the progress of hydropower engineering and management technology. I would also like to express my sincere gratitude to the professionals dedicated to the development of Chinese hydropower technological development and the writers, reviewers and editors of the Series.

Ma Hongqi
Academician of Chinese Academy of Engineering
October, 2019

river cascades and water resources and hydropower potential. 3) To develop complete hydropower investment and construction management system with the aim of speeding up project development. 4) To persist in achieving technological breakthroughs and resolutions to construction challenges and project risks. 5) To involve and listen to the voices of different parties and balance their benefits by adequate resettlement and ecological protection.

With the support of H. E. Mr. Wang Shucheng and H. E. Mr. Zhang Jiyao, the former leaders of the Ministry of Water Resources, China Society for Hydropower Engineering, Chinese National Committee on Large Dams, China Renewable Energy Engineering Institute, and China Water & Power Press in 2016 jointly initiated preparation and publication of *China Hydropower Engineering Technology Series* (hereinafter referred to as "the *Series*"). This work was warmly supported by hundreds of experienced hydropower practitioners, discipline leaders, and directors in charge of technologies, dedicated their precious research and practice experience and completed the mission with great passion and unrelenting efforts. With meticulous topic selection, elaborate compilation, and careful reviews, the volumes of the *Series* was finally published one after another.

Entering 21st century, China continues to lead in world hydropower development. The hydropower engineering technology with Chinese characteristics will hold an outstanding position in the world. This is the reason for the preparation of the *Series*. The *Series* illustrates the achievements of hydropower development in China in the past 30 years and a large number of R&D results and projects practices, covering the latest technological progress. The *Series* has following characteristics. 1) It makes a complete and systematic summary of the technologies, providing not only historical comparisons but also international analysis. 2) It is concrete and practical, incorporating diverse disciplines and rich content from the theories, methods, and technical roadmaps and engineering measures. 3) It focuses on innovations, elaborating the key technological difficulties in an in-depth manner based on the specific project conditions and background and distinguishing the optimal technical options. 4) It lists out a number of hydropower project cases in China and relevant technical parameters, providing a remarkable reference. 5) It has a distinctive Chinese characteristics, implementing scientific development outlook and offering most recent up-to-date development concepts and practices of hydropower technology

General Preface

China has witnessed remarkable development and world-known achievements in hydropower development over the past 70 years, especially the 4 decades after Reform and Opening-up. There were a number of high dams and large reservoirs put into operation, showcasing the new breakthroughs and progress of hydropower engineering technology. Many nations worldwide played important roles in the development of hydropower engineering technology, while China, emerging after Europe, America, and other developed western countries, has risen to become the leader of world hydropower engineering technology in the 21st century.

By the end of 2018, there were about 98,000 reservoirs in China, with a total storage volume of 900 billion m³ and a total installed hydropower capacity of 350GW. China has the largest number of dams and also of high dams in the world. There are nearly 1000 dams with the height above 60m, 223 high dams above 100m, and 23 ultra high dams above 200m. There are also 4 mega-scale hydropower stations with an individual installed capacity above 10 GW, such as Three Gorges Hydropower Station, which has an installed capacity of 22.5 GW, the largest in the world. Hydropower development in China has been endeavoring to support national economic development and social demand. It is guided by strategic planning and technological innovation and aims to promote project construction with the application of R&D achievements. A number of tough challenges have been conquered in project construction and management, realizing safe and green development. Hydropower projects in China have played an irreplaceable role in the governance of major rivers and flood control. They have brought tremendous social benefits and played an important role in energy security and eco-environmental protection.

Referring to the successful hydropower development experience of China, I think the following aspects are particularly worth mentioning 1) To constantly co-ordinate the demand and the market with the view to serve the national and re-gional economic and social development. 2) To make sound planning of the

Informative Abstract

This book is one of the *Series of Key Technologies of Hydropower in China*, a project funded by the national publishing fund. The book consists of 8 chapters, including overview, surveying and mapping datum of hydropower projects, digital topographic mapping of hydropower projects, reservoir mapping of hydropower projects, construction surveying of hydropower projects, deformation monitoring of hydropower projects, integration of 3D GIS and BIM of hydropower projects, summary and prospect. Based on the systematic description of some new surveying and mapping technologies and methods used in various stages of the whole life cycle of hydropower projects, many typical application cases of new surveying and mapping technologies for hydropower projects are compiled.

This book can be used as reference for surveying and mapping workers of hydropower, water conservancy and other projects, as well as teaching reference for colleges and universities.

China Hydropower Engineering Technology Series

New Technology of Surveying and Mapping of Hydropower Engineering

Wang Chong Xiao Shengchang et al.

中国水利水电出版社
China Water & Power Press
· Beijing ·